Mit neuer Autorität in Führung

Frank H. Baumann-Habersack

Mit neuer Autorität in Führung

Die Führungshaltung
für das 21. Jahrhundert

2., überarbeitete und erweiterte Auflage

Mit einem Vorwort von Arist von Schlippe

 Springer Gabler

Frank H. Baumann-Habersack
Hannover-Burgdorf, Deutschland

ISBN 978-3-658-16497-3   ISBN 978-3-658-16498-0   (eBook)
DOI 10.1007/978-3-658-16498-0

Springer Gabler

Covergestaltung: deblik Berlin

Gedruckt auf säurefreiem und chlorfrei gebleichtem Papier

Springer Gabler ist Teil von Springer Nature
Die eingetragene Gesellschaft ist Springer Fachmedien Wiesbaden GmbH
Die Anschrift der Gesellschaft ist: Abraham-Lincoln-Str. 46, 65189 Wiesbaden, Germany

Danksagung

Zunächst danke ich außerordentlich meiner Lektorin Anne Jacoby und meinem Lektor Erik Prochnow für die Unterstützung bei der Erarbeitung des Buchs. Meinem Lektor Thorsten Schulte danke ich für seine wertvollen Anregungen und die Unterstützung bei der Erweiterung und Überarbeitung der Neuausgabe des Buches. Maria Eilers half mir mit dem „ResonanzSchreiben" bei der Reflexion während des Schreibprozesses. Und die Grafiken erstellte wie immer professionell und auf den Punkt Meike Vincentz.

Juliane Wagner vom Verlag Springer Gabler wusste ich wohlwollend unterstützend im Hintergrund. Ich bin dankbar für ihre Zuversicht und Ermunterung in das Projekt, insbesondere während einer schwierigen Phase.

Wie wohl jedes Buch, so ist auch dieses durch „geronnenes" Wissen und „geronnene Erfahrung" entstanden.

Meine Lektoren und ich haben darauf geachtet, dass alle Quellen angegeben wurden, die ich verwendet habe. Doch im Laufe meines Lebens bin ich vielen inspirierenden Menschen begegnet, die bei mir etwas bewirkt haben, ohne dass ich dies jetzt konkret einem speziellen Menschen zuordnen könnte.

Somit ein Dank, in alphabetischer Reihenfolge, an diejenigen, von denen ich weiß, dass die Begegnung mit ihnen eine positive Wirkung bei mir auslöste und sie damit zu einer Quelle für mich wurden: Ursula und Helmut Habersack, Franz Arndt-Herold, Karin, Linus und Maya Baumann, Winiger Beuse, Thomas Hartmann, Klaus Schoppmeier, Wolf-Dieter Jakob, Ingrid Kadisch.

Ganz bestimmt sind meine baumann.partner Kolleginnen und Kollegen inspirierend. Ich danke euch für die guten Diskussionen und Gespräche: Christa Beyrer, Nicole du Carrois, Miriam Gross, Carsten Hennig, Malte Hübner, Timm Klotz, Nicole Schober, Andrea Strodtmann.

Ganz besonders herzlich danke ich, erneut in alphabetischer Reihenfolge, meinen Interview-Partnerinnen und Partnern für den doch sehr persönlichen Einblick in ihre Biografie zu Autoritäten und ihre Unterstützung: Dr. Manfred Bodin, Dr. Wolfram von Fritsch, Dr. Veit Görner, Brigitte Brunner-Hoolmans, Martin Kind, Hartmut Ostrowski, Dr. Hannes Rehm, Tina Voß und einer Vielzahl an weiteren Interview-Partnerinnen und

Partnern, die gerne ihren Beitrag geleistet haben, jedoch aus Sorge vor möglicher Diskreditierung aufgrund ihrer exponierten Stellung anonym bleiben wollten. Diese Sorge zeigte sich branchenübergreifend. Ein guter Grund mehr für dieses Buch.

Vorwort zur überarbeiteten und erweiterten Neuausgabe

Kaum zu glauben, dass ich gut zwölf Monate nach Erstveröffentlichung bereits am Vorwort für die zweite, überarbeitete und sogar erweiterte Auflage dieses Buches sitze.

Ich bin Ihnen, geschätzte Leserinnen und Leser, dankbar für die vielen Rückmeldungen und Anregungen zur ersten Auflage. Auch aus den Projekten mit Kunden bei der Weiterentwicklung der Führungskultur mit der Haltung der Neuen Autorität entstanden wertvolle Erkenntnisse.

Ich habe jede einzelne Rückmeldung und die Projekterlebnisse sorgfältig daraufhin geprüft, ob ihre Integration den Zielen des Buchs dient:

- Menschen in einer Führungsrolle ein wissenschaftlich fundiertes Modell einer neuen Führungshaltung vorzustellen, die zu den Werten des 21. Jahrhunderts passt und dennoch im Alltag wirksam ist.
- Der interessierten Öffentlichkeit eine Führungshaltung bekannt zu machen, die die Basis für alle neuen Führungsstile des 21. Jahrhunderts ist, zum Beispiel transformationale Führung, Servant Leadership, Management 3.0 oder auch sogenannte „agile Führung".

Die Anregungen und Punkte, die den Zielen des Buchs dienten, habe ich in diese Auflage mit aufgenommen.

Autorität ist das Wasser, in dem wir schwimmen. Sie ist ständig Teil unserer Beziehungen, doch nehmen wir sie nur dann wahr, wenn sie fehlt oder autoritär wird. Denn Autokraten mögen und akzeptieren wir im 21. Jahrhundert nicht mehr.

Das ist vielleicht auch der Grund, weshalb etliche Diskussionen zu meinem Buch und generell zu Autorität zunächst in die autoritäre Ausprägung mündeten. Es gab bislang keine akzeptable und bekannte Form von Autorität, die zu unserem heutigen Wertesystem passt. Nach den Diskussionen oder nachdem mein Buch gelesen wurde, gab es für viele zum ersten Mal konkrete und praxistaugliche Antworten auf die Frage: Wie kann Führung wirksam sein, abseits von Druck, Unterordnung oder Gleichgültigkeit?

Gerade Selbstorganisation, die den Kern der Arbeitsorganisation im 21. Jahrhundert ausmacht, braucht Führung. Doch mit einer gänzlich anderen Haltung zu Autorität. Nur den Führungsstil für verändertes Führungsverhalten anzupassen, wie es häufig geschieht, reicht nicht aus. Schlimmer noch: Solche oberflächlichen Veränderungen lösen paradoxerweise nur noch mehr die letzten Ruinenstücke auf, die von einer kaum noch vorhandenen Führungsautorität übrig geblieben sind.

Daher empfehle ich Ihnen für eine solide Basis, sich vom Anfang bis zum Ende des Buchs durchzulesen.

Selbstverständlich sind die überarbeiteten und erweiterten Kap. 5 und 6 sehr interessant für das Neue an Autorität und Führung. Doch: Ohne einen Blick zurück in die Geschichte und in die Entwicklung der Bedeutung von Autorität lassen Sie einen wichtigen Teil des Fundaments für eine Neue Autorität in der Führung ungenutzt.

Sie merken, ich möchte bei Ihnen darum werben, das Buch tatsächlich von vorne bis hinten zu lesen. Es wird sich lohnen. Versprochen. Doch, wie auch die Grundhaltung der Neuen Autorität ist: Ich kann bei Ihnen gar nichts bewirken oder Sie verändern. Sie machen sowieso das, was Sie wollen. Ich kann nur beharrlich werben …

In diesem Sinne: Viel Freude und gute Erkenntnisse, egal aus welchem Teil des Buchs sie stammen.

Hannover-Burgdorf, Deutschland   Frank H. Baumann-Habersack
im März 2017

Vorwort

Der Autoritätsbegriff hat es schwer in unserer Gesellschaft der Gegenwart, vor allem in den letzten Jahrzehnten. Nach dem Missbrauch, der mit Autorität in der ersten Hälfte des letzten Jahrhunderts getrieben worden war und der nicht zuletzt in zwei Kriegen mündete, ist es eigentlich erstaunlich, wie lange er sich noch gehalten hat. Das hat sicher damit zu tun, dass Autorität kein „Konzept" ist, sondern ein Aspekt von Kultur. Nach Abdankung der verbrecherischen Autoritäten wurde deren Versagen personenbezogen verrechnet. In der Kultur blieb jedoch für lange Zeit noch das Bild bestehen, dass es für ein funktionierendes Gemeinwesen (im Großen wie im Kleinen) „den einen Kopf" geben müsse, der die Richtung bestimmt und die Schritte dahin vorgibt.

Kulturen wandeln sich bekanntlich langsam. Vor allem lassen sich Kulturen nicht managen, weil sie selbstorganisiert entstehen. Und da ist in Bezug auf Autorität ein interessanter Wandel zu beobachten. In den 1950er bis 1970er Jahren begannen sich die Bilder von Autorität langsam zu wandeln. Nachdem der letzte Bundeskanzler, der noch ein nationalsozialistisches Parteibuch gehabt hatte, abgetreten war, wurden die Stimmen der nächsten Generationen in der Gesellschaft zunehmend lauter vernehmbar. Vielleicht lässt sich die Geburtsstunde eines neuen Verständnisses von Autorität mit der Antrittsrede von Willy Brandt als Bundeskanzler verorten, der davon sprach, er wolle „mehr Demokratie wagen". Doch der Wandel brauchte Zeit, ein neues Bild von Autorität war noch nicht in Sicht. Das alte hingegen wurde zunehmend demontiert. Die „antiautoritäre Bewegung" der 1970er Jahre bezog sich kritisch auf den Begriff, wollte ihn abschaffen, doch blieb sie ihm in der Negation verhaftet. Es wurden keine Alternativmodelle angeboten, die dauerhaft tragfähig gewesen wären – im Gegenteil, die freien Kommunen, Kinderläden und so weiter wurden vielfach als bedrohlich erlebt und waren eher dazu angetan, die Rufe nach Rückkehr zum traditionellen Autoritätsbegriff zu stärken, als ihm ein neues, attraktives Bild gegenüberzustellen.

Und doch markieren diese Geschehnisse einen schrittweisen kulturellen Wandel. Er ging mit einer zunehmenden Korrosion des Begriffs „Autorität" einher, ein Wandel, der sich auf vielen gesellschaftlichen Ebenen zeigte und zeigt, sei es in dem Verständnis von Elternschaft und Erziehung, in der Psychologie oder auch in der Unternehmensführung. Die moderne Gesellschaft warf zahlreiche „klassische" Antworten auf konflikthafte

Situationen über Bord, wie die Selbstverständlichkeit männlicher Überlegenheit und Vorherrschaft (das ist alles noch recht nah: Bis 1927 durfte ein Mann seine Frau noch körperlich bestrafen, bis 1954 durfte eine Frau nicht arbeiten, ohne dass der Mann zustimmte), die selbstverständlichen Rechte eines Erstgeborenen, die sich selbst legitimierende Führung „von Gottes Gnaden" und so weiter.

Blicken wir einmal in die Führungstheorie. Hier werden die „Great man"-Theorien, die Bilder „heroischer und charismatischer Führung", abgelöst von einer Kultur des „postheroischen Managements". In dieser Kultur wird Führung nicht mehr durch die Zuweisung formaler Autorität installiert, in der die Untergebenen wie „Marionetten" die Aufgaben erfüllen, die ihnen zugewiesen werden. Es geht vielmehr darum, Wirtschaft und Unternehmen immer wieder neu zu erfinden. In diesem Prozess der kontinuierlichen Bearbeitung von Unsicherheit stellen sich die Aufgaben von Führung neu. Es geht nicht mehr darum, durch zugewiesene Autorität allein Orientierung zu bieten und heldenhaft die Unsicherheit im Unternehmen zu absorbieren. Anders als der „Macher-Mythos" nahelegt, ist es nicht die eine Person „oben", die Ziele definiert und vorgibt. Führung ist nur eine von vielen Kontextbedingungen, die in einem Unternehmen wirksam sind – und manchmal funktioniert ein Unternehmen eher *trotz* seiner Führung gut als *wegen* dieser. Kontrolle geht in diesem Bild nicht von einer Person aus, sondern von Zusammenhängen, Verknüpfungen, Beziehungen und Interaktionen, wie Dirk Baecker schreibt[1]. Heute ist Kommunikation ein Schlüsselwort geworden, heute geht es eher darum, Kooperationen anzuregen und zu ermöglichen und die Randbedingungen dafür sicherzustellen. Damit geht ein ganz anderes Verständnis von Führung einher, nicht mehr die einsame Entscheidung an der Spitze ist gefragt, sondern die Fähigkeit, sich klug in Netzwerken bewegen zu können. Qualitäten wie die Fähigkeit zum Gespräch, zur Kontaktaufnahme und zur persönlichen Präsenz kennzeichnen eine Führungspersönlichkeit heute. Es sind Qualitäten, die sich weniger aus der Zuweisung einer Position und Funktion ergeben, als vielmehr aus der Art und Weise, wie die Position ausgefüllt wird.

Die Chancen, die in dieser neuen Kultur liegen, sind unübersehbar. Sie sind ein Zeichen der Reife einer Gesellschaft, in der ein partizipatives Führungsverständnis gilt, das auf der Gleichwertigkeit aller Stimmen aufbaut, in der es im Rahmen des Familienlebens darum geht, Demokratie zu lernen statt mit mehr oder weniger massiver Gewalt zu Gehorsam erzogen zu werden, in der die Gleichwertigkeit der Geschlechter auf allen Ebenen gesellschaftlichen Lebens zu einer Selbstverständlichkeit wird u.v.a.m. Doch gibt es solche konstruktiven Veränderungen nicht zum Nulltarif, wie auch dieses Buch zeigt. Die ständig neu zu definierenden Beziehungen, die Suche nach individuell passenden Lösungen, die neu aufkommenden Abstimmungsbedarfe und der steigende Kommunikationsaufwand bergen immer auch die Gefahr der Überforderung in sich – so wird im vorliegenden Buch eine Studie der OSB Wien zitiert, nach der 50 % der Chefs sich „völlig leer und kaputt" fühlen. Da fehlen gute Bilder davon, wie sich die Beziehungen

---

[1]Baecker, D.: *Organisation als System*. Frankfurt a. M.: Suhrkamp 1999, S. 363

über Organisationsebenen, über Generationen hinweg verstehen lassen können. Eine Führungskraft und ihre Mitarbeiter sind keine „Freunde", genauso wenig wie die Eltern für ihre Kinder „Freunde" sind (zumindest solange sie nicht erwachsen sind). Aber welches Bild passt dann? Der klassische Autoritätsbegriff hat ausgedient, die Verunsicherung zeigt sich manchmal darin, dass heftig nach seiner Rückkehr gerufen wird – etwa in Sendungen wie der *Supernanny,* wo Eltern dazu gebracht werden, ihre Autorität mit massiven Interventionen wieder herzustellen.

In dem Kontext dieser neuen Kultur steht der von Haim Omer ins Gespräch gebrachte und von mir mit ihm in Deutschland verbreitete Begriff der „Neuen Autorität". Er basiert auf völlig anderen Bildern und Prämissen als der traditionelle Begriff. Im Zentrum dieses neuen Verständnisses steht der Begriff der Präsenz: Sei es das Elternhaus, die Schule, die Öffentlichkeit oder das Unternehmen, stets geht es darum, eine Form von „Anwesenheit" und „Dasein" zu verwirklichen, die nicht (primär) auf Macht und Durchsetzung gegründet ist, sondern auf Kommunikation, auf Beziehung und Kooperation. Als Führungskraft im Sinne der Neuen Autorität behauptet sich eine Person, wenn sie zum Experten der Gestaltung von Interaktionen wird, wenn sie in der Lage ist, Befugnisse, die mit einer Position verbunden sind, persönlich zu verkörpern, eben „da" zu sein. Damit fokussiert die Neue Autorität auf etwas grundsätzlich anderes als Kontrolle, Durchsetzung oder Macht, nämlich auf beharrliche Präsenz und Verbundenheit. Die Facetten dieses neuen Verständnisses von Autorität werden in diesem Buch ausgearbeitet. Erstmals wird damit das Konzept, das von uns vor allem für die Unterstützung hilfloser Eltern entwickelt wurde, auf Führung übertragen. Konsequent wird Neue Autorität als „Beziehungsthema" entwickelt und es wird sorgfältig „durchbuchstabiert", welche Veränderungen dieses Verständnis im Führungsalltag mit sich bringt.

Ich freue mich sehr, dass auf diese Weise die Versuche von Haim Omer und mir, einen komplexen Wandel unserer Kultur auf vielen Ebenen begrifflich zu fassen, beginnen, ein „Eigenleben" zu führen und sich weiterzuentwickeln. Ich bin sicher, dass dieses wichtige Buch nicht nur von Führungskräften, sondern auch von Personen, die mit Beratung befasst sind, mit Gewinn gelesen werden wird. Und darüber hinaus ist es für jeden interessant, der sich dafür interessiert, den komplexen Wandel, in dem wir in unserer Gesellschaft stehen, zu verstehen, kritisch nachzuvollziehen und vielleicht weiterzutreiben. In diesem Sinn wünsche ich dem Buch viele engagierte Leserinnen und Leser.

Witten/Osnabrück   Prof. Dr. Arist von Schlippe
im Januar 2015

Inhaltsverzeichnis

Über den Autor

Frank H. Baumann-Habersack (B.A.) ist Miteigentümer der Goldpark Unternehmensberatung AG in Frankfurt/Main und dort als Vorstand tätig.

Seine Spezialgebiete sind die Begleitung konfliktreicher Transformationsprozesse, Mediationen von Geschäftsleitungs- und Aufsichtsratsgremien sowie Leadership-Themen. Der Unternehmer arbeitete zuvor als Führungskraft, Projektleiter und interner Berater in unterschiedlichen Branchen. Baumann-Habersack ist Bankkaufmann, Betriebswirt und Arbeitswissenschaftler, Master of Arts in Konfliktmanagement und Mediation (i. A.) sowie ausgebildet in NLP, systemischer Familientherapie und Supervision.

www.baumann-habersack.de

www.twitter.com/frankbauha

www.facebook.com/neueautoritaet

Einleitung: Macht allein führt nicht weiter

Zusammenfassung

In einer gesellschaftlich-ökonomischen Umbruchphase muss sich auch Führung neu definieren. Alte, hierarchische Führungsmodelle funktionieren nicht mehr. Neue, auf Selbstorganisation ausgerichtete Organisationsformen und Führungsstile werden immer häufiger erprobt. Was ihnen zur Wirksamkeit häufig fehlt, ist eine neue Haltung zu Autorität in der Führung.

Die Führung in Unternehmen steckt in einer schweren Krise. In einer ökonomischen und gesellschaftlichen Umbruchphase, wie wir sie heute erleben, ist das Alte nicht mehr wirksam, und das Neue ist entweder noch nicht erkannt oder hat sich noch nicht durchgesetzt. Führungskräfte müssen ihre Rolle neu erfinden und sich selbst quasi neu definieren.

In Unternehmen, bei Organisationsentwicklern und Arbeitsforschern ist daher eine rege Diskussion entstanden um die Frage, wie Arbeit und damit auch Führung heute, im digitalen Zeitalter, organisiert werden kann. Dabei nimmt die Dichte der Meldungen, Artikel und Bücher zu sogenannter *agiler Führung*, Arbeiten ohne Chef, Demokratiebewegungen in Unternehmen, die Abkehr von autokratischer Führung und so weiter von Jahr zu Jahr mehr zu. Das hat viele Gründe.

Einer ist sicherlich, dass durch „anachronistische Wahrnehmung", also durch Irrtümer in der zeitlichen Zuordnung von Ereignissen, etlicher oberer und oberster Führungskräfte Führungsverhalten und Führungskulturen aufrechterhalten werden, die immer weniger Akzeptanz finden. Der Widerstand zeigt sich immer offener, wie das Beispiel der massenhaften Krankmeldung des fliegenden Personals der Fluggesellschaft Tuifly im Oktober 2016 gezeigt hat.

Die „anachronistischen Fehler" in der Wahrnehmung vieler Top-Führungskräfte entstanden durch die Annahme, dass im beginnenden 21. Jahrhundert, insbesondere in großen Organisationen, immer noch so geführt werden kann, wie im letzten Jahrhundert:

© Springer Fachmedien Wiesbaden GmbH 2017
F.H. Baumann-Habersack, *Mit neuer Autorität in Führung*,
DOI 10.1007/978-3-658-16498-0_1

Top-down Anweisungen, mit mal mehr oder weniger massivem (internen) Kommunikationsaufwand zur *Verkündigung* der Botschaften des Top-Managements, aufgearbei-
tet in dezentralen Workshops mit der *Belegschaft*, um die zuvor in die Entscheidungen
nicht einbezogenen Menschen *abzuholen* und *mitzunehmen*. Diese Wahrnehmung fußt
häufig noch auf der unbewussten Annahme, dass die Organisation (und die Menschen
darin) sich noch so steuern lassen, wie es zu Zeiten möglich war, als die Gesellschaft
und Wirtschaft sich nicht nahezu jährlich durch beispielsweise eine neue finanzielle,
terroristische oder technologische Krise neu ausrichten musste. Darauf reagieren einige
Unternehmenslenker mit noch mehr interner Steuerung, noch engeren Vorgaben, noch
direktiverer Führung. Andere wiederum erkennen und widerstehen diesem rückwärtsge-
wandten Impuls und richten die Organisation auf viel mehr Selbstorganisation aus. In
der Hoffnung, dadurch mehr Agilität, Mitverantwortung, Kreativität und Geschwindig-
keit in Entscheidungen zu erzeugen. Gleichwohl bleibt bei wohl allen mehr oder weniger
die Sorge, dass Selbstorganisation ins Chaos mündet. Diese Sorge ist nicht unberechtigt,
denn Selbstorganisation kann nur unter bestimmten Rahmenbedingungen zu Ergebnissen führen und damit Ziele erreichen. Andernfalls verkommt Selbstorganisation zu einer
gruppendynamischen Selbsterfahrung. Das ist keine Kernaufgabe von Unternehmen,
nicht finanzierbar und führt auf menschlicher Ebene häufig zu Verletzungen und Frustrationen.

Für die Gestaltung von Rahmenbedingungen braucht es nach wie vor Führung.
Jedoch mit einer anderen Haltung zu Autorität.

Selbstorganisation wird in unserer Gesellschaft (auch weiterhin noch) nicht gelehrt
beziehungsweise zugelassen. Im Gegenteil: Unser gesamtes Bildungssystem ist im Kern
immer noch auf Industriekultur-Denke ausgerichtet – Anpassung und Gehorsam. Es
drückt damit ein altes Autoritätsverständnis aus, was sich am besten mit Autokratie, in
eher alten Familienunternehmen (aber nicht nur dort) auch mit Patriarchalismus, manchmal sogar mit Paternalismus beschreiben lässt.

Damit Selbstorganisation entstehen kann, braucht es Führungskräfte, die ihre Macht
verteilen und Mitarbeitende, die damit umgehen wollen als auch können. Gerade der
letzte Punkt ist auch nicht selbstverständlich. Denn aus mehr Freiheit folgt mehr Mitverantwortung für die zu Führenden.

Dass die Zeichen auf Veränderung stehen, zeigt sich nicht erst seit der im Jahre 2008
ausgebrochenen und bis heute anhaltenden globalen Finanzkrise. Dieses Ereignis ist bislang nur die vorläufige Spitze einer Entwicklung, die sich seit Jahrzehnten abzeichnet
und die sich in den vielen alltäglichen Konflikten und Problemen zwischen Führungskräften und Mitarbeitern in allen Branchen widerspiegelt.

Spätestens mit den tief greifenden gesellschaftlichen Umwälzungen der 1960er Jahre
wurde deutlich, dass der bis heute noch immer praktizierte Ansatz in der Führung in
eine Sackgasse geraten ist. Manager und Führungskräfte agieren seit Jahren vielerorts
ohne Autorität. Dabei bezeichne ich mit diesem Begriff das, was er in seiner ursprünglichen Bedeutung beschreibt: Respekt, Achtung, Wertschätzung und Einfluss, den andere

einem zusprechen. Diese Wertschätzung gründet sich nicht nur auf einem Mindestmaß an Fachkompetenz, wobei Fachkompetenz für Autorität immer weniger bedeutsam wird. Sie drückt sich vor allem durch einen humanen Umgang miteinander aus – und zwar in beide Richtungen, von Führungskräften zu Mitarbeitern und umgekehrt. Autorität ist etwas, das nur in einer Beziehung entstehen kann. Sie ist weder angeboren noch kann sie antrainiert oder erlernt werden. Sie erfüllt den Arbeitsprozess, wenn Menschen bereit sind, voneinander zu lernen, sich ernst nehmen und offen sind, sich bezogen auf die jeweiligen Verantwortlichkeiten wechselseitig Autorität zu zusprechen. Erst dann ist das möglich, was eigentlich jedes Unternehmen auszeichnen sollte: das gemeinsame, leidenschaftliche und innovative Ausrichten aller an einer Firma beteiligten Menschen auf das sie verbindende Produkt und den daraus resultierenden wirtschaftlichen Erfolg.

Was in der Vergangenheit oft mit Autorität in der Führung bezeichnet wurde, hat mit der ursprünglichen Bedeutung des Begriffs nichts zu tun. Die Führungskraft galt als übermächtiger Generaldirektor, als überwachender Big Brother, als allwissender Held. Seine Mittel, um die Menschen hinter sich zu bringen, waren – und sind es in vielen Unternehmen immer noch – Macht und Gehorsam, Zuckerbrot und Peitsche. Echte Autorität war und ist damit aber nicht verbunden. Wenn Menschen den Vorgaben folgen, tun sie es letztlich aus Angst vor Konsequenzen und persönlichen Nachteilen – und nicht aus einer wirklichen Wertschätzung heraus. Es sind also nicht Begeisterung und Freiwilligkeit, die eine derartig geprägte Zusammenarbeit motivieren und am Leben erhalten, sondern einzig und allein ein autoritäres Verhalten. In einer global vernetzten Welt, die immer transparenter wird, kann das auf Dauer nicht gut gehen.

Unser Bild einer autoritären Führungskraft der alten Schule stammt aus den revolutionären wirtschaftlichen Umbrüchen des späten 19. und frühen 20. Jahrhunderts. Durch die neuen Möglichkeiten der Industrie – Mechanisierung, Automatisierung, Rationalisierung – schien alles planbar, alles berechenbar, alles machbar zu werden, wenn nur die allwissende und allmächtige Führungskraft kraftvoll und methodisch handelte. Führung, so schien es, war gleichbedeutend mit der Wirkmächtigkeit einer einzigen Person: des Chefs. Der Erfolg eines Unternehmens war sein Erfolg. Die Illusion, dass Wirtschaft bis ins Detail planbar sei, forcierte schließlich der Sozialismus bis ins Extrem. Auch wenn er den Chef durch das Kollektiv ersetzte, bedeutet das jedoch nicht – wie die globale Finanzkrise belegt –, dass die soziale Marktwirtschaft automatisch vor umwälzenden Krisen sicher ist, wenn wir nicht grundlegend unsere autoritäre Einstellung zur Führung in und von Unternehmen verändern.

Heute wissen wir, dass die alten Führungsstil- und Steuerungsmodelle alles ausblenden, was mit der seit 200 Jahren stetig steigenden Komplexität und Selbstorganisation, Globalisierung und Demokratisierung aller Lebensbereiche in Verbindung steht. Wenn wir den Wirklichkeiten begegnen wollen, brauchen wir ein Verständnis für komplexe und umfassende Zusammenhänge und keine einfachen, oberflächlichen Modelle. Letztere lassen sich vielleicht im ersten Moment leichter verkaufen. Aber dann beginnen die Probleme.

Schon in der Hochzeit der industriellen Entwicklung spiegelten die Modelle nicht die Komplexität der wirtschaftlichen Entwicklung wider. Es traute sich nur kaum einer, diese theoretischen Ansätze und damit auch die Urheber und deren Weltbild zu hinterfragen. Führungspersonen galten qua Funktion als Autoritäten und damit als unantastbar. Eine solche Sichtweise ist heute nicht mehr haltbar. Sie bedroht zudem den wirtschaftlichen Erfolg im Kern, denn die nächste umwälzende Revolution – die Digitalisierung –, in der wir uns derzeit befinden, übersteigt alles, was wir bislang an Komplexität und Transparenz erfahren haben. Wer künftig im zunehmenden globalen Wettbewerb überleben will, muss daher umdenken, vor allem in der Führung.

Längst ist es offensichtlich, vor allem durch die Systemtheorie, dass die lineare Logik der Industrie heute nicht mehr funktioniert. Durch die komplexe Vernetzung aller mit allen folgt eben nicht automatisch auf Druck von Knopf A das Resultat B. Uns ist auch längst klar, dass wir nicht alles planen und berechnen können. Die eigene Lebensgeschichte müsste Beleg genug dafür sein. Und wir haben längst realisiert, dass in modernen Unternehmen nicht mehr selbstverständlich der führt, der „oben" steht. Ein „Machtwort" kann zwar ziemlich laut, aber auch ziemlich wirkungslos sein. Wer hat nicht selbst solche Eltern, Lehrer, Ausbilder oder Chefs am eigenen Leib erfahren. In der umfassenden Vernetzung der Wissensgesellschaft verpuffen Machtworte sogar noch schneller als jemals zuvor, weil autoritäres Verhalten keine Chance mehr hat. Führung erfordert in den damit verbundenen neuen Arbeitsstrukturen ganz neue Regeln, ein ganz neues Miteinander. Anders wird gemeinsamer Erfolg in Zukunft nicht mehr möglich sein.

Seit Mitarbeiter sich über soziale Medien so dicht vernetzt haben, dass sie sich auf jeder Hierarchiestufe selbst organisieren und in Echtzeit ihr „like it" abgeben oder verweigern können, entsteht Respekt in der Führung nicht mehr über Machtgehabe durch Angst, Druck und Distanz, sondern über Transparenz, Beziehung und Präsenz. Wer heute noch wie Big Brother zu führen versucht, erntet Achselzucken – oder Dienst nach Vorschrift, Krankheit oder schlechte Bewertungen auf Arbeitgeber-Bewertungsportalen.

Das Gros der Mitarbeiter lässt sich so nicht mehr für eine Sache gewinnen. Das ist eine Tatsache, die unabhängig von der Hierarchieebene oder dem Bildungsgrad gilt. Die Frage ist nur, ob die Mitarbeiter es offen zeigen oder nicht. Immer mehr Menschen haben in ihren Familien, in Schule und Ausbildung gelernt, auf Augenhöhe zu diskutieren, und fordern dies nun selbstverständlich auch von ihren Arbeitgebern ein. Auf Druck reagieren sie zunehmend mit Widerstand. Sie verweigern sich oder kündigen. Die neuen, vernetzten Strukturen kommen ihnen da entgegen, denn durch deren kommunikative Freiheit machen sich inzwischen immer mehr Menschen von einzelnen Arbeitgebern unabhängig. Schon heute haben sie die Möglichkeit, sich blitzschnell in neuen Projekten zu organisieren. Und sie tun das mit wachsender Begeisterung.

Obwohl diese Phänomene längst untersucht und beschrieben sind, scheinen sie in den Köpfen der Verantwortlichen in den Unternehmen noch nicht angekommen zu sein. So werden in den Führungsseminaren und Führungscoachings landauf, landab noch immer die alten Modelle gepredigt, die kooperativ wirken, es aber im Kern nicht sind: Führungsstile nach dem Konzept von Kurt Lewin bis hin zum „situativen Führen" nach Hersy/ Blanchard oder Steuerungsmodelle wie der Management-Regelkreis bis hin zur Balanced Scorecard. Kein Wunder, dass Führungskräfte immer wieder in die Denkmuster der Industrialisierung zurückfallen. Sie schauen auf das 21. Jahrhundert durch Brillengläser, die aus dem 19. und 20. Jahrhundert stammen.

Das ist nicht nur kontraproduktiv, sondern der Grund für die wachsenden Probleme, denen die Unternehmen und damit die Wirtschaft als Ganzes ausgesetzt sind. Denn diese verzerrte Sicht führt zunächst zu Wahrnehmungs- oder Bewertungskonflikten. Als Folge treten im nächsten Schritt Störungen auf der Beziehungsebene auf, die weitere Konflikte, Krisen, Verletzungen in einem immer größeren Rahmen hervorrufen. Das Anhaften an alten Denkmustern hat aber einen noch gravierenderen Effekt: Es führt zu massiven Selbstzweifeln. Denn jedes Nichterreichen eines mit überholten Planungs- und Umsetzungsmethoden gesetzten Ziels wird als *persönliches* Scheitern erlebt und nicht als Scheitern ebendieser Methoden. Angst bleibt damit weiterhin ein prägender Faktor in der Führung von Menschen. Trotz seines tief greifenden Einflusses ist sie jedoch, genauso wie das Scheitern, in fast allen Führungsetagen bis heute tabu. Was ist dann noch zu tun? Als logische Konsequenz werden die Methoden mit noch mehr Druck durchgesetzt und das unausweichlich folgende Scheitern als noch größerer, individueller Misserfolg erlebt – ein Teufelskreis, der bei immer mehr Führungskräften in den Burn-out führt.

Wenn das so offensichtlich ist, warum steigen wir dann aus diesem Kreislauf nicht aus? Wachsen die Probleme und nimmt der Stress zu, scheinen wir Menschen nur eine Reaktion zu kennen: Wir erhöhen unsere Anstrengung und tun tendenziell mehr vom Gleichen. Wir rasen mit mehr Gas nach vorn (es muss doch endlich irgendwann „funktionieren") statt auf die Bremse zu treten und uns in Ruhe einmal von außen zu betrachten und neu zu orientieren. Dabei wissen wir alle, dass mehr vom Gleichen nichts bringt, wenn sich die Situation verändert hat.

Es ist also höchste Zeit, die Brille zu wechseln. Statt die aktuellen Herausforderungen mit den Lösungsstrategien und Erklärungsmodellen aus dem vorletzten Jahrhundert zu bewältigen, müssen wir die Situation im Management so sehen, wie sie ist, und eine neue Perspektive in der Führung entwickeln. Wenn es uns wirklich um den Erfolg eines Produkts, eines Unternehmens geht, müssen wir bereit sein, Konflikten nicht auszuweichen und uns von innen heraus weiterzuentwickeln.

Wie das funktioniert? Das erfordert keine graue Theorie, sondern ganz konkrete Maßnahmen, die tatsächlich die Zusammenarbeit in Unternehmen auf ein neues Fundament stellen. Die Basis dafür liefert ein Feld, in dem Miteinander und Führung noch einer viel härteren Bewährungsprobe ausgesetzt sind als in Unternehmen: der Bereich der Erziehung in Familien, Kindergärten und Schulen. Der israelische Professor für Klinische Psychologie Haim Omer und der deutsche Professor für Familienunternehmen Arist von Schlippe haben in diesem Rahmen einen bahnbrechenden Ansatz zum Thema einer Neuen Autorität entwickelt.

Diese Erkenntnisse übertrage ich bereits seit einiger Zeit in meiner Praxis auf Unternehmen und Führungskräfte. Und mit diesem Buch möchte ich meine Erfahrungen nun auch einem breiteren Publikum in der Welt des Managements zugänglich machen. Dabei werde ich in einem ersten Schritt die veränderte Situation der Führungskräfte in den Unternehmen umfassend darstellen und eine neue Perspektive auf die aktuelle Lage herausarbeiten. Anschließend präsentiere ich in einem zweiten Schritt einen möglichen Weg, wie sich über einen Wandel der inneren Einstellung und daraus folgenden neuen Verhaltensoptionen eine neue Art der Führung gestalten lässt. Eine Führung, die den Boden bereitet für neue beziehungsweise eigentlich wahre Autorität im harten Geschäftsalltag.

Entwurf einer neuen Führung

Nirgendwo wird die Tragfähigkeit eines echten Miteinanders in Beziehungen zwischen Menschen so schonungslos offengelegt wie in der täglichen Erziehungsarbeit von Erwachsenen mit Kindern und Jugendlichen. Nicht zuletzt durch die wachsende Demokratisierung und Vernetzung der Gesellschaft als Folge der Veränderungen der 1960er Jahre sowie der neuen Medien wie des Internets haben Eltern, Erzieher und Lehrer zunehmend an Autorität eingebüßt. Oft schlägt ihnen sogar einfach nur ungebremste Respektlosigkeit seitens der Jugend entgegen. Das Ergebnis ist immer öfter ein Kampf statt ein gemeinsames Wachsen und Lernen.

Die beiden Psychologen Haim Omer und Arist von Schlippe machen sich daher mit ihrem Konzept der Neuen Autorität für einen neuen Weg in der Erziehung stark. Im Mittelpunkt ihrer gemeinsamen Arbeit, die sie in ihren Büchern *Autorität ohne Gewalt* (2002), *Autorität durch Beziehung* (2004) und *Stärke statt Macht* (2009) beschrieben haben, steht ein Perspektivenwechsel in der Einstellung der Erwachsenen. Wer ein wirkliches Miteinander anstrebt, muss sich endlich von der in der Vergangenheit praktizierten Logik der Kontrolle und des Gehorsams verabschieden. Die Zukunft liegt stattdessen in der Logik einer Verbundenheit mit dem Ziel, Beziehungen wieder herzustellen.

Auch wenn eine Familienkonstellation oder der Unterricht in Schulen, vor allem in einem schwierigen sozialen Umfeld, ganz andere Probleme aufwirft als die Herausforderungen der Führung in Unternehmen, gibt es doch bedeutende Parallelen.

- Ähnlich wie Eltern, denen die Kinder „entglitten" sind, fühlen sich viele Führungskräfte *hilflos* angesichts ihrer rebellierenden, sich entziehenden, zum Teil offen sabotierenden Mitarbeiter. Sie sind mit der schmerzhaften Realität des Verlusts ihrer Autorität konfrontiert.
- Versuche, Mitarbeiter mit Belohnungen (Boni), Bestrafungen (Versetzung, Entzug von Aufgaben oder Ressourcen) zu kontrollieren oder mit Beschwichtigungen und falschem Verständnis wohlgesonnen zu machen, führen zu noch mehr *Widerstand*.
- Die Zusammenarbeit mit anderen Führungskräften verharrt oft in einem Konkurrenzkampf, unter dem die Unternehmen leiden, weil die *Beziehungen* untereinander empfindlich *gestört*, oft sogar zerstört sind.

- Der Druck auf die Führungskräfte wächst, etwa in Form von ständig steigenden Anforderungen. Unter diesen Rahmenbedingungen können sie immer häufiger *keine Präsenz* mehr zeigen, weil sie von Termin zu Termin unterwegs sind und nur noch aus Transiträumen (Flughafen, Taxi, Hotel) heraus agieren oder sie gar nicht mehr am gleichen Ort, geschweige denn im gleichen Land wie ihre Mitarbeiter sitzen. Und wenn Führungskräfte präsent sind, versuchen sie häufig, in kurzer Zeit ihre Macht durch starke Gesten aufrecht zu erhalten – was ihre Autorität weiter untergräbt.

In meiner praktischen Arbeit in Unternehmen erlebe ich noch viel mehr Parallelen zwischen dem Verlust von Autorität in der Erziehung und der sinkenden Wertschätzung von Führung im Allgemeinen und Führungskräften im Speziellen. Kein Wunder, passt doch die alte Autorität eher für ein Modell „wissenschaftlicher, technischer Betriebsführung", das klar definierte Arbeitsschritte nach dem Prinzip „Befehl und Gehorsam" organisiert. War aktive Gestaltung an der Organisation des Arbeitsprozesses durch die Mitarbeiter früher unvorstellbar, ist sie inzwischen einer der Schlüssel für erfolgreiche Unternehmen. Nicht nur unsere Wirtschaftswelt ist heute von Volatilität, Unsicherheit, Komplexität und Ambiguität geprägt – das englische Akronym „VUCA" versucht diese Welt zu beschreiben.

In dieser neuen, digitalen „VUCA"-Welt basiert Autorität in der Führung auf ganz anderen Faktoren als in der alten, industriell geprägten Welt (Abb. 1.1). Neue Autorität

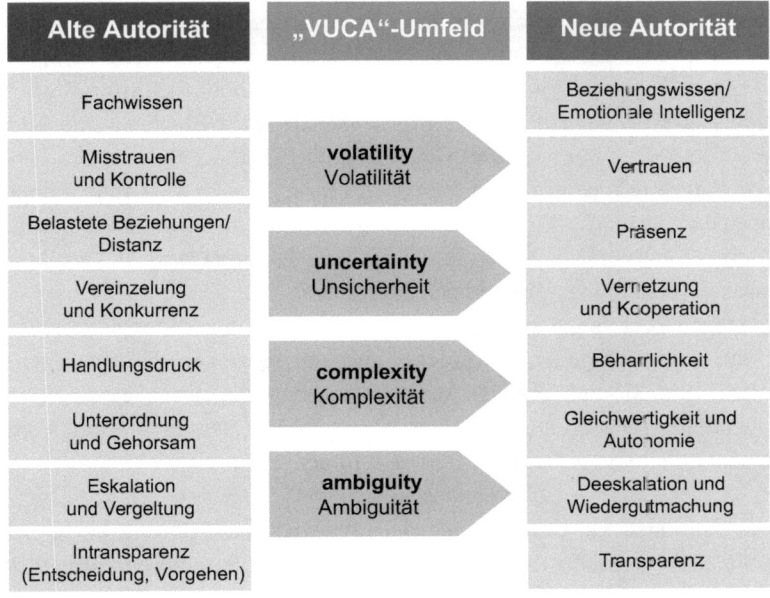

Abb. 1.1 Der Wandel von Alter zu Neuer Autorität im Umfeld von „VUCA"

legitimiert sich nicht nur durch ein anderes Verhalten, sondern vor allem durch eine vollständig neue Haltung bei den Führungskräften.

Wie unterscheidet sich die Neue Autorität in Führung und Management von der alten:

- **Beziehungswissen/Intelligenz:** Fachwissen alleine reicht nicht mehr, um Autorität zu untermauern. Auch können Führungskräfte in einer immer komplexer werdenden Arbeitswelt nicht mehr alle Prozesse durchschauen. Heute ist es wichtiger, Mitarbeiter wie ein Coach oder Mentor zu führen, damit sie ihre Potenziale entfalten können.
- **Vertrauen:** Mitarbeiter müssen immer häufiger immer schneller Entscheidungen selbstständig treffen können. Misstrauen und Kontrolle wirken da wie Blockaden. Umso wichtiger ist gegenseitiges Vertrauen. Ohne Vertrauen gibt es kein inneres Wachstum und keine persönliche Entwicklung.
- **Präsenz:** Anders als in der traditionellen Vorstellung handeln Führungskräfte nicht mehr aus einer Position der überlegenen Distanz heraus, sondern zeigen ausdauernd verlässliche Präsenz und wachsame Sorge – auch gegen den Willen der Mitarbeiter („Ich bin da, und ich bleibe da").
- **Vernetzung und Kooperation:** Im Mittelpunkt des Konzepts der Neuen Autorität steht nicht eine einzige Autoritätsperson, sondern stehen immer mehrere Menschen, die sich gegenseitig den Rücken stärken. Autorität ausschließlich durch Hierarchie wird ersetzt durch Autorität durch Vernetzung.
- **Beharrlichkeit:** Eine Zusammenarbeit, die jedes Fehlverhalten sofort mit einer Vergeltungsaktion quittiert und damit eskaliert, wird ersetzt durch das Führen durch wohlüberlegte Beharrlichkeit („Ich akzeptiere das nicht und werde meine Schritte bedenken") entlang von gemeinschaftlich legitimierten und transparenten Grenzen.
- **Gleichwertigkeit und Autonomie:** Das Prinzip „Unterordnung und Gehorsam" lähmt jegliche Initiative bei Mitarbeitern – und passt nicht mehr in unsere Zeit. Alte, autoritäre Autorität hat auf fast allen gesellschaftlichen Ebenen seine Legitimation verloren. Führung ist nur noch auf Augenhöhe wirksam.
- **Deeskalation und Wiedergutmachung:** Das Streben nach konstruktiver, gewaltloser und verbindender Stärke tritt an die Stelle von destruktiver, invasiver und gewalttätiger Durchsetzung von Macht. An die Stelle von Bestrafungen tritt Versöhnung durch gemeinsame Versöhnungs- und Beziehungsgesten.
- **Transparenz:** Reaktionen auf und Interventionen gegen Fehlverhalten müssen transparent und öffentlich gemacht werden. Denn nur so zeigen die Menschen in Autoritätsrollen, dass sie zuhören und wirksam einschreiten, wenn es darauf ankommt. Fehler werden im Sinne einer Berichterstattung in der internen Öffentlichkeit transparent gemacht, damit gemeinsames Lernen erfolgen kann.

Die Chancen, die sich für Unternehmen, Unternehmer und Führungskräfte durch diese neue Haltung zu Autorität ergeben, sind enorm. Nicht nur wird diese künftig die Basis für wirtschaftlichen Erfolg legen, sie bietet vor allem die Möglichkeit, aus der gegenwärtigen

Systemfalle der Autorität auszusteigen und in der Führung von Menschen im 21. Jahrhundert anzukommen.

> Weibliche Führungskraft, Jahrgang 1969: „Führung wird sich in diesem Jahrhundert so unfassbar verändern. Es wird nicht mehr um Führung gehen, sondern um Werben, darum, Mitarbeiter für sich zu begeistern. Je nachdem, wie wissensbasiert das Produkt oder die Dienstleistung ist, desto früher werden die Unternehmen das merken. Die Mitarbeiter in solchen Unternehmen lassen sich nicht mehr von der klassischen Form der Autorität vorschreiben, was sie zu tun haben."

Raus aus der Systemfalle

Als *Systemfalle* bezeichne ich die aktuelle Situation in der Führung, in der althergebrachte Ratschläge für eine effektivere Zusammenarbeit ganz offensichtlich nicht mehr greifen und dennoch alles beim Alten bleibt. Vielerorts werden die Probleme im Management dadurch sogar noch verschärft. Nahezu jeder aktuell publizierte Führungsratgeber baut erneut auf den autoritären Bewertungsmaßstäben und Verhaltensweisen auf und hält damit die alten Probleme aufrecht oder schafft sogar noch neue.

Doch der autoritäre Führungsstil, kooperativ verpackt, eignet sich nicht mehr in der gesellschaftlichen Situation des 21. Jahrhunderts. Unsere Grundwerte – also das, was wir uns zum Beispiel unter Freiheit, Gerechtigkeit und Verbundenheit vorstellen – haben sich massiv und, verglichen mit den bisherigen Werte-Wandelzyklen, relativ schnell verändert. Daher können viele der überkommenen Tipps und Ratschläge für Führungskräfte höchstens noch teilweise und schon gar nicht mehr langfristig passen.

Ein konkretes Beispiel ist der gut gemeinte Tipp, das Geschehen im Unternehmen pausenlos und wie von einem Cockpit aus zentral zu kontrollieren. Nach dem Motto: „Vertrauen ist gut, Kontrolle ist besser."

Beispiel

Vor meiner Zeit als systemischer Organisationsberater und Coach war ich als Führungskraft in einem mittelständischen Unternehmen in Norddeutschland tätig. Mit zunehmendem Erfolg wurde ich von meinem Vorgesetzten zu „Rücksprache-Terminen" gebeten. Zunächst einmal pro Woche, dann im Rhythmus Wochenstart und Wochenende. Im Laufe der Zeit verwandelten sich diese Termine zu reinen Inszenierungen von Macht. Es ging nicht mehr darum, die anstehenden Aufgaben möglichst gut zu bewältigen, sondern darum, Kontrolle auszuüben und Gehorsam einzufordern. Schließlich durfte ich sogar im Rahmen meiner eigenen Kompetenzen nichts mehr autonom entscheiden, sondern wurde angehalten, für alles ein Okay von oben einzuholen. Dieses übermäßig kontrollierende Verhalten löste nicht nur bei mir, sondern auch bei meinen Mitarbeitern Widerstände aus. Ich vermute, dass mein Vorgesetzter mich mit der Demonstration seiner Autorität lediglich „auf Spur" zu bringen versuchte. Vielleicht wollte er sogar meine Leistung steigern. Tatsächlich aber enthob er mich meiner Position. So trat der gegenteilige Effekt ein: Die Zusammenarbeit endete.

Das Ende dieser Zusammenarbeit war vorhersehbar: „Wer eine absolute Macht erreichen will, wird nicht von der Gewalt, sondern von der Freiheit des Anderen *Gebrauch* machen müssen. Sie wird in dem Moment ganz erreicht, in dem die Freiheit und die Unterwerfung ganz zusammenfallen", erklärt der koreanische Philosoph Byung-Chul Han, Privatdozent am Philosophischen Seminar der Universität Basel, in seiner kleinen Studie *Was ist Macht?* (Han 2005). Eine solche Art der Führung ist darüber hinaus längst nicht mehr zeitgemäß. Seit den sozialen Umbrüchen der 1960er Jahre wird unsere Gesellschaft in allen Bereichen zunehmend von einem humanen, wertschätzenden und kooperativen Umgang miteinander geprägt. Das sollte auch in Unternehmen inzwischen selbstverständlich sein. Eigentlich.

Doch nahezu alle Führungsratgeber reflektieren nicht das Autoritätsverständnis im Kontext des 21. Jahrhunderts und bleiben so blind für die Systemfalle. Führungskräfte sollen sich kooperativ verhalten und gleichzeitig eine Haltung des Misstrauens durch Kontrollstrukturen bewahren. Das ist eine doppelte Botschaft an die Mitarbeiter, die den Widerspruch am eigenen Leib erfahren und konsequenterweise auf Distanz gehen. Effektive Zusammenarbeit im Sinne des gesamten Unternehmens ist hier nicht mehr möglich.

Deshalb möchte ich einen neuen Weg einschlagen. Ich möchte Sie als Führungskraft mit diesem Buch dazu einladen, diese Falle endlich in den Blick zu nehmen. Denn nur wer sie erkennt und versteht, findet seinen ganz persönlichen Weg, um sie in eine konstruktive und sehr fruchtbare Zusammenarbeit mit Mitarbeitern zu transformieren – für Sie selbst als Führungskraft und für die gesamte Kultur ihres Unternehmens.

In den Debatten, die seit der Veröffentlichung der ersten Auflage dieses Buches geführt werden, wird immer deutlicher sichtbar, dass es eine andere Form der Führung für Unternehmen in Zeiten der Digitalisierung braucht. Konzepte wie Supportive Leadership, Servant Leadership, Positive Leadership, Transformational Leadership oder auch Selbst organisiertes Arbeiten ohne Führungskraft sind nur einige Belege dafür. Was bei all den Debatten wichtig bleibt: Ohne Autorität ist Führung nicht wirklich wirksam. Allen Ansätzen ist mehr oder weniger gemein, dass es sich um ein *anderes* Führungsverhalten handelt. Mehr Wertschätzung, mehr Kooperation, mehr Mitgestaltung, mehr vorausschauendes Denken und so weiter.

Keiner der Ansätze ist falsch oder *der* richtige, denn je nach Unternehmen, dessen Kultur und Entwicklungsgrad braucht es andere Führungsansätze.

Doch was nahezu bei allen Ansätzen fehlt, ist die absolute Basisfrage: Welches Autoritätsverständnis liegt dem Ansatz zugrunde? Denn die individuelle Einstellung bzw. Haltung von Menschen in einer Führungsfunktion zu Autorität prägt nachhaltig deren wahres Verhalten, gleich welchem Führungsstil oder Führungsansatz sie folgen.

Was Sie in diesem Buch erwartet

Der Aufbau dieses Buchs folgt meinem eigenen Erkenntnisprozess:

- In **Kap. 2** beginne ich mit meinen eigenen Beobachtungen und Erfahrungen in der Praxis. Wie ist die Lage der Führungskräfte in den Unternehmen? Warum steckt Führung in einer Krise? Weshalb mangelt es an Autorität in Wirtschaft und Gesellschaft? Welche Auswege gibt es?
- In **Kap. 3** erläutere ich den Begriff Autorität und verfolge die historische Entwicklung dieses elementaren Führungsaspekts. In diesem Zusammenhang zeichne ich die Linien der aktuellen Debatte nach und stelle Ihnen fünf Zerrfilter vor, die uns den freien Blick auf das Thema unmöglich machen.
- In **Kap. 4** blicke ich zurück zu den Quellen der Autorität in Staat, Familie und Wirtschaft. Dabei schlage ich einen weiten Bogen von der frühen Moderne bis in unsere heutige Zeit, um eine Basis für den Entwurf einer neuen Führung zu schaffen.
- Die konkreten Umsetzungsmöglichkeiten einer neuen Führung werden nach einer ersten Skizze dann in **Kap. 5** dargelegt. Aufbauend auf den sieben Elementen der Neuen Autorität in der Führung stelle ich stabile Rahmenbedingungen für eine neue Unternehmenskultur vor und entwerfe einen Entwicklungsplan für Führungskräfte.
- In **Kap. 6** wage ich schließlich einen Ausblick. Wie werden wir in Zukunft führen?

Zugegeben, es ist eine große Herausforderung, eine vertraute Perspektive aufzugeben und eine neue in den Blick zu nehmen. Aber was ist die Alternative angesichts mangelnder Autorität in der Führung? Weitermachen wie bisher? Das widerspricht jeglichem unternehmerischen Denken und Handeln – und führt uns nur tiefer in die Sackgasse. Ich bin zutiefst überzeugt davon, dass wir keine andere Wahl haben, als diesen Perspektivenwechsel zu wagen. Nur wenn wir diesen Schritt gehen, können wir alle und die Unternehmen auf Dauer wachsen. Und erst das schafft Autorität.

Die Grundlage jeder Wertschätzung ist der Dialog. Deshalb bin ich sehr an Ihren Eindrücken Erlebnissen, Anregungen und Ihrer konstruktiven Kritik zu dem hier dargelegten Thema Autorität und einer neuen Führung interessiert. Ich lade Sie herzlich ein, Ihre eigenen Beobachtungen und Hypothesen mit mir intensiv zu diskutieren. Am Anfang des Buches finden Sie meine Kontaktdaten.

Eine Anmerkung zum Schluss: Ist es heute noch notwendig darauf hinzuweisen, dass die ausschließlich männliche Schreibweise keine tiefere Bedeutung hat?

Führung in der Sackgasse

2

Zusammenfassung

Es sind gegenläufige Bewegungen, die derzeit bei Führungskräften in Unternehmen und im gesamten sozialen Umfeld zu beobachten sind: Einerseits bricht die Autorität der Machthaber zusammen, weil vor allem die junge Generation nicht mehr bereit ist, sich von einer kleinen Gruppe aus einem verschlossenen Hinterzimmer führen zu lassen. Immer mehr Menschen erkennen und spüren, dass Projekte mit hochgradig volatilen Rahmenbedingungen nicht mehr mit einer starken Hand vorangebracht werden können. Andererseits ist die Sehnsucht der Mitarbeiter nach Orientierung an einer Autorität ungebrochen. In den Führungsetagen nehmen daher die Bestrebungen zu, neue Führungskonzepte zu suchen, um einen Ausweg aus dem „stahlharten Gehäuse der Hörigkeit" (Max Weber) zu eröffnen, in das sich so viele Unternehmen verwandelt haben. Das Problem: Eine „neue Führung" geht in den alten, ausschließlich auf Profit und bürokratische Rationalität zugeschnittenen Strukturen unter.

Machthaber ohne Autorität

In einem hierarchisch organisierten, auf Befehl und Gehorsam getrimmten Umfeld mit genügend Eigenkapital oder hohen Margen können sich tyrannische Chefs hervorragend behaupten. Lautstärke, Willkür und Abschottung gehören zu den probaten Mitteln, Macht zu inszenieren und mit Nachdruck zu demonstrieren. Wenn sich das Umfeld aber hin zu einer zeitgemäßen Kommunikation auf Augenhöhe wandelt und die Margen hochgradig von der Innovationsfähigkeit oder Serviceorientierung der Mitarbeiter abhängen, funktioniert eine derartige Führung nicht mehr.

© Springer Fachmedien Wiesbaden GmbH 2017
F.H. Baumann-Habersack, *Mit neuer Autorität in Führung*,
DOI 10.1007/978-3-658-16498-0_2

Beispiel

In einer Werksfeuerwehr mit rund 250 Beschäftigten waren die Konflikte eskaliert. Zwischen den Feuerwehrmännern und den unteren Führungsebenen sowie zwischen der Feuerwehrleitung und der zweiten Führungsebene gab es einen großen Vertrauensbruch, der sogar bis in den Aufsichtsrat reichte. Alle vorgeschlagenen und angestoßenen Lösungen wurden von den Mitarbeitern nicht mehr akzeptiert. Es drohte ein Streik der Feuerwehrleute mit gravierenden finanziellen Auswirkungen auf das gesamte Unternehmen. Ohne einsatzbereite Feuerwehr gibt es keinen Geschäftsbetrieb.

Bei unseren Analysen mit allen Beteiligten fanden wir einen zentralen Faktor für die Konflikte: das Führungsverständnis und das Führungsverhalten des Feuerwehrchefs. Ihm gelang es nicht, zwischen den verschiedenen Unternehmenssituationen zu unterscheiden. Während bei Einsätzen der Führungsstil von Befehl und Gehorsam unerlässlich ist, war ansonsten ausdrücklich ein kooperativer Umgang erwünscht. Im Geschäftsalltag pflegte der Feuerwehrchef jedoch grundsätzlich eine Politik der Distanz. Er trat selten selbst in Erscheinung und seine Anweisungen wurden von den nachgeordneten Führungskräften umgesetzt. Stellte sich der Leiter dennoch einmal direkt den Mitarbeitern, dann nur, um beispielsweise die an der Basis ausgearbeiteten Einsatzpläne willkürlich „über den Haufen zu werfen" oder, noch schlimmer, um einzelne Mitarbeiter vor versammelter Mannschaft lautstark bloßzustellen.

Die Loyalität der nachgeordneten Führungsebene sicherte sich der Feuerwehrchef, indem er Privilegien verlieh: gemeinsame Fahrten mit dem Einsatz-Leitfahrzeug zum Mittagessen, Fortbildungen, eine eigene Espressomaschine für die Chefs der zweiten Reihe.

Die Feuerwehrleute im Unternehmen leisteten dagegen Widerstand. Da sie gewerkschaftlich gut organisiert waren, gelang es ihnen, über den Betriebsrat Gegendruck aufzubauen. Darauf reagierte der Feuerwehrchef seinerseits wiederum mit noch mehr Druck: Seine willkürlichen Entscheidungen und Handlungen nahmen zu, er schrie verstärkt herum, verkehrte Aussagen in ihr Gegenteil oder provozierte, indem er etwa im Hochsommer Atemschutzübungen in der Mittagssonne durchführen ließ.

Die logische Konsequenz: Seine Autorität löste sich vollständig auf. War er anwesend, inszenierte die Mannschaft zwar nach wie vor Gehorsam. In seiner Abwesenheit aber veröffentlichte sie zynisch-kritische Sprüche und Zeichnungen an den Schwarzen Brettern. Sie sabotierte die Arbeit durch Nichteinhalten von Terminen. Vor allem aber baute sie Koalitionen innerhalb des Unternehmens auf und machte ihre Situation auf diese Weise transparent. Am Ende war der Widerstand der Mannschaft so groß, dass fast alle dem Chef direkt unterstehenden Führungskräfte nicht mehr zu ihm hielten. Seine Machtbasis war gebrochen. Damit war der Feuerwehrchef im Unternehmen nicht mehr haltbar und musste ausscheiden.

Befehl und Gehorsam, Angst und Schrecken – so funktionierte Führung jahrzehntelang effektiv. Die Generation der Babyboomer, Jahrgang 1964 und älter, wuchs damit völlig unkritisch in Familie und Schule auf und griff folglich auf diesen Führungsstil später in den Unternehmen wie selbstverständlich zurück. Doch vor allem jüngere Mitarbeiter der

Generation X und die Vertreter der viel beschworenen späteren Generation Y lassen sich von derartigem Machtgebaren nicht mehr beeindrucken. Bis zu einem Drittel der neu eingestellten Mitarbeiter dieser Gruppierungen verlässt innerhalb des ersten Jahres das Unternehmen wieder, zeigt die KPMG-Studie *Beyond the Baby Boomers. The Rise of Generation Y.*

Generation Y pfeift auf Führung alter Schule

Die nach 1980 geborene Generation Y, aber auch viele Vertreter der etwas älteren Generation X haben in ihren Familien erlebt, dass Eltern nicht mehr von oben herab mit harter Hand erziehen. Sie haben sich selbst als Verhandlungspartner erfahren, die nach ihrer Meinung gefragt und in die Gestaltung des Familienlebens miteinbezogen wurden. In den Schulen haben sie sich in der Schülermitverwaltung engagiert zu Wort gemeldet. Sie konnten gemeinsam mit den Elternvertretern die Macht von Schulleitung und Kollegium zumindest eindämmen und eigene Projekte einbringen. Die Ausübung des Rechts, mit ihren Anliegen Gehör zu finden und etwas zu bewegen, setzte sich dann in den studentischen Gremien der Universitäten fort. Für die heutige Studentengeneration ist es zudem selbstverständlich, gemeinsame Projekte in virtuellen Teams zu stemmen und sich via Smartphone zu organisieren.

Die aktuelle Führungsriege in den Unternehmen muss sich daher eines deutlich vor Augen führen: Die Generationen X und Y sowie alle nachfolgenden wachsen bereits völlig anders auf als die Generationen zuvor. Die jungen Menschen können sich ein Leben ohne Internet nicht mehr vorstellen. Sie haben es nie erlebt. Für sie ist es selbstverständlich, dass Wissen nicht gehortet, sondern geteilt wird. Der Zugriff auf Daten ist für sie frei, ohne Kontrolle. Jeder kann jederzeit seine Meinung posten und die sozialen Netzwerke sind ein starkes meinungsbildendes, politisches Kommunikationsmedium, mit dem Menschen Transparenz herstellen und Veränderungen durchsetzen können. Wikileaks ist nur der Anfang, Edward Snowden nur einer der ersten Helden auf diesem Gebiet.

Es ist daher unwahrscheinlich, dass junge Menschen, die unter diesen Rahmenbedingungen aufwachsen, vor ihrem ersten Chef widerspruchslos „kuschen". Vielleicht halten sie im direkten Gespräch zunächst den Mund, aber dann posten sie ihren Ärger in Online-Foren, bei Arbeitgeberbewertungsportalen und suchen sich einen neuen Job. Sie kündigen oder gründen selbst ein Unternehmen.

Loyalität war gestern

Um das Jahr 2000 herum waren Patchwork-Berufsbiografien noch die Ausnahme. Seit knapp zehn Jahren ist jedoch die Aufeinanderfolge von Beschäftigungsverhältnissen mit unterschiedlicher Anstellungsdauer gemischt mit vielleicht stellenweise freiberuflicher Tätigkeit eher der Normalfall. Der Grund: Unternehmen bieten neuen Mitarbeitern nicht mehr so leicht unbefristete Verträge an. Firmenchefs scheuen zunehmend davor zurück, lebenslange Sicherheit und Versorgung zu garantieren, weil sich die Geschäftsmodelle rasant verändern, Produkte in immer kürzeren Abständen auf dem Markt auftauchen, ganze Branchen in wenigen Jahren neu entstehen oder verschwinden. Ein großer Teil der jungen Menschen empfindet diese Entwicklung jedoch nicht bedrohlich, sondern als den ersehnten Freiraum. Denn wenn Unternehmen faktisch keine Loyalität mehr bieten, macht sich die andere Seite automatisch daran, den Vertrag ebenfalls aufzulösen.

Aktuelle Studien belegen, dass die Loyalität gegenüber Unternehmen stetig abnimmt. Stattdessen fühlen sich die jungen Menschen zunehmend anderen Organisationen oder Gruppierungen verbunden, die die gleichen Themen verfolgen, die gleichen Interessen und Werte teilen. Dieses Phänomen beschrieb der Marketingexperte Seth Godin bereits 2008 in seinem Buch *Tribes: We Need You to Lead Us.* Der Frankfurter Soziologe Martin Dornes unterstreicht diesen Befund in seinem Aufsatz *Die Modernisierung der Seele* (2010), wenn er formuliert: „Die Selbsthilfegruppe wird wichtiger als die Gewerkschaft, das Selbstbewusstsein wichtiger als das Klassenbewusstsein, die Alltagssolidarität in der örtlichen Bürgerinitiative wichtiger als die Arbeitersolidarität im Rahmen einer Partei." (Dornes 2010, S. 1019) Kleine, informelle Strukturen werden somit immer wichtiger, während große Institutionen tendenziell an Bedeutung verlieren. Im Zweifelsfall zählen künftig die Freunde mehr als die Firma. Die jungen Menschen haben es bei ihren Eltern miterlebt, dass diese sich von ihrem Arbeitgeber abwenden, weil ihr langjähriger Einsatz nicht mehr wertgeschätzt wurde. Das war vor allem dann der Fall, wenn der Vater oder die Mutter nach jahrzehntelanger Anstellung etwa bei einer Fusion nur noch eine Personalnummer war und unter die Räder kam.

Leider werden diese Zusammenhänge in den Unternehmen bis heute nur selten erkannt. Im Gegenteil: Seit der Finanzkrise 2008 haben sich wieder viele Methoden der autoritären Führung etablieren können. Vordergründig verhalten sich zwar viele Führungskräfte kooperativ. Sobald aber die ersten Anzeichen von Widerspruch oder Stress auftauchen, schwenken sie zurück in das Führungsverhalten alter Schule: „Ich entscheide, basta, keine Diskussion."

Wenn Mitarbeiter daraufhin anfangen, zu diskutieren, wenn sie offen Widerstand leisten oder beständig als stille Saboteure agieren, wird dies nicht als Reaktion auf unzeitgemäße autoritäre Führung verstanden, sondern mit ganz anderen Etiketten versehen: Mitarbeiter gelten dann als *Low-Performer* oder *schwierig* – wobei sowohl eine Einzelperson als auch ein gesamtes Team in eine solche Schublade gesteckt werden kann. Hier sind Bewertungsmuster der Industriekultur aktiv, die altbekannte Verhaltensweisen auslösen. Um die Mannschaft wieder auf Kurs zu bringen, wird nach einem solchen Befund regelmäßig via Belohnung oder Bestrafung *geführt*. Vielleicht wird die Führungskraft auch in ein Seminar „Umgang mit schwierigen Mitarbeitern" geschickt. Natürlich ohne Erfolg, denn die Mitarbeiter allein sind nicht das Problem. Im systemischen Sinne ist ihr Verhalten lediglich das Symptom, das auf eine gestörte Kommunikation zwischen allen Beteiligten hinweist. Gestört deshalb, weil Menschen, deren *Verständnis von Zusammenarbeit* auf Kooperation und gleicher Augenhöhe basiert, die autoritäre Sprache der Führung alter Schule nicht verstehen – und nicht mehr ernst nehmen.

Deformierte Generationen

Mit dem Heraufziehen der Generation Y sind weder alle Probleme erst entstanden noch endlich gelöst. Die Ypsiloner bringen neue Defizite mit. Denn gerade durch die Sozialisation der jungen Menschen in relativ wohlhabenden Elternhäusern, einem auf Effizienz, Tempo und Anpassung getrimmten Bildungssystem (verkürzte Gymnasialzeit, Bachelor-Studiengänge) in Kombination mit einem durch ständige Unterbrechungen geprägten Tagesablauf (SMS, WhatsApp et cetera) fehlt dieser Generation oft ein gutes Stück Persönlichkeitsentwicklung, Reife. So bleiben viele junge Führungskräfte in ihrem Entwicklungsgrad auf Schüler- beziehungsweise Studierendenniveau stehen – wenn sie nicht das Glück haben, zum Beispiel an einer guten und systematischen Personalentwicklung teilnehmen zu können, in der sie persönliche Herausforderungen reflektieren, integrieren und daran wachsen.

Dieses nüchterne Fazit ziehen seit einigen Jahren regelmäßig die „High Potentials"-Studien der Unternehmensberatung Kienbaum in Gummersbach. Die Mittelstands- und Personalexperten bescheinigen überdurchschnittlich qualifizierten Absolventen und Berufseinsteigern zwar derzeit ausgezeichnete Karriereaussichten. Andererseits zeigen die Aussagen der in 460 Unternehmen befragten Personalchefs in Deutschland, Österreich und der Schweiz, dass gerade dieser aussichtsreiche Nachwuchs in der Geschäftspraxis häufig scheitert. Gründe hierfür sind aus Sicht der Human-Ressources-Leiter vor allem mangelnde soziale Kompetenzen. Laut der Kienbaum Studie 2011/2012 erleiden 94 % der deutschen High Potentials im Arbeitsalltag Schiffbruch, weil sie sich selbst überschätzen. Rund 89 % mangelt es an der Fähigkeit zur Selbstkritik. In der Schweiz sind die Selbstüberschätzung (95 %) und in Österreich die fehlende Selbstkritik (93 %) ebenfalls Hauptgründe für das Scheitern von High Potentials.

Doch es ist nicht nur die Generation Y, die viele Defizite in die Unternehmen mitbringt. Auch Nachwuchskräfte aus sogenannten prekären Familienverhältnissen, in denen Gewalt, Suchtmittelmissbrauch, Verwahrlosung und so weiter an der Tagesordnung sind, bleiben leider in ihrem möglichen Entwicklungsgrad zurück. Häufig haben diese jungen Menschen bereits die Großelterngeneration ohne Arbeit erlebt. Selbst ohne Arbeit waren ihre relativ jungen Eltern meist mit sich und erst recht mit dem Nachwuchs überfordert. Die jungen Menschen aus diesen Familien haben leider nur aus theoretischer Sicht genug Probleme, um daran wachsen zu können – praktisch fehlen ihnen meist die zur Bewältigung der Probleme erforderlichen Resilienzfaktoren, wie beispielsweise tragfähige Bindungen zu den Eltern, Zuversicht und (staatliche) Unterstützung bei der Bewältigung ihrer alltäglichen Herausforderungen. Daher gelingt ihr persönliches Wachstum oft nicht. Alleingelassen und erdrückt von ihren Problemen sind häufig aggressives oder depressives Verhalten sowie die Entwicklung von Süchten die Folge. Viele dieser Schulabgänger werden kaum eine Chance haben, überhaupt einer geregelten Arbeit nachzugehen. Schaffen sie trotz aller Widerstände den sozialen Aufstieg, leiden sie auch als Erwachsene an den Defiziten ihrer Sozialisation. Das zeigt sich nicht selten daran, dass sie als Mitarbeiter oder Führungskräfte in Organisationen durch schwer verständliche Verhaltensweisen auffallen.

Ich beobachte, dass sich auf beiden Seiten der sozialen Schere genau da Lücken auf-
tun, wo laut Haim Omer und Arist von Schlippe die wichtigsten Punkte für die Notwendigkeit einer Neuen Autorität verortet sind.

1. **Präsenz**: Wer vernetzt arbeitet, der arbeitet immer auf Distanz. Das heißt: Er kann
   in schwierigen Momenten keine Präsenz zeigen – und er muss es auch nicht. Wird
   es brenzlig, schaltet er die elektronische Kommunikation ab. Wer nie Präsenz und
   dadurch auch Nähe durch seine Eltern oder Erzieher erlebt hat, kennt Distanz als Nor-
   malzustand. Kontaktabbrüche und bewusster Liebesentzug durch die Eltern als (unbe-
   wusstes) Erziehungsmachtmittel kennen alle Milieus.

2. **Selbstkontrolle**: Es trifft sicher nicht auf alle Vertreter der jungen Generation zu, aber
   doch auf diejenigen der relativ wohlhabenden, gebildeten Mittelschicht: Wer in Rahmenbedingungen aufwächst, in denen kaum auf Wunscherfüllung gewartet werden
   muss, kann die Fähigkeit der Selbstkontrolle nicht in der Weise ausbilden wie andere
   Heranwachsende, die sich vieles selbst hart erkämpfen müssen. Doch auch der Nachwuchs aus anderen sozialen Milieus hat oft Schwierigkeiten mit der Selbstkontrolle:
   Wenn aggressives Verhalten oder die aus meiner Sicht für die Entwicklung eines Kin-
   des nutzlosen Defizit-Diagnosen wie ADS oder ADHS die einzigen Möglichkeiten
   sind, sozial wahrgenommen zu werden, kann das Lernen von Selbstkontrolle für das
   Kind kaum zu einem attraktiven Ziel werden.

3. **Vernetzung**: Natürlich ist die junge Generation vernetzt – aber auf eine andere Weise.
   500 Freunde auf Facebook zu haben, ist etwas ganz anderes, als im realen Leben mit
   einer Handvoll Mitstreiter entschlossen Schulterschluss zu zeigen.

4. **Deeskalation**: Viele Vertreter der jungen Generation haben die Methoden der Konfliktbewältigung nicht kennen gelernt. Oftmals schwankten deren Eltern und Erzieher abrupt hin und her zwischen einer Laisser-faire-Haltung und autoritärem Gehabe,
   weil sie einen dritten Weg zu einer gemeinsamen Verständigung schlicht nicht kann-
   ten.

5. **Wiedergutmachung**: Auch diese Methode kennen viele Nachwuchskräfte nicht. Sie
   haben eher gelernt, abzutauchen. Einmal auf dislike klicken – fertig. Oder es wird
   bestraft, Schuld verteilt, ohne emotionale, in die Gemeinschaft integrierende Konsequenzen. Mal schnell ein sozial gelerntes „Tschuldigung", ein bisschen Nachsitzen
   und weiter geht's …

6. **Transparenz**: Das ist ein Punkt, den die junge Generation virtuos beherrscht. Sie
   hat ihn in virtuellen Kollaborationen (an der Universität, aber auch beim „Gamen")
   geübt und kennt ihn aus den bevorzugten Unterhaltungs- und Nachrichtenmedien.
   Allerdings muss man auch hier genau hinschauen. Den eigenen Tagesablauf mit Res-
   taurant-Fotos via Facebook transparent zu machen oder ein eigenes Video auf eine
   Social-Media-Plattform hochzuladen, ist nicht das Gleiche wie ein mutiges, öffentli-
   ches, gemeinsames Vorgehen in Mitverantwortung für ein Ziel.

7. **Beharrlichkeit**: Hier sehe ich eines der größten Probleme. Kann eine Generation,
   deren Alltag durch zahlreiche elektronische Kommunikationsgeräte, laufend neu ange-
   botene Ziele, eine einfache Bedürfnisbefriedigung sowie ständige Nachrichten- und

Werbeunterbrechungen geprägt ist, eine Tugend wie die der Beharrlichkeit überhaupt noch einüben?

Martin Dornes hat im Hinblick auf die psychischen Herausforderungen der heutigen jungen Generationen eine interessante Entwicklung über die vergangenen 120 Jahre beobachtet. Dabei hat der Wissenschaftler vier grundlegende Störungen identifiziert. Im Rückblick sieht er die Zeit um die Jahrhundertwende von 1890 bis 1920 mit ihren starren sozialen Normen als einen Auslöser dafür, dass ein Ausweichen der Psyche in die *Hysterie* geradezu logisch erscheint. Das Resultat war der Erste Weltkrieg. Die folgende Epoche ab dem Ende des Ersten Weltkrieges über das Dritte Reich und die oberflächlich so „sauberen" 1950er Jahren bis hinein in die sozialen Umbrüche der 1970er wurden dann durch einen starken sozialen Druck und die Autorität (um nicht zu sagen: Tyrannei) der Väter in den Familien und der Vorgesetzten in den Büros und Fabriken dominiert. Zwangsläufig kann der problematische *autoritäre Charakter* als typische Deformation oder besser Auffälligkeit dieses gesamten Zeitraums gelten. Mit der Studentenrevolte, der Hippie-Zeit und der Popularisierung der Psychoanalyse trat dann eine neue psychische Auffälligkeit ans Tageslicht: Statt die eigene Identität einer übergeordneten Autorität zu opfern, wird diese jetzt in einem Übermaß besprochen, bespiegelt und bewundert – bis hin zur *narzisstischen Störung*. Um die Jahrtausendwende wurde dann die Eigenverantwortlichkeit so weit auf die Spitze getrieben, dass sie in eine depressive Störung kippte. Jetzt ging es um die Ich-AG, um den Arbeitskraftunternehmer, den Entrepreneur. Immer neue „Managementvordenker" und „Motivationsgurus" versprachen den Menschen Erfolg und Möglichkeiten ohne Grenzen – wenn sie nur stark genug daran glaubten, hart genug arbeiteten und keine Chance verpassten. Was umgekehrt hieß: „Hast du keinen Erfolg, dann bist du selbst schuld." Die sozialen Zwänge, unter denen die Menschen noch ein Jahrhundert zuvor gelitten und die sie unbeweglich gemacht hatten, wurden jetzt bis zur Unkenntlichkeit ausgeblendet – obwohl sie noch immer wirksam waren, wenn auch in veränderter Form. Die Folge sind seitdem immens steigende Zahlen von *Depression* und *Burnout*. Noch einmal im Überblick (Dornes 2010, S. 1000):

- **1880 bis 1920**: hysterischer Charakter
- **1920 bis 1970**: autoritärer Charakter
- **1970 bis 1995**: narzisstischer Charakter
- **Seit 1995**: depressiver Charakter

Für die Frage einer Neuen Autorität ist Dornes Perspektive auf den grundsätzlichen Wandel in der menschlichen Psyche von großer Bedeutung. Denn in vielen Unternehmen sind heute noch immer Fach- und Führungskräfte tätig, deren eigene Eltern und Lehrer in den 1920er beziehungsweise in den 1890er Jahren geboren wurden. Durch ihre Prägung bringen diese Führungskräfte einen völlig anderen Zugang zum Thema „Autorität" mit als diejenigen, die erst Mitte der 1990er Jahre auf die Welt kamen und durch ihre Erziehung ganz andere Erfahrungen mit dem Begriff „Autorität" verbinden.

Alter der Führungskräfte in 2014	40	50	60	70
Geburtsjahr der Führungskräfte	1974	1964	1954	1944
Geburtsjahr der Eltern der Führungskräfte Alter der Eltern bei Geburt der FK i.d.R. 25-30 Jahre	1944-49	1934-39	1924-29	1914-19
Geburtsjahr der Lehrer in Grund-/Hauptschule bei einem Alter der Lehrer von ca. 40 Jahren. Alter der FK als Schüler 10 Jahre.	1944	1934	1924	1914
Geburtsjahr der Eltern der Lehrer bzw. Großeltern der Führungskräfte. Alter der Eltern bei Geburt: 25 Jahre	1919	1909	1899	1889

Abb. 2.1 Gesellschaftlicher Kontext in Deutschland

Abbildung 2.1 zeigt eine Übersicht, wie sehr wahrscheinlich Führungskräfte durch vergangene Autoritätsmodelle in ihrer Haltung zu Autorität geprägt wurden.

Hat Martin Dornes mit seinem Befund recht, dann ist es tatsächlich denkbar, dass ältere Mitarbeiter aus der Generation „autoritärer Charakter" jede Form einer modernen Führung als hochgradig gefährlich ablehnen – und sich gerade deshalb nicht von ihrem unzeitgemäßen Agieren im Geschäftsalltag frei machen können, psychisch also gebunden bleiben. Eine ganz andere Haltung zeigen dagegen die Vertreter der jüngsten Generation. Da sie selbst schon früh Verantwortung übernahmen und eine Unzahl von Entscheidungen (mit) treffen mussten, wünschen sie sich nichts sehnlicher als eine Führungskraft, die auf Augenhöhe diskutiert, gleichzeitig aber „Kante zeigt" und Orientierung geben kann, ohne in den Superhelden-Modus abzudriften. Mit dieser Generation scheint mir eine Diskussion über das Konzept einer Neuen Autorität in der Führung besonders spannend zu werden.

Machtspiele: Narzissmus liebt Intransparenz

Wenn wir nun die psychischen Auffälligkeiten der verschiedenen Generationen mit den Herausforderungen, an denen Autorität heute typischerweise scheitert, verbinden, ergeben sich äußerst unheilvolle Konstellationen. Viele davon treffe ich regelmäßig in meiner Praxis an. Hier ein kurzer Blick in ein Unternehmen, in dem Vorstände mit einem Hang zum Narzissmus Machtspiele betreiben – und zwar mit der Methode der konsequenten Intransparenz. Salopper formuliert: Führen mit der Nebelmaschine.

Beispiel

Stühlerücken im Vorstand eines großen IT-Unternehmens: Statt eines einzigen Firmenchefs sollte es nun zwei Vorstände geben. Die neue Kollegin an der

Unternehmensspitze bestand auf Gleichberechtigung und dies wurde auch vom Aufsichtsratsvorsitzenden zugesagt. Allerdings schied dieser kurz darauf aus dem Amt. Als eine seiner letzten Handlungen billigte er dem länger im Unternehmen arbeitenden Vorstand noch schnell die Zusatzbezeichnung „Vorstandssprecher" auf der Visitenkarte zu. Seinen neuen Titel nutzte dieser Vorstand als Legitimation, um wichtige Entscheidungen allein zu treffen – ohne vorherige Absprache mit seiner Vorstandskollegin. Die Folge waren Intransparenz und „Hinterzimmer-Absprachen".

Der Konflikt wurde nie offen ausgetragen und grundsätzlich geklärt. Stattdessen zerfleischten sich die beiden Vorstände in Streitereien über Zuständigkeiten. In diese Auseinandersetzung zogen sie schließlich nachgeordnete Führungsebenen und auch Mitarbeiter hinein und schmiedeten Koalitionen. Der Kampf führte allerdings nicht zur Ausweitung der Macht einer der beiden Kontrahenten. Im Gegenteil: Beide erlitten einen Gesichtsverlust. Narzissmus und Intransparenz in der Führungsspitze lähmten die gesamte Organisation.

Um die Autorität und Glaubwürdigkeit der Führungsspitze wieder herzustellen, wurde durch den neuen Aufsichtsratsvorsitzenden eine Mediation verordnet. Eine harte Schule, in der beide Vorstände erstmals die toxische Wirkung von Narzissmus und Intransparenz reflektieren und sich auf die unternehmerische Verantwortung der Führung zurückbesinnen konnten. Statt auf die eigene Macht fokussierten sie sich wieder auf Personen, Prozesse und Projektziele. Beide Vorstände arbeiten heute nicht mehr in dem Unternehmen.

Projektchaos: Mangelnde Präsenz begünstigt Burnout

Nicht nur die jüngsten Generationen in den Unternehmen sind der Gefahr eines Burnouts durch chronische (Selbst-)Überforderung ausgesetzt. Gefährdet sind im Prinzip alle Mitarbeiter. Am stärksten bedroht sind allerdings diejenigen mit einer überaus starren und „autoritären" sowie diejenigen mit einer typischerweise instabilen „narzisstischen" Persönlichkeit. Beide Gruppen von Mitarbeitern sind deutlich anfälliger als die psychisch etwas flexibleren, aber laut Martin Dornes doch einigermaßen belastbaren „Ypsiloner" (vgl. Dornes 2012).

Was passiert, wenn eine Unternehmensführung seine Mitarbeiter unter Projektstress setzt und an den Rand ihrer Belastbarkeit bringt, gleichzeitig aber Präsenz verweigert, verdeutlicht folgendes Beispiel.

Beispiel

Die Konzernmutter wollte in einem ihr zugehörigen Versicherungsunternehmen ein Dokumenten-Management-System (DMS) einführen. Dies sollte im Rahmen einer kompletten, individualisierten Neuentwicklung durch die konzerneigene IT-Tochter erfolgen. Bereits vor Projektbeginn vereinbarte der Vorstandssprecher mit anderen Vorständen des Konzerns einen Termin, zu dem auch die übrigen Konzernunternehmen das DMS erhalten würden – allerdings ohne Rücksprache mit der Projektleitung.

Das Projekt gestaltete sich schwierig: Gleichzeitig mussten unterschiedlichste IT-Systeme integriert, eine komplexe Software selbst entwickelt und verschiedene externe IT-Beratungsunternehmen koordiniert werden. Einzelne Mitarbeiter als auch die Projektleitungen warnten frühzeitig, dass unter diesen Gegebenheiten der Endtermin nicht haltbar sei.

Die Führungsspitze beharrte aber auf dem Termin. Um diesen zu halten, wurden noch mehr externe IT-Berater eingekauft, sodass in der Hochphase der Krise zwei bis drei externe Experten einem internen Projektmitarbeiter gegenüberstanden. Da damit aber immer mehr Menschen und immer mehr Arbeitsabläufe koordiniert werden mussten, wuchs die Komplexität des gesamten Projekts. Es kam zu Reibungen aller Art und der Projektfortschritt verlangsamte sich noch einmal.

Die Reaktion von Vorstand, Auftraggeber des Projekts und Projektteam bestand darin, nicht miteinander zu kommunizieren. Vielmehr sorgten alle Beteiligten für kontinuierliche Distanz. Handlungen erfolgten ohne Absprachen, Entscheidungen wurden intransparent gefällt, an gemeinsamen Lösungen nicht gearbeitet, Fehler nicht reflektiert und der Termin nicht infrage gestellt.

Die Lage verkomplizierte sich zusätzlich, als sich das Projektteam schließlich durch die vielen Konfliktherde spaltete. Auslösendes Streitthema war eine erst in Zukunft anstehende Entscheidung für einen bestimmten Software-Anbieter. Es kam zu massiven wechselseitigen Schuldzuweisungen innerhalb des Projektteams, sogar zu Unterstellungen von Bestechlichkeit. In der Folge meldeten sich zahlreiche Projektmitglieder krank, was zu immer weiteren Verzögerungen der Projektarbeit führte.

Schließlich wurde das Projekt zu dem vorgegebenen Endtermin inhaltlich aufgeteilt und ein Part als fertig definiert, um das Gesicht des Vorstandssprechers zu wahren. Die Geschichte des Scheiterns und der Verlogenheit wurde allerdings im gesamten Unternehmen „breitgetreten". Die Führung und deren Autorität erlitten einen schweren Schaden – der sich auch in den kommenden Jahren nicht mehr vollständig beseitigen ließ.

Change, Change, Change: Hysterie versus Beharrlichkeit

Das Wort Hysterie ist ein veralteter Begriff und wenig konkret. Ich möchte ihn an dieser Stelle näher erläutern, um einen Bezug zum „hysterischen Charakter" herzustellen. Unter Hysterie beschreibt man in Fachkreisen ein neurotisches Verhalten, das mit einem Hang zu starken Stimmungsschwankungen und einem hohen Geltungsbedürfnis verbunden ist. Obwohl laut Dornes der „hysterische Charakter" seit 1920 langsam von der Bildfläche verschwindet, erinnert mich vieles im Verhalten von Führungskräften daran, dass diese Störung noch präsent ist. Das gilt vor allem für die vielen Fälle, in denen Unternehmensführer

Umstrukturierungen in Angriff nehmen, dabei zwischen Euphorie, operativer Hektik und Verzweiflung hin und her schwanken und letztendlich doch nur die eigene Anerkennung im Blick haben.

Wenn jedoch der Blick für das Ganze sowie jegliche Kontinuität – oder Beharrlichkeit in der Sprache einer neuen Führung – fehlen, dann wird es für ein Unternehmen schwer, sehr gute Fach- und Führungskräfte zu überzeugen. Dazu folgendes Beispiel:

Beispiel

Ein Konzern aus dem Dienstleistungsbereich mit nichtdeutscher Muttergesellschaft änderte im Schnitt alle zwei Jahre die Führungsstrukturen – von europaweiter Mono-Markenführung zu deutschlandweiter Multi-Markenführung oder international aufgeteilter Mono-Markenführung, um nur wenige Beispiele zu nennen. Etwa alle zwei Jahre erhielten die Niederlassungsleitungen in den Regionen einen neuen Chef oder wurden in andere Regionen und Führungskreise „verschoben". Je nach struktureller Änderung stiegen einzelne Niederlassungsleiter auch vom Kollegen zum Regionalmanager auf, um nach zwei Jahren wieder ihren ursprünglichen Status zu erlangen. Dies geschah deshalb, weil Führungsebenen willkürlich eingezogen und wieder demontiert wurden.

Jede neue Struktur wurde als die Lösung verkündet. Das Vertrauen der Niederlassungs- sowie der Regionalleitungen in das Topmanagement und die Sicherheit auf der Beziehungsebene sanken im Zweijahrestakt kontinuierlich ab. Am Ende wurde das Geschäft von den Mitarbeitern nur noch funktional abgewickelt. Es herrschten Fatalismus und die Erkenntnis vor, dass das Unternehmen ausschließlich an Zahlen interessiert sei.

Exemplarisches Zitat eines Niederlassungsleiters: „Solange die Zahlen stimmen, lässt der Chef mich in Ruhe. Deshalb ist es mir egal, wer der Chef ist." Das Problem: Wie soll ein Dienstleistungsunternehmen, welches im Kern auf guten Beziehungen, Vertrauen, Freundlichkeit und Serviceorientierung zu Kunden basiert, erfolgreich sein, wenn diese Werte intern mit Füßen getreten werden? Die Konsequenzen wurden bald offensichtlich. Die Personalverantwortlichen fanden kaum mehr exzellente Menschen für die Arbeit als auch für Führungsaufgaben. Zunächst hieß es: „Schuld ist der Fachkräftemangel." Ein Argument, das in den Medien so oft kolportiert wird, dass Personalverantwortliche es nur allzu leicht als Entschuldigung heranziehen können.

In der Beratung setzte sich dann doch die Erkenntnis durch, dass fehlende Beharrlichkeit und fehlende Balance zwischen Beziehung und Zahlen zu einem Autoritätsverlust und damit auch zu einem Verlust an Glaubwürdigkeit geführt haben.

Diese drei Beispiele machen deutlich, warum so viele Führungskräfte in den verschiedenen Unternehmen heute unter dem Niedergang ihrer Autorität zu leiden haben. In den meisten Fällen handelt es sich meiner Einschätzung nach um ein unheilvolles Zusammentreffen von psychischen Auffälligkeiten verschiedenster Art und der chronischen Abwesenheit von Führungsfertigkeiten.

Woran Führung scheitert

Den Verlust von Autorität allein auf die psychischen oder gar auf die charakterlichen Merkmale der Führungskräfte zu richten, wäre allerdings zu kurz gegriffen. Denn „gute Führung" ist keine Eigenschaft einer einzelnen Führungskraft, auch wenn das gerne so inszeniert wird. Sie kann es gar nicht sein. Führung findet immer in einem sozialen System statt. Und dieses System *kann* es Führungskräften ermöglichen, dass ihre Arbeit gut und leicht von der Hand geht, dass sie „fließen" kann. Oder das System bewirkt das Gegenteil: Es blockiert – jeden und alles. Unter derartigen Rahmenbedingungen wird aus dem größten Talent eine miserable Führungskraft. Das ist der Grund, warum ich Studien zur Zufriedenheit von Mitarbeitern mit ihren Chefs immer sehr vorsichtig lese.

Verkrustete Strukturen

In meiner Praxis erlebe ich überwiegend Unternehmen, die nach wie vor hierarchisch organisiert sind. Es gibt einen Aufsichtsrat, Vorstände, Bereichsleiter, Teamleiter, Projektleiter, Mitarbeiter. Manchmal „schwebt" noch eine Holding darüber. Dabei gilt: Je größer die Struktur, desto unbeweglicher der gesamte Apparat. Der deutsche Soziologe Max Weber hat derartige Strukturen der Bürokratie einmal sehr treffend als „stahlhartes Gehäuse der Hörigkeit" bezeichnet.

Genau das ist das Problem. Laut Dirk Baecker, Professor für Soziologie und Kulturtheorie an der Zeppelin Universität (ZU) in Friedrichshafen, verwenden Organisationen bis zu 90 % ihrer Arbeit darauf, Routinen für ihre Aufgaben zu finden. Ich möchte ergänzen: Und diese Routinen in Befehlsketten abzubilden, die häufig pseudo-kooperativ verschleiert werden. Da bleibt nicht mehr viel Platz für Kreativität, für Entfaltung, oft auch nicht für Humanität. Es bleibt auch nicht viel Energie übrig, um auf Veränderungen reagieren zu können.

> Männliche Führungskraft, Jahrgang 1956: „Ich hatte einmal einen Chef, [...] der hat alles blockiert, wo ich gerne etwas anders gemacht hätte. Ich wollte wachsen, das ging unter ihm aber nicht. Zum Schluss hatte ich keine Achtung mehr für das, was er tat, und das, was er gab. Das ging so weit, dass ich ihn schlicht ignorierte. Es war einfach eine Art Entkopplung. Es war nur noch Schauspiel."

Die auf der ökonomischen Ebene wirksamen Kräfte kennen Sie: Jede Firma muss Umsätze erwirtschaften, Gewinne erzielen – „bei Strafe ihres Untergangs", um hier Karl Marx zu zitieren. Zudem hat sich das Veränderungstempo in Gesellschaft und Wirtschaft dramatisch erhöht. So stehen die Unternehmen vor dem Problem, sich aufgrund des Innovations- und Konkurrenzdrucks schneller bewegen zu müssen, als sie es aufgrund der internen Strukturen können. Ein Teufelskreis, aus dem es kein Entrinnen gibt. Dazu

Baecker: „Normalität liegt Jahrzehnte hinter uns. Keiner weiß mehr, was das sein soll. Es gibt Unruhe, es gibt Innovationsbedarf, es gibt die Notwendigkeit, mit Ungewissheit umzugehen. Keine Organisation weiß in irgendeiner Situation ganz genau, ob das Produkt, die Idee, mit der sie unterwegs ist, heute und morgen gleichermaßen überlebensfähig sein kann." (Köttritsch 2013a)

Es liegen also insgesamt drei Probleme auf der Hand:

1. Die vielerorts zu beobachtenden Strukturen und Kulturen der Unternehmen sind in der aktuellen Welt der globalen Wirtschaft keine Basis mehr, um erfolgreich zu sein.
2. Die Führungskräfte in diesen Unternehmen *können* mit dem von außen induzierten Innovationsdruck nicht angemessen umgehen, solange sie in verkrusteten Strukturen handlungsunfähig sind.
3. Die Angst unter den Führungskräften hindert diese daran, notwendige Kulturveränderungen anzustoßen und die damit verbundenen Konflikte auszutragen.

Das ist der Grund, warum der durchaus von vielen Managementstudien erhobene berechtigte Ruf nach „mehr Coaching" oft ins Leere läuft. Es kann nicht funktionieren, wenn Unternehmen nur versuchen, die Führung auf methodischer Ebene zu verbessern, die Strukturen, Kulturen und Emotionen der Führungskräfte aber unangetastet lassen. Leider gilt:

▶ Strukturelle Probleme werden viel zu oft auf die individuelle Ebene verlagert – und führen dort zu Versagensangst und Demotivation.

Sich selbst und die eigene Organisation im Spiegel zu erkennen, ist für jede Unternehmensführung schwer. Das gilt vor allem für Führungskräfte, die aus alten Machtstrukturen und Kulturen kommen, die entsprechend organisiert sind und die die aufziehenden Veränderungen der Machtlegitimation wahrnehmen. Diese Verantwortlichen können ihre eigenen strukturellen und die damit verbundenen kulturellen Probleme häufig nicht als solche wahrnehmen. Wenn etwas schiefläuft, werden weder die bestehende Kultur noch die angewandten Methoden infrage gestellt, sondern es wird ein Bauernopfer gesucht. Schnell heißt es dann, bestimmte Mitarbeiter stellten sich quer. Die Führungskräfte seien unfähig. Oder „die Gewerkschaften" blockieren den Fortschritt. Oder auch: Der Kollege müsse weg. Doch so einfach ist es nicht.

„Mehr vom Gleichen" führt nicht weiter

Wie oben bereits ausgeführt, erlebe ich es in meiner Praxis oft, dass strukturelle Probleme auf der individuellen Ebene ausgefochten werden. Doch wozu führt das in der Regel? Die Positionen verhärten sich. Entweder werden externe Berater oder Mediatoren beauftragt, Bewegung in das erstarrte, in Positionskämpfe (man möchte fast schreiben „Stellungskriege") verstrickte Konfliktfeld zu bringen. Meist sind die Beziehungen und Kommunikationsstrukturen über die vielen Jahre aber schon so stark gestört, dass hier nur noch wenig auszurichten ist. Mit Abstand betrachtet, bewahrheitet sich dann (wieder), dass da nur noch eins hilft: ein Machtentscheid. Aber damit wiederholt sich nur das altbekannte Phänomen „Mehr vom Gleichen".

Beispiel

Nach der Fusion zweier Genossenschaftsbanken zeigte sich zwischen den drei Vorständen der neu entstandenen Bank ein massiver Konflikt. Es hatten sich zwei offene Lager gebildet: Die beiden Vorstände der ehemals größeren Bank stellten sich gegen den Vorstand der ehemals kleineren Bank. Der Vorsitzende des Aufsichtsrats betraute uns im Einvernehmen mit den drei Vorständen mit einer Mediation. Ergebnis: Der Vorstand der ehemals kleineren Bank wurde durch die anderen beiden Vorstände als „unfähig und nicht tragbar" definiert.

Der Kernkonflikt bestand jedoch nicht in den an der Oberfläche hin und her geschobenen Schuldzuweisungen, sondern in den Bewertungsunterschieden von Sachverhalten aufgrund unterschiedlicher persönlicher Werte der Vorstände sowie unterschiedlicher Arbeitskulturen in den ehemaligen Instituten. Durch die Vorwürfe wurden die Kulturunterschiede mehr oder weniger bewusst individualisiert.

Den Konflikt offenbarte außerdem die „geheime Agenda" der zwei Vorstände der ehemals größeren Bank, die neu entstandene Bank als Doppelspitze zu führen. Trotz der mittlerweile gestörten Vertrauensebene konnte der Vorsitzende des Aufsichtsrats die naheliegende Machtentscheidung und einfache strukturelle Lösung – Freistellung des dritten Vorstands – nicht treffen. Für die Abfindung gab es keine Mehrheit im Aufsichtsrat. Außerdem war die Sorge zu groß, dass gute Kunden der ehemaligen kleineren Bank die Kundenbeziehung beenden würden, wenn dieser Vorstand die Bank verlassen und sich so bewahrheiten würde, dass die Fusion entgegen anderer Versprechungen im Vorfeld nun doch nicht „auf Augenhöhe" geschehen war.

Das Unternehmen brach die Mediation an dieser Stelle ab. Die Führungsspitze entschied sich dazu, das Machtspiel nicht offenzulegen und zu beenden. Sie entschied sich auch gegen eine Wiedergutmachung auf Beziehungsebene innerhalb des Vorstands. Stattdessen wurden strukturelle Maßnahmen überlegt, den dritten Vorstand organisatorisch zu isolieren – mit dem Ziel, den Konflikt zu verschleiern und das Machtspiel im Sinne der beiden Vorstände der größeren Bank weiterzuführen. Mittlerweile gibt es in der Bank nur noch die zwei in Koalition befindlichen Vorstände und einen neuen Aufsichtsratsvorsitzenden.

Vielfalt schafft Potenziale

Fakt ist: Verschließt man die Augen vor kulturellen Differenzen innerhalb eines Unternehmens, wird die Autorität der nicht zur „Leitkultur" gehörenden Führungskräfte langfristig untergraben. Weil Diversity gerade in kultureller Hinsicht für viele Unternehmen jedoch „zu anstrengend" erscheint, werden derartige Differenzen tendenziell nicht zum Wohle des gemeinsamen Geschäfts miteinander verbunden. Stattdessen werden die fruchtbaren Impulse lahmgelegt, in dem man die kulturell abweichenden Strukturen und deren Führungsspitzen mundtot macht – oder einfach abschafft.

Was bleibt zurück? Verunsicherte Mitarbeiter. Der Verlust der Autorität der Unternehmensspitze. Ein Geschäft, das seine Potenziale nicht ausschöpft. Und die bittere Erkenntnis, dass Führung durch diese Intervention wieder einmal keinen Schritt vorangekommen ist, sondern nur einen erneuten Rückschlag erlitten hat, von dem sie sich nicht erholen wird. Schon Albert Einstein wusste, dass die fehlende Bereitschaft zur Offenheit und das Verharren in alten Verhaltensmustern niemanden weiterbringt:

> Probleme kann man niemals mit derselben Denkweise lösen, durch die sie entstanden sind.

Kulturprobleme verschärfen die Lage

Jeder vierte Mitarbeiter empfindet, dass in seiner Firma das Motto „Kontrolle vor Vertrauen" gilt. Das ist das Ergebnis einer Studie der Personalberatung Rochus Mummert aus dem Jahre 2012, zu der 220 Mitarbeiter und Führungskräfte befragt wurden. Das ist kein gutes Zeugnis für die deutschen Unternehmen. Doch die Autoren der Studie vermuten, dass die Lage tatsächlich noch viel schlechter aussieht: „Eine Kultur des Vertrauens wird von den Führungskräften möglicherweise oft nur vorgegaukelt", konstatierte Hans Schlipat, Managing Partner bei Rochus Mummert, am 25.10.2012 gegenüber dem österreichischen *Wirtschaftsblatt*. Die Erfahrungen aus meiner Praxis spitzen das Ganze sogar noch zu: Eine Kontrollkultur wird häufig durch strukturelle Misstrauenssysteme aufrechterhalten beziehungsweise verstärkt. So existieren in einigen Unternehmen variable Vergütungssysteme, die durch ihre spezielle Gestaltung den Mitarbeitern permanent Misstrauen aussprechen. Dabei werden zum Beispiel vorab 5 bis 10 % des Gehalts nicht ausbezahlt und die Mitarbeiter können erst bei „guter Führung" ihre volle „Mahlzeit" verdienen. Wer überdurchschnittlich leistet, bekommt jedoch nie mehr als 100 %.

Da überrascht es nicht, wenn Mitarbeiter kein Vertrauen in ihre Führungskräfte haben, wenig motiviert arbeiten und ihr Unternehmen aufgrund der permanenten Androhung von Sanktionen (die Gegenstrategie der Neuen Autorität heißt *Wiedergutmachung*), der intransparenten Arbeitsweise (statt *Transparenz*) und willkürlichen Kopf-ab-Entscheidungen (statt *Beharrlichkeit*) sogar verachten. Verachtung höhlt aber Autorität aus, bis nichts mehr davon übrig ist. Hannah Arendt hat dies in ihrem wichtigen Buch *Macht und Gewalt* sehr treffend auf den Punkt gebracht (Arendt 2013, S. 46 f.) Dort schreibt sie über Autorität:

> Ihr gefährlichster Gegner ist nicht Feindschaft, sondern Verachtung, und was sie [die Autorität, Anm. des Autors] am sichersten unterminiert, ist das Lachen.

Seit den großen sozialen Umbrüchen in den 1960er und 1970er Jahren, die den Menschen zumindest in den westlichen Industrienationen ein Mehr an Freiheit und Chancen der Selbstverwirklichung gebracht haben, diskutieren wir Führung völlig neu. Seit der großen Debatte um den „autoritären Charakter" und „antiautoritäre Erziehung", sieht unsere Vorstellung von idealer Führung ganz anders aus. Der „Chef" gilt nicht mehr als derjenige mit der Befehlsgewalt, sondern als Erster unter Gleichen. Führungskräfte stehen zwar im Organigramm noch „oben", aber sie halten ihre Türen offen und sind bereit, auf Augenhöhe zu diskutieren. Einen weiteren Schub in diese Richtung erleben wir durch die allgegenwärtige Präsenz des Internets in Form der Debatten um Vernetzung und kollektive Intelligenz.

Führungsstilmodelle führen nicht weiter

Um dem Wandel in der Entwicklung von Führung gerecht zu werden, wurden in den vergangenen Jahrzehnten die in Trainings und Seminaren gewinnbringend vermittelten Führungsstilmodelle eifrig um etliche Dimensionen erweitert. Werfen wir einen kurzen Blick zurück:

1950er Jahre: Eindimensionale Modelle: Führungsinstrumente werden hier an einem einzigen Kriterium gemessen, etwa: „Wie groß sind die Möglichkeiten der Mitarbeiter, sich an Entscheidungen zu beteiligen?". In den Extremfällen stehen sich dann die Führungsstile der totalen Autonomie der Unternehmensleitung auf der einen Seite und die totale Autonomie der Mitarbeiter auf der anderen gegenüber. Dazwischen tauchen weitere Mischkonzepte auf, wie etwa der „patriarchalische" oder der „kooperative" Führungsstil. Ein solches Modell haben Tannenbaum und Schmidt im Jahr 1958 entworfen. Theoretisch ist es sehr einleuchtend, in der Praxis hilft es aber nur wenig weiter.

1960er und 1970er Jahre: Zweidimensionale Modelle: In der Folge verbreitete sich die Idee, Führung anhand von zwei Dimensionen zu beschreiben. Neben der Mitarbeiterorientierung definierten die Experten Führung auch an der Aufgabenorientierung. So entstand ein *managerial grid*, ein zweidimensionales Raster mit verschiedenen Führungsstilen. In der linken unteren Ecke des Spektrums befindet sich der „Laisser fair"-Stil mit seiner geringen Orientierung an Aufgaben und Mitarbeitern. Auf der gegenüberliegenden Seite rechts oben ist die „exzellente Führung" dargestellt, die sowohl Aufgaben als auch Mitarbeiter im Blick behält. Derartige Modelle stammen von Fleishman und Hemphill (1962) oder Blake und Mouton (1978). Auch dies wirkt theoretisch vernünftig, hilft in der Praxis aber auch nicht weiter.

1980er Jahre: Dreidimensionale Modelle: Seit den 1980er Jahren führen wir theoretisch in 3D. Hersey/Blanchard entwarfen eine Typologie, die Führung an Aufgaben, Mitarbeitern und am *Reifegrad der Mitarbeiter* orientiert (1982). Reddin wählte als dritte Dimension dagegen die *Effektivität* der Führung *in einer gegebenen Situation* (1981).

Nun sind wir in der Theorie zwar einen Schritt weiter. In der Alltagspraxis bringen allerdings auch diese Modelle wenig Hilfestellung. Bislang gibt es keinen konkreten Nachweis, dass diese Ansätze den Führungskräften in irgendeiner Weise helfen, besser, wirksamer zu führen. Warum? Ganz einfach: Die Faktoren „Aufgabenorientierung", „Beziehungsorientierung", „Führungserfolg", „Situation" und „Reife" sind allesamt nur ungenügend operationalisierbar. Und: In keinem der Modelle wird die kommunikative Wechselwirkung zwischen Führungskraft und Mitarbeiter, der Reifegrad der Führungskraft selbst sowie der kulturelle und strukturelle Kontext ernsthaft in den Blick genommen. Alle Ansätze gehen davon aus, dass der einzige Dreh und Angelpunkt in der Führung ausschließlich der Mitarbeiter ist.

Was wir inzwischen jedoch mit Sicherheit wissen und messen können ist, dass eine sich an Modellen und einzelnen Führungsstilen klammernde Führung nicht funktioniert: Eine aktuelle Studie der Hay Group mit 95.000 Führungskräften aus 23 Nationen zeigt, dass mehr als die Hälfte der Chefs (55 %) ihre Mitarbeiter demotivieren, weil sie nur auf einen einzigen Führungsstil setzen.

Moderne Führung in einer global vernetzten Welt muss immer einem ganzheitlichen Ansatz folgen und viele Aspekte, Fähigkeiten und Verhaltensweisen vereinen. Genau das lassen herkömmliche Führungsstilmodelle außer Acht. Ohne die folgenden Voraussetzungen kann eine echte Autorität der Führung jedoch nicht entstehen:

- Die *Präsenz* einer Führungskraft in jeder relevanten Situation.
- Die Fähigkeit einer Führungskraft, *sich selbst* – statt der Mitarbeiter –, also die eigenen Emotionen und die eigene Effektivität zu *führen*.
- Die vertrauensvolle Zusammenarbeit einer Führungskraft innerhalb eines größeren *Netzwerks*.
- Die Kompetenz einer Führungskraft, im Falle eines Konflikts eben nicht mit Sanktionen zu reagieren (oder mit Belohnungen, der Effekt ist der gleiche), sondern zu *deeskalieren* und zur *Wiedergutmachung* beizutragen.
- Die Bereitschaft einer Führungskraft, *Transparenz* herzustellen, auch und gerade dann, wenn dies mit einer veralteten Vorstellung von Macht kollidiert.
- Die Ausdauer, *beharrlich* am Ball zu bleiben – ganz gleich, wie turbulent das Spiel verläuft.

Für die Vielzahl der bekannten Führungsstil-Modelle bedeutet das:

1. Die tatsächliche Führungskultur eines Unternehmens lässt sich mit Führungsstilmodellen nicht abbilden. Alle Modelle sind zu wenig komplex gedacht und spiegeln die Realität nicht wieder.
2. Führungsstilmodelle sehen eine Führungskraft als eine Mischung aus Oberlehrer, Marionettenspieler oder Dirigent. Gleichzeitig blenden sie dessen Persönlichkeit, die Emotionen und die Wechselwirkung seines Verhaltens zum Mitarbeiter aus. Genau das sind aber die Punkte, die über die Existenz oder den Verlust der Autorität einer Führungskraft entscheiden.

3. Führungsstilmodelle sind ein Spiegel der Zeit, in der sie entstanden sind. Sie reflektieren die in diesen Epochen tatsächlich gelebte Führungskultur und damit Wunschbilder der Bedienbarkeit und Manipulation von Menschen.

Faktisch finden wir auch heute in vielen Unternehmen die gleiche Befehlsketten-Kultur, die gleiche Abwesenheit jeglicher Humanität und die gleichen Tendenzen der Entfremdung, über die zahlreiche Autoren schon in der Anfangszeit der Bürokratisierung geklagt hatten. In Deutschland war zum Beispiel Siegfried Kracauer mit seinem auch heute noch verblüffend aktuellen Buch *Die Angestellten* (1930) einer der ersten Mahner. In den USA griff William H. Whyte mit *The Organization Man* (1956) das Thema kritisch auf.

Den besorgniserregenden Zustand der aktuellen Führungskultur in den Unternehmen bestätigt der Münchner Wirtschaftspsychologe Professor Felix Brodbeck von der Ludwig-Maximilians-Universität. In seiner Analyse stützt er sich auf die Studie GLOBE (Global Leadership and Organizational Effectiveness), für die 17.000 Führungskräfte des mittleren Managements aus 61 Ländern befragt wurden. Der Befund für Deutschland: Unsere Manager wünschen sich deutlich „humanere" Umgangsformen am Arbeitsplatz. Zugleich erwarten sie von ihren Kollegen exakt das Gegenteil – nämlich „klare Kante" im Führungsverhalten.

Hard Facts statt Soft Skills

Das klingt zunächst einmal paradox, bildet aber letztendlich doch nur das Spannungsfeld ab, in dem sich die Unternehmen aktuell bewegen – und zwar zunehmend unter verschärften Bedingungen. Einerseits müssen sie wirtschaftlich erfolgreich sein. Das erklärt den Wunsch nach der harten Hand. Andererseits brauchen sie humane Arbeitsbedingungen, damit ihre Mitarbeiter kreativ und innovativ sein können.

Seit mehr als 500 Jahren dominiert in unserer Gesellschaft das naturwissenschaftliche, rein rationale Denken. Und da nur der ökonomische Erfolg klar operationalisierbar ist, liegt der Fokus meist auf „harten" Zahlen und Ergebnissen. Dadurch verlieren wir allerdings die andere Seite – die „weiche", humane – immer wieder aus dem Blick. Im Zweifelsfall entscheidet über eine Insolvenz ja tatsächlich die Bilanz in Zahlen, und nicht die Liste der Soft Skills.

So ist es nicht erstaunlich, wenn Brodbeck konstatiert, dass „deutsche Manager (…) in humanorientierten Verhaltensweisen wenig bis gar keine Bedeutung für effektive oder herausragende Führung" erkennen. Und weiter: „Wir wünschen uns zwar einen respektvollen und fairen Umgang bei der Arbeit, doch wir respektieren und (be-)fördern jene Führungskräfte, die dies eben nicht tun."

Das hat weniger mit einer psychischen Auffälligkeit zu tun als mit der Macht der kulturellen Muster. Gerade in Deutschland blicken wir auf eine sehr lange Tradition einer laut Brodbeck „entpersönlichten, enthumanisierten Führungsauffassung" zurück. Diese beginnt nicht erst mit den menschenfeindlichen, totalitären Regimes der Moderne, auch nicht mit Publikationen wie *Sich selbst rationalisieren* (1927) und *Vorgesetztenkunst* (1930) von Gustav Großmann, sondern reicht viel weiter zurück. Uns prägt etwa noch immer das alte Preußen mit seinem starken Fokus auf Sekundärtugenden. Aber die Tradition der Führung bezieht ihre Anleihen auch aus der Zeit des Feudalismus und dem unseligen Umgang etlicher Adeliger mit ihren Lehnsleuten. Und sie reicht noch weiter zurück in die frühen Klosterschulen mit ihren überaus strengen und für die Schüler immer wieder entwürdigenden Unterrichtsmethoden.

Der Erfolg von „Made in Germany" ist nicht zuletzt auch ein Erfolg unserer gnadenlosen Rationalisierung auf allen Ebenen – die auf menschlicher Ebene immer wieder zu einem Rückfall in die „Barbarei" geführt hat, um hier auf eine Sichtweise von Theodor W. Adorno zurückzugreifen.

Mein Fazit: Führung lässt sich nicht verbessern, wenn die Wirklichkeiten nicht im Zusammenhang erfasst werden. Schaut die Unternehmensspitze ausschließlich auf die relevanten Personen, stellt sie die gemeinsame Struktur sowie Kultur nicht auf den Prüfstand und blendet darüber hinaus die Gesetze des global vernetzten Wirtschaftssystems aus, dann ist sie nicht in der Lage, Neue Autorität nachhaltig zu entwickeln.

Führung kann sich nur dann zum Wohle eines Unternehmens wandeln, wenn an Struktur, Kultur sowie insbesondere an und mit der Emotion Angst bei Führungskräften gearbeitet wird. Selbstverständlich ist das nur möglich, wenn dabei die ökonomischen Zwänge und Spannungsfelder, in denen sich jedes Unternehmen bewegt, berücksichtigt werden. Aus meiner Sicht lassen sich diese Spannungsfelder nicht auflösen. Ich bin überzeugt:

▶ Wir können in den nächsten Jahren die damit verbundenen Probleme wohl nicht lösen. Aber wir können bewusst damit leben.

Wundermittel „Bewegliche Strukturen"?

Erstaunlich ist, dass Deutschlands Führungskräfte trotz aller Schelte bezüglich ihrer schlechten Führungsqualitäten, den dringenden Handlungsbedarf deutlich erkennen. Aus einer Umfrage im Auftrag des Bundesarbeitsministeriums und der „Initiative Neue Qualität der Arbeit" geht hervor, dass viele Manager die in den deutschen Unternehmen vorherrschende Führungskultur für überholt halten. Nicht einmal jeder zweite Chef glaubt heute noch, dass der momentan in den Firmen praktizierte Führungsstil den Anforderungen der Zukunft genügen kann. Einen grundlegenden Wandel hält die Mehrheit der 400 befragten Manager für unabdingbar.

Besonders interessant: Nur jeder dritte befragte Manager wünscht sich noch ein Führungsmodell, das sich ausschließlich auf die Steigerung der Unternehmensrendite konzentriert. Für die Zukunft sehen die befragten Führungskräfte Wertschätzung, Entscheidungsfreiräume und Eigenverantwortung als wesentliche Instrumente der Mitarbeitermotivation. Geld und andere materielle Anreize spielen aus ihrer Sicht schon heute keine so große Rolle mehr. Hier dreht sich der Zeiger offenbar langsam von einer reinen

Fokussierung auf Rationalität, Macht und Erfolg hin zu einem Wunsch nach mehr Humanität – und womöglich nach einer Neuen Autorität.

Einer der Autoren der Studie, der frühere Telekom-Personalvorstand Thomas Sattelberger, sagte Ende September 2014 gegenüber der Wochenzeitung *DIE ZEIT*, viele Manager fühlten sich wie Gefängnisinsassen in einem System, das nicht ihren Vorstellungen entspreche. Diese Formulierung ist erstaunlich nah an Max Webers „stahlhartem Gehäuse der Hörigkeit" – das nun hoffentlich ausgemustert wird.

Es ist schwer zu sagen, ob die Erkenntnis wirklich zu dem notwendigen tief greifenden Wandel führt. Jedenfalls glauben die für die Studie befragten Führungskräfte nicht mehr, dass ein hierarchisch strukturiertes Management noch Zukunft haben könnte. Als Alternative schlagen sie ein „Arbeiten in beweglichen Führungsstrukturen" vor, wobei sie sich am Zukunftsmodell der sich selbst organisierenden Netzwerke orientieren. Das bedeutet den Wunsch nach Vernetzung und Transparenz. Hier sehe ich tatsächlich Ansatzpunkte für eine Neue Autorität in der Führung.

Andererseits aber sind damit neue Gefahren der Überforderung und Selbstüberschätzung verbunden. Bewegliche Strukturen erfordern nämlich ein ständiges „Performen" der Akteure, eine permanente Selbstverwirklichung – aber im Sinne des Arbeitgebers. An dieser Stelle treten ganz neue Zwänge und Formen der Entfremdung auf, die wir erst langsam begreifen (vgl. dazu Ehrenberg 2008; Bröckling 2007).

Die Studie des Bundesarbeitsministeriums und der „Initiative Neue Qualität der Arbeit" macht dennoch Hoffnung: Führungskräfte müssten künftig in der Lage sein zu kooperieren und empathisch sein, so die Befragten. Wichtig sei vor allem die Möglichkeit und die Fähigkeit zur Reflexion – und deshalb sei persönliches Coaching unverzichtbar. Für mich liegt darin eine große Chance, denn diese Einstellung zeigt, dass Strukturen und Kulturen systematisch durchdrungen werden – und sich im zweiten Schritt hoffentlich wandeln. Die Aussagen der Führungskräfte deuten aber auch an, dass persönliche Entwicklungsfelder künftig mutig in Angriff genommen werden, mit dem Ziel einer besseren Selbstkontrolle, einer besseren Kommunikationsfähigkeit. Mehr Reife. Mehr Autorität!

Für Kommunikation keine Zeit

Das Bild, dass die obige Studie von der aktuellen Führungssituation zeichnet, macht zwar Hoffnung, aber seine Realität scheint noch in weiter Ferne. Werden Mitarbeiter und Führungskräfte nach ihren spontanen Assoziationen zum Begriff Führung befragt, fällt heute kaum ein gutes Wort: Die Befragten berichten von steigendem Druck, *autoritärem Gebaren*, wenig Nähe der Vorgesetzten zu den Mitarbeitern, von reiner Profitorientierung, wenig Mitsprachemöglichkeiten und sogar – hier sind vor allem die Führungskräfte angesprochen – von mangelnder Fachkompetenz. Das ist das Ergebnis einer Umfrage unter 1000 Mitarbeitern und 300 Führungskräften deutscher Unternehmen, die das unter anderem in Wien und Berlin ansässige Beratungsunternehmen osb international Consulting AG (osb) 2013 durchgeführt hat.

„Völlig leer und kaputt"

Beide Studien zusammengenommen zeigen ebenfalls eine scheinbar paradoxe Situation. Auf der einen Seite bauen Mitarbeiter und Führungskräfte ein neues Idealbild guter Führung auf. Danach hat der heroische Alleinentscheider ausgedient. Gewünscht wird ein Chef als „involvierender Teamplayer", der Orientierung gibt, Transparenz schafft, Mitarbeiter einbezieht, mit ihnen redet und der für ihre Zufriedenheit sorgt. Andererseits klingt das nach einem Job für Superhelden. So verwundert es mich auch nicht, dass sich andererseits laut der osb-Studie mehr als 50 % der Chefs derart gestresst fühlen, dass sie am Ende des Arbeitstages „völlig leer und kaputt sind". Zwangsläufig erleben auch die Mitarbeiter ihre Chefs nicht als „involvierende Teamplayer", sondern als „getriebene und gehetzte Troubleshooter", denen vor allem die Zeit für Kommunikation fehlt. Fazit des Beratungsunternehmens osb: „Unternehmen müssen Führung noch stärker als bisher als Ressource begreifen, die gepflegt werden muss wie andere Ressourcen auch – etwa in Form von gezielter Weiterbildung und Coaching." (*managerSeminare* 184, 21.6.2013)

Mehr Muße in stürmischen Zeiten, mehr Mut zum Miteinander, mehr Zeit für echte Kommunikation – diese Wünsche lese ich aus dieser Studie.

Zielorientiertes Chaos

Nicht zuletzt durch die enge Vernetzung über elektronische Medien stehen wir inzwischen vor der Situation, dass sich die Mitarbeiter intern als auch extern etwa mit den Kunden sehr schnell und ganz anders fortbewegen, als die Führungskraft sich das gedacht hat.

Für eine Führungskraft, die gemäß der alten Vorstellung von Führung alle Prozesse kontrollieren möchte, ist das eine enorme Herausforderung. Wie sehr sich ihre Funktion durch das hohe Tempo des Fortschritts wie auch der damit verbundenen Veränderungen wandelt, zeigt die Entwicklung der „agilen Projektführung". Bereits in den 1990er Jahren experimentierten IT-Vorreiter mit neuen Projektmanagement-Methoden, die einen flexibleren Umgang mit dem Faktor Zeit testeten. Im Jahr 1995 wurde zum Beispiel die Methode „Scrum" erstmals auf einer Fachkonferenz beschrieben: „Scrum akzeptiert, dass der Entwicklungsprozess nicht vorherzusehen ist. Das Produkt ist die bestmögliche Software unter Berücksichtigung der Kosten, der Funktionalität, der Zeit und der Qualität." (Gloger, 2011, S. 19)

Im Jahr 2001 formulierten IT-Experten bei einem Treffen in Utah schließlich das sogenannte „Agile Manifest" (www.agilemanifesto.org). An diesem orientiert sich agiles Projektmanagement in der IT-Branche und langsam auch darüber hinaus: *„Wir zeigen bessere Wege auf, Software zu entwickeln, indem wir es selber tun und anderen dabei helfen, es zu tun. Durch unsere Arbeit sind wir zu folgender Erkenntnis gekommen*:

- *Menschen und Interaktionen* sind wichtiger als Prozesse und Werkzeuge.
- *Funktionierende Software* ist wichtiger als umfassende Dokumentation.

- **Zusammenarbeit mit dem Kunden** *ist wichtiger als die ursprünglich formulierten Leistungsbeschreibungen.*
- **Eingehen auf Veränderungen** *ist wichtiger als Festhalten an einem Plan.* "

Angesichts dieser Entwicklung drängt sich dann allerdings die Frage auf: Welche Aufgabe hat Führung noch, wenn sich die vernetzten Mitarbeiter längst selbst geführt haben, bevor die Führungskraft überhaupt reagieren kann? Und braucht Führung unter diesen Rahmenbedingungen noch eine Neue Autorität? Was bedeutet in diesem Kontext überhaupt noch „Autorität"? Das möchte ich im nächsten Kapitel vertiefen.

Management Summary

Führung steckt in vielen Unternehmen in einer Sackgasse. Die Gründe dafür sind komplex:

- Die global vernetzte Wirtschaft legt ein hohes Tempo vor und treibt den Konkurrenzdruck voran, der den Unternehmen ein Höchstmaß an Flexibilität abverlangt.
- Die internen Strukturen vieler, besonders der größeren Unternehmen, sind auf Hierarchien fokussiert und so verkrustet, dass schnelle Reaktionszeiten unmöglich sind.
- Innerhalb dieser Strukturen und unter den Bedingungen der globalen Wirtschaft halten Unternehmen am autoritären, inhumanen, zahlenfokussierten Führungsstil des 19. und 20. Jahrhunderts fest.
- Unter dieser Führungskultur leiden Mitarbeiter und Führungskräfte gleichermaßen. Der Wunsch nach neuen Modellen der Führung ist virulent – in der Praxis funktionieren solche Modelle allerdings (noch) nicht, weil sie in den bürokratischen Strukturen und unter dem Druck der globalen Wirtschaft nicht konsequent verfolgt werden.
- Die Unternehmensspitzen sehen sich in puncto Führung zunehmend Generationskonflikten ausgesetzt. So lassen sich Vertreter der Generationen X und Y nicht mehr „von oben" führen, weil sie durch ihre Sozialisation ein großes Mitspracherecht als normal ansehen und dieses auch in den Unternehmen einfordern. Der Geduldsfaden vor allem der Generation Y ist kurz; Loyalität wird eher untereinander aufgebaut als zu einem Arbeitgeber.
- Durch die elektronische Vernetzung der „Ypsiloner" untereinander und mit den Kunden sowie durch das hohe Kommunikationstempo ist es für Führungskräfte oft nicht mehr möglich, Prozesse zu kontrollieren.
- Für alle Generationen gilt: Psychische Auffälligkeiten wie Hysterie, autoritäre Persönlichkeit, Narzissmus oder Depression, die jeweils als typisch für verschiedene geschichtliche Epochen beschrieben werden, gehen oft eine unheilvolle Allianz mit genau den Faktoren ein, die herkömmliche Führungsstilmodelle ausblenden. Diese Faktoren wie Präsenz, Selbstkontrolle, Vernetzung, Deeskalation, Wiedergutmachung, Transparenz und Beharrlichkeit sind jedoch entscheidend für das Entstehen

von Autorität in der Führung. Oftmals ist die Wertschätzung der Führung so deformiert, dass sie sich auch durch Coaching, Beratung oder Mediation nur schwer wieder herstellen lässt. In Einzelfällen ist dies gar nicht mehr möglich.

Wer sich dieser Wirklichkeit stellt, erkennt sofort: Die Führung in deutschen Unternehmen steckt in einer schweren Krise und die Gefahr, dass so manches noch gut laufende Geschäft scheitert, ist groß. Doch die Situation ist nicht hoffnungslos. Im Gegenteil: Wenn die Unternehmensspitzen die Lage ernst nehmen, bieten sich ihnen und ihrer Firma ganz neue Chancen und sie gewinnen ihre Autorität zurück. Das erfordert allerdings Folgendes:

- **Unternehmensstrukturen neu denken** – ohne in romantische Fantasien von Kreativität und Freiheit abzudriften, die die Härten der globalen Wirtschaft ausblenden. Und ohne Fach- und Führungskräfte zu überlasten, indem sie per Selbstverwirklichungszwang in flexiblen Strukturen nur einer neuen Variante der Selbstentfremdung ausgesetzt werden. Es gilt, mit den strukturellen Spannungsfeldern, in denen sich jedes Unternehmen positionieren muss, sehr bewusst zu leben, statt die damit einhergehenden Herausforderungen auf die individuelle Ebene abzuwälzen.
- **Führungskultur neu leben** – was vor allem eine neue Kultur der Kommunikation bedeutet. Unter den Bedingungen der permanenten, mobilen Kommunikation müssen in Unternehmen insbesondere Nähe und Distanz, Präsenz und Transparenz neu definiert und mit Leben gefüllt werden. Das bedeutet auch, dass sich Führungskräfte mit ihren Ängsten auseinandersetzen müssen.
- **Autorität neu beleben** – und zwar mit Offenheit, Transparenz und unter Einbeziehung der verschiedenen Generationen, die in jedem Unternehmen tätig sind.
- Im Idealfall entsteht diese **innovative Führung** nicht am runden Tisch in der Unternehmensspitze, sondern in der gemeinsamen und regelmäßigen **Reflexion mit allen Beteiligten**.

Literatur

Arendt, H.: Macht und Gewalt. Piper, München (2013)
Bröckling, U.: Das unternehmerische Selbst. Soziologie einer Subjektivierungsform. Suhrkamp, Frankfurt a. M. (2007)
Dornes, M.: Die Modernisierung der Seele. Psyche. Z. Psychoanal. **64**(11), 995–1033 (2010)
Dornes, M.: Die Modernisierung der Seele. Kind – Familie – Gesellschaft. Fischer, Frankfurt a. M. (2012)
Ehrenberg, A.: Das erschöpfte Selbst. Depression und Gesellschaft in der Gegenwart. Suhrkamp, Frankfurt a. M. (2008)
Gloger, B.: Scrum. Produkte zuverlässig und schnell entwickeln, 3. Aufl. Hanser, München (2011)
Grossmann, G.: Vorgesetztenkunst. Verlag für Wirtschaft und Verkehr, Stuttgart (1930)
Hanisch, R.: Das Ende des Projektmanagements. Wie die Digital Natives die Führung übernehmen und Unternehmen verändern. Linde, Wien (2013)
Köttritsch, M.: Normalität liegt Jahre hinter uns. In: Die Presse vom 7./8.12.2013, S. K4 (2013a)

KPMG, Salt, B.: Beyond the baby boomers. The rise of Generation Y. KPMG, Melbourne (2007)

Kracauer, S.: Die Angestellten. 13. Aufl. Suhrkamp, Frankfurt a. M. (2013)

Oesch, E.: Personalführung, Vorgesetztenkunst. Emil Osch Verlag, Zürich (1944)

Omer, H., von Schlippe, A.: Stärke statt Macht. „Neue Autorität" als Rahmen für Bindung. Familiendynamik. **34**(3), 246–254 (2009)

Omer, H., von Schlippe, A.: Autorität durch Beziehung. Die Praxis des gewaltlosen Widerstands in der Erziehung. Vandenhoeck & Rupprecht, Göttingen (2010a)

Omer, H., von Schlippe, A.: Stärke statt Macht. Neue Autorität in Familie, Schule und Gemeinde. Vandenhoeck & Rupprecht, Göttingen (2010b)

Was ist Autorität?

3

Zusammenfassung

Dass es gar nicht so leicht ist, über Neue Autorität zu sprechen, liegt nicht zuletzt an unserer Unsicherheit gegenüber dem Begriff selbst. Was heißt eigentlich „Autorität"? Ist sie per se erstrebenswert – oder doch eher abzulehnen? Warum klingt „autoritärer Führungsstil" so negativ, „eine Autorität auf ihrem Gebiet" aber positiv? Wie unterscheidet sich Autorität von Macht und Gewalt? Was hat sie mit einer Person zu tun, und was mit ihrem Amt? Es gilt, sich einem Begriff anzunähern, der einerseits sehr alt ist, andererseits aber aktueller denn je.

Annäherung an einen alten Begriff

Autorität ist ein schillernder, ein sperriger, ein äußerst emotional besetzter Begriff. Wir sprechen davon, dass jemand Autorität *hat*. Einem anderen bescheinigen wir, eine Autorität zu *sein*. Kritisch bewerten wir einen dritten, der sich *autoritär* zeigt. Und je nach den eigenen Erfahrungen empfinden wir *antiautoritär* als einen positiven, einen hoffnungsvollen Begriff. Oder aber wir assoziieren damit eine Erziehung im Laisser-faire-Stil, also Kinder mit wirrem Haar und unerträglichen Manieren.

Als politisch interessierte Menschen diskutieren wir vielleicht über *Autoritarismus* – also über diktatorisch geführte Staaten, die zwar weit von einer Demokratie entfernt, aber auch noch nicht in den Totalitarismus abgeglitten sind. Oder über die Tendenz des Totalitarismus, jegliche Autorität in der Öffentlichkeit und im Privaten zu zerstören, „um sich an deren Stelle zu setzen" (Eschenburg 1969, S. 159).

Außerdem befürchten wir *Autoritätsverlust* im Staat und in den Familien mit der damit verbundenen Sorge, Anarchie oder zumindest Disziplinlosigkeit stünden unmittelbar vor der Tür und könnten alles unterminieren, was wir so mühsam aufgebaut haben.

Ein Thema, das Martin Dornes zufolge so etwas wie eine Konstante der Generationenbeziehungen darstellt: „Offensichtlich hat jede ältere Generation dieselben Befürchtungen in Bezug auf die nachwachsende, und Disziplinlosigkeit ist dabei eine der fixen Ideen." (Dornes 2012, S. 229) Schon Sokrates beklagte: „Die Jugend liebt heutzutage den Luxus. Sie hat schlechte Manieren, verachtet die Autorität, hat keinen Respekt vor den älteren Leuten und schwatzt, wo sie arbeiten sollte. Die jungen Leute stehen nicht mehr auf, wenn Ältere das Zimmer betreten. Sie widersprechen ihren Eltern, schwadronieren in der Gesellschaft, verschlingen bei Tisch die Süßspeisen, legen die Beine übereinander und tyrannisieren ihre Lehrer."

Was also heißt eigentlich Autorität?

„Scheinbare Konfusion"

Fragen Sie doch einmal einen Kollegen, was er genau unter Autorität versteht. Wie hängen seiner Einschätzung nach die Begriffe Autorität und Macht zusammen und in welcher Beziehung stehen sie zu Herrschaft, Gewalt, Fachwissen, Charisma, Amt, Bürokratie oder Tradition? Ich schätze, Sie ernten entweder ein Schulterzucken. Oder Sie befinden sich umgehend in einer schwierigen Diskussion ohne griffiges Ergebnis.

Ich habe lange darüber nachgedacht, wie ich Ihnen den Begriff der Autorität zugänglich machen könnte. Letztendlich habe ich mich dazu entschieden, mich auf die Zusammenhänge zu konzentrieren, die für Sie als Führungskraft unmittelbar relevant sind. Interessieren Sie sich für die historische Entwicklung des Begriffs bei den Römern und Merowingern, in der Kirche, während der französischen Revolution bis hin zu den sozialen Umbrüchen der 1960er Jahre, möchte ich Sie gerne auf Spezialliteratur verweisen (insbesondere auf Eschenburgs *Über Autorität*, 1969, siehe Literaturverzeichnis). Interessieren Sie sich für die psychologischen, die philosophischen und soziologischen Abgründe im Zusammenhang mit diesem Begriff, seinen Ihnen vor allem die Klassiker von Hannah Arendt (*Macht und Gewalt*) und Richard Sennett (*Autorität*), aber auch der neue, schmale Band *Wider den Gehorsam* des bereits hochbetagten Psychoanalytikers Arno Gruen empfohlen.

Hannah Arendt war es übrigens, die festgestellt hat, warum wir den Begriff der Autorität so schlecht von anderen Begriffen wie Macht oder Gewalt unterscheiden können: Unser Denken ist so von einer Kultur der Dominanz durchdrungen, dass wir gar nicht mehr in der Lage sind, differenziert darüber nachzudenken. Arendt formulierte es wie folgt (Arendt 2013, S. 45):

> Hinter der scheinbaren Konfusion steht eine theoretische Überzeugung, derzufolge alle Unterscheidungen in der Tat von bestenfalls sekundärer Bedeutung wären, die Überzeugung nämlich, daß es in der Politik immer nur eine entscheidende Frage gäbe, die Frage: Wer herrscht über wen? Macht, Stärke, Kraft, Autorität, Gewalt – all diese Worte bezeichnen nur die Mittel, derer Menschen sich jeweils bedienen, um über andere zu herrschen; man kann sie synonym gebrauchen, weil sie alle die gleiche Funktion haben.

Versuchen wir also, den Begriff der Autorität für Ihre Arbeit als Führungskraft fruchtbar zu machen und ein wenig Licht in das Wirrwarr der Worte zu bringen. Denn Differenzierung führt zu mehr Klarheit – und mehr Klarheit zu mehr Präsenz.

Das verlorene C

Das Wort **Autorität** geht zurück auf das lateinische Wort *auctoritas*. Es bedeutet Würde, Ansehen oder auch Einfluss. Diese *auctoritas* konnte einer einzelnen Person zukommen, aber auch einer ganzen Gruppe wie dem römischen Senat (*auctoritas senatum*). Auctoritas war immer dann wichtig, wenn politische Entscheidungen anstanden, für die es keine juristischen Grundlagen gab. In einem solchen Fall sprach die *auctoritas* einen Rat aus – wobei dieser Rat in der Regel die gleiche Wirkung erzielte wie ein Befehl. Der Begriff auctoritas wurde noch im Mittelalter verwendet. Im Zuge der Sprachentwicklung verlor er sein „c", seine Bedeutung verändert sich dadurch aber nicht.

Als historisch besonders bedeutend wird ein Tatenbericht des römischen Kaisers Augustus gewertet. Er beschreibt seine überaus große informelle Macht, die er sich seiner Einschätzung nach (Historiker sehen das anders) erworben hatte, ohne über eine entsprechende Form der Amtsgewalt zu verfügen (Res Gestae 34):

> Nach dieser Zeit überragte ich an Ansehen/Einfluss (auctoritas) alle, an formaler Gewalt (potestas) besaß ich jedoch nicht mehr als die anderen, die jeweils meine Kollegen im Amt waren.

Das Wort *auctoritas* wiederum geht zurück auf *auctor*, was Schöpfer, Stifter, Urheber oder Verfasser bedeutet. Also jemanden meint, der etwas hervorbringt, der etwas erschafft. Es geht auch zurück auf das Wort *augere*, was vermehren oder zunehmen, wachsen lassen und auch fördern heißt. Selbst der römische Ehren- und Kaisername *Augustus* ist eine Ableitung von *augere* – in diesem Titel klingen Eigenschaften mit wie heilig und anbetungswürdig. (Vgl. Eschenburg 1969, S. 9)

Ganz anders steht es um die Wortherkunft von **Autokratie** – gemeint ist eine diktatorische Herrschaftsform. Dieser Begriff leitet sich von den griechischen Worten *autos* ab, was im Deutschen „selbst" bedeutet. Und vom griechischen *kratia*, was Herrschaft heißt. Aus beiden entsteht das Wort Selbstherrschaft. Oströmische Kaiser nannten sich selbst *Autokrator* (vgl. Eschenburg 1969, S. 159). Mit Autorität in unserem Sinne hat dieser Begriff nichts zu tun, außer dem ähnlichen Klang und dem ähnlichen Bedeutungsfeld.

Ebenso grenzt sich der Begriff der Autorität deutlich von dem negativ konnotierten Begriff des **Autoritären** ab. Breite Aufmerksamkeit erlangte der böse Bruder der Autorität erstmals als Theodor W. Adorno im US-amerikanischen Exil (zwischen 1938 und 1949) seine berühmte, aber auch umstrittene Studie „The Authoritarian Personality" verfasste. Eine griffige Erklärung, was heute unter einer „autoritären Persönlichkeit" zu verstehen ist, stammt von dem Psychologen Adrian Furnham (Furnham 2010, S. 94):

[…] Autoritäre Personen [sind] zwanghaft damit beschäftigt, ihre inneren und äußeren Welten zu befehligen und zu beherrschen.

Über autoritäres Verhalten aber gab es schon weit vor Adorno eindrückliche Klagen. Friedrich Engels äußerte sich zum Beispiel schon 1874 zu diesem Thema in einem Aufsatz unter dem Titel „Von der Autorität": „Einige Sozialisten haben in letzter Zeit einen regelrechten Kreuzzug gegen das eröffnet, was sie das Autoritätsprinzip nennen. Sie brauchen nur zu sagen, dieser oder jener Akt sei autoritär, um ihn zu verurteilen." (Eschenburg S. 142) Anders, als man an dieser Stelle vermuten würde, plädiert Engels in diesem Text nicht für eine komplette Abschaffung der Autorität. Im Gegenteil: Er hält sie für notwendig, um Arbeitsabläufe zu organisieren. Er versteht unter Autorität allerdings eine legitimierte Leitungsgewalt – eigentlich also *potestas*.

Für das römische *potestas* haben wir im Deutschen keine passende Übersetzung. Unter *potestas* verstanden die Römer eine rechtlich begründete, vor allem militärisch verstandene Verfügungsgewalt und Handlungsvollmacht, übertragen bedeutet es so viel wie Macht, Vollmacht, aber auch Möglichkeit. Im Privaten stand dem Hausherrn die *patria potestas* zu. Sie erlaubte ihm die Verfügungsgewalt über die Mitglieder seiner Familie und über seine Sklaven. In der Politik wurde unter *potestas* so etwas wie Amtsgewalt verstanden.

Autorität und Person

Wie im alten Rom verstehen wir unter Autorität auch heute noch etwas, das einer Person eher auf einem informellen Wege zukommt als durch eine Wahl, Preisverleihung, Erbschaft oder eine Berufung. Helmut Ziegler unterscheidet in seiner auch heute noch lesenswerten Dissertation aus dem Jahr 1970 (*Strukturen und Prozesse der Autorität in der Unternehmung*) einerseits persönliche Eigenschaften und andererseits professionellen Sachverstand als Grundlagen der „personalen Autorität" (Ziegler 1970, S. 32):

- **Eigenschaften**: „Ansehen, persönliches Vertrauen, persönliche Integrität, Erfahrung, Charakterstärke und Verständnis im Sinne von persönlichem Einfühlungsvermögen. "
- **Sachverstand**: Einerseits „in wirtschaftlichen, technischen und organisatorischen Fragen" (dies zielt offenbar auf Fachkräfte), andererseits aber auch „im Bereich der Lenkung und Koordination sozialer Prozesse" (dieser Aspekt zielt auf Führungskräfte).

Wichtig zu wissen: Weder aus den genannten persönlichen Eigenschaften noch aus dem Sachverstand leitet sich automatisch eine personale Autorität ab. Es ist also möglich, dass eine Führungskraft über ganz ausgezeichnete Fähigkeiten der Koordination verfügt, aufgrund seiner persönlichen Eigenschaften aber ihr Leben lang nicht als Autorität anerkannt wird. Umgekehrt ist es denkbar, dass sich im Unternehmen eine Person durch besondere Integrität oder Charakterstärke hervortut, fachlich aber so mittelmäßig bleibt, dass auch sie nicht in den Rang einer Autorität aufsteigt. Drittens ist es sogar auch denkbar, dass eine Führungskraft über hervorragende persönliche Eigenschaften und auch über einen exzellenten Sachverstand verfügt, trotzdem aber nicht als eine Autorität gilt. Die Gründe dafür sind zahlreich: Herkunft aus einem anderen Milieu, das „falsche" Geschlecht oder die „falsche" Ethnie, zu große Introvertiertheit, mangelnde Verträglichkeit, Sperrigkeit – was auch immer. Nicht zuletzt kommt es, viertens, auch immer wieder vor, dass sich eine Person, der sowohl hervorragende persönliche Eigenschaften fehlen als auch ausreichender Sachverstand, trotzdem den Rang einer Autorität erarbeitet – und zwar allein durch überzeugende Performance (siehe dazu Eckelt 2015).

Das heißt, persönliche Eigenschaften und auch persönliche Sachverständigkeit sind *mögliche* Quellen der Autorität, aber nicht hinreichende. Ob diese auch wirklich zu einer Autoritätsbeziehung führen, die von Mitarbeitern akzeptiert wird, muss sich im konkreten Führungsalltag entwickeln. Autorität entsteht also nie aus sich heraus, sondern immer in einer Beziehungsdynamik in einem bestimmten Kontext.

> Männliche Führungskraft, Jahrgang 1961: „Autoritäten wirken souverän, aber nicht jeder der souverän wirkt, ist auch eine Autorität."

Gerade das macht Autorität spannend – und anstrengend. Autorität ist Arbeit, Beziehungsarbeit.

Unsere Zeit bringt es mit sich, dass diese Art der Arbeit tendenziell noch anstrengender wird, als sie ohnehin schon ist. Grund dafür ist das Tempo, mit der die Inhalte des „Sachverstands" zerfallen und gleichzeitig neu entstehen. Für Unternehmen heißt das: Vor zwei, drei Dekaden konnte sich ein „alter Hase" auf seinem hohen Level an Wissen und Erfahrung ausruhen. Durch das große Wissens- und Kompetenzgefälle zwischen ihm und den Nachwuchskräften fiel ihm quasi automatisch Autorität zu. Gleichzeitig war der Umgang zwischen den Generationen zu dieser Zeit noch stark von Regeln und Ritualen geprägt. Heute sieht es anders aus: Je nach Wissensgebiet kann ein 25jähriger Neueinsteiger wesentlich mehr von der Materie verstehen als sein 55jähriger Kollege. Martin Dornes bringt diesen Zusammenhang so auf den Punkt (Dornes 2012, S. 220): Der objektive Autoritätsverlust moderner Eltern (ich ergänze: auch Führungskräften) besteht darin,

dass die Zukunftsoffenheit und das Modernisierungstempo zeitgenössischer Gesellschaften den Wissensvorsprung der Erwachsenen relativieren und damit ihre Autorität tendenziell entwerten.

Autorität und Bürokratie

Ursprünglich bedeutet das Wort Bürokratie „Herrschaft des Büros" (Mau und Schöneck 2013, S. 130). Es beschreibt die Organisation von Verwaltungstätigkeiten innerhalb einer gegebenen Hierarchie. Soweit, so gut. Es gibt allerdings noch eine andere Interpretation. Viele Menschen verbinden mit Bürokratie eine Entmenschlichung von Arbeitsbedingungen (Beharren auf Regeln, Langsamkeit, Intransparenz, kein Ansprechpartner, Ausgeliefertsein, …), die nur das Ziel verfolgt, der Bürokratie selbst zu dienen. Gemeint ist quasi eine Verselbstständigung einer Organisationsstruktur, nahezu unabhängig von den beteiligten Menschen.

In einer solchen Bürokratie und der damit verbundenen Hierarchie ist eine „Disposition zum Gehorsam" eingeschlossen (vgl. Ziegler S. 92 ff.). Um das Einhalten von Arbeitsprozessen, Regeln als auch Strukturen zu gewährleisten, braucht es zwar kontinuierliche Kontrolle seitens der Führungskräfte und den Rückhalt von oben für die eigenen (Kontroll) Handlungen. Das führt mit der Zeit jedoch dazu, dass die Anweisungen des Chefs immer weniger infrage gestellt werden (insbesondere bei autoritärer Führung) und im „Endstadium" nur noch auf ausdrückliche Anweisung gehandelt wird. Spontanes, auf den Einzelfall bezogenes Handeln für ein Ziel ist nicht mehr denkbar.

Wenn ich in diesem Zusammenhang über Autorität und Bürokratie sinniere, fällt mir zuerst eine äußerst schillernde und zuweilen auch unfreiwillig komische Person aus meiner Kindheit ein: Oberwachtmeister Dimpfelmoser aus dem Kinderbuchklassiker *Hotzenplotz* von Otfried Preußler. Immer wieder gerät er in Situationen, die für einen Polizeioberwachtmeister entwürdigend sind – Situationen, aus denen er sich durch den Ausruf „Ich bin eine Amtsperson!" zu retten versucht. Natürlich vergeblich.

In dieser Geschichte wird augenzwinkernd eine Alltagsillusion entlarvt: Das Amt einer Person verleiht Autorität. Im englischen Sprachraum wird das sogar noch deutlicher als im hiesigen, heißen doch Vertreter der Staatsgewalt *authorities*. Doch das heißt noch lange nicht, dass ein Amt automatisch einer Person Autorität verleiht, die in einer Beziehung auch ernst genommen wird.

Neben den derzeitigen Oberwachtmeistern im Amt können das heute auch Eltern und Lehrer wortreich bestätigen. Im Zuge der Demokratisierung und der Modernisierung unserer Gesellschaft hat die Bedeutung von Amts- und Rollenautorität kontinuierlich abgenommen. Selbst das Amt des Bundespräsidenten kann von heute auf morgen durch einen im Internet generierten *shitstorm* beschmutzt und beschädigt werden. Amt und Rolle schützen den Würdenträger nicht mehr automatisch vor Angriffen.

Die Situation hat sich so verkehrt, dass sowohl Bundespräsidenten als auch Eltern sowie Lehrer und selbstverständlich auch Führungskräfte jeden Tag ihre Sachkompetenz und ihre Persönlichkeit komplett in die Waagschale werfen müssen, um sich ihre Autorität immer wieder aufs Neue zu verdienen (vgl. dazu Dornes 2012, S. 227).

Natürlich gelingt das nicht. Daher rührt auch der regelmäßige Ruf nach Disziplin und Sanktionen in der Politik („Zero tolerance!"), in der Schule („6!"), im Elternhaus („Computerspielverbot" früher übrigens „Hausarrest!") und in den Unternehmen („Abmahnung!"). Doch diese im Grunde hilflosen Varianten der Sanktionsautorität helfen paradoxerweise nicht dabei, die Wertschätzung der Führung zu stabilisieren, sondern höhlen diese sogar weiter aus (vgl. Ziegler 1970, S. 100). Sie führen beim Abgestraften nämlich keineswegs zu mehr Respekt, sondern zu mehr Verachtung.

Helmut Ziegler hat das Spannungsfeld zwischen Autorität und Bürokratie treffend beschrieben (vgl. Ziegler 1970, S. 100 f.):

- Einerseits braucht eine Bürokratie einen Hebel. Sie muss also über ein Sanktionssystem Koordination und Kontrolle ausüben können. Im alten Rom hätte man von *potestas* gesprochen.
- Andererseits muss die Bürokratie auf der Beziehungsebene eine Billigung oder Zustimmung derer erhalten, die die Autorität der Bürokratie anerkennen sollen. Dies wäre wieder die römische *auctoritas*.

Das Problem liegt nun darin, dass sich die Gefolgschaft nicht erzwingen lässt. Beide Bedingungen stehen deshalb in einem strukturell gegebenen Konflikt. Daraus resultiert vor allem in der Frühzeit der Industrialisierung und, wie ich meine, auch heute noch ein destruktives Machtspiel (vgl. Ziegler 1970, S. 99 f.). Der folgende Ablauf kommt Ihnen wahrscheinlich bekannt vor:

Aufmarsch der Amtsgewalt Führungskräfte lassen Regelwerke erstellen (zum Beispiel Prozessbeschreibungen, Arbeitsanweisungen und so weiter), um die Arbeit der Mitarbeiter zu planen. Dann bauen sie entsprechende Kontrollschleifen (Qualitätsmanagement, Boni, Zeugnisse) ein, um die korrekte Durchführung der Arbeit zu prüfen. Dahinter steht die Annahme, dass – ich überspitze absichtlich – die Mitarbeiter erstens zu dumm seien, um Arbeitsabläufe selbst zu organisieren und zweitens generell zu faul, um überhaupt zu arbeiten. Außerdem seien sie grundsätzlich dagegen und gegen alles.

Widerstand der Basis Auf die formale, strukturelle Ausübung von Amtsgewalt durch und mithilfe dieser Kontrollsysteme reagieren viele Mitarbeiter mit Nichtanerkennung und Umgehung von Anordnungen. Die Formen des Widerstands umfassen unter anderem falsch verstehen, vergessen, trödeln, zu spät kommen, Termine verstreichen lassen, ein wenig falsch arbeiten und so weiter.

Erneuter Aufmarsch der Amtsgewalt Dies führt natürlich zu Ärger bei den Führungskräften, weil nicht das erwartete Maximum an Output erreicht wurde. In der Regel antworten sie deshalb mit noch mehr Druck und Kontrolle, um die „Widerstandsnester" zu heben, „den Widerstand zu brechen" (das höre ich in meiner Praxis sehr oft) oder die

Low-Performer zu identifizieren – und zwar mit Strafen, gelegentlich auch mit Coaching (was dann als Strafe empfunden wird).

Selbstbewusstes Auftreten der Basis Der erneute Auftritt der Amtsgewalt führt in der Regel zu noch mehr Widerstand, meist in Form von sehr kreativen Produktivitätsverschleppungsmethoden. Da die Mitarbeiter wissen, dass die Führungskräfte faktisch und auch emotional von ihrer Produktivität abhängig sind, kehren sich die Machtverhältnisse um. Die „Knechte" entwickeln gegenüber ihren „Herren" ein neues Selbstbewusstsein – dieser Prozess wurde bereits 1807 sehr treffend von G.F.W. Hegel in der Phänomenologie des Geistes beschrieben.

Ein endloser Machtkampf In den meisten Fällen ergreifen die erstarkten „Knechte" in dieser Situation nicht die Macht, es kommt nicht zu einer Revolution. Stattdessen entsteht ein endloses Hin und Her zwischen oben und unten. Je mehr Amtsautorität und Kontrolle von oben kommt, desto mehr entziehen die Mitarbeiter an der Basis ihre Kooperationsbereitschaft und Akzeptanz. Dieser Rückzug veranlasst die Führung dazu, die Zügel leicht zu lockern. Daraufhin steigt die Kooperationsbereitschaft, jedoch nur soweit, damit die Minimum-Standards erreicht werden. Was wiederum nach einer gewissen Zeit zu mehr Druck und Kontrollen von oben führt und so weiter.

Fazit Machtmittel wie Druck, Sanktionen oder sogar Gewalt führen nicht zu Autorität, sondern verhärten die Situation in einer Weise, die für alle Beteiligten unbefriedigend und sogar schädlich ist – und immer weniger finanzierbar. Genau das ist der Grund, warum das Konzept der Neuen Autorität konsequent auf Gewaltlosigkeit setzt. Selbst dann, wenn das Gegenüber mit seinem Verhalten massiv abweicht von allem, was man als normal und erträglich bezeichnen würde.

Räuber Hotzenplotz wurde am Schluss der Geschichte übrigens ein guter Mensch. Freiwillig.

Autorität und Macht

Wer über Autorität verfügt – aufgrund seiner persönlichen und zwischenmenschlichen Eigenschaften, seines hervorragenden Sachverstands oder seiner überzeugenden Performance – der verfügt zumeist auch über Macht. Macht im Sinne der Definition Max Webers (Weber 1972, S. 28):

▶ „Macht bedeutet jede Chance, innerhalb einer sozialen Beziehung den eigenen Willen auch gegen Widerstreben durchzusetzen, gleichviel worauf diese Chance beruht."

Umgekehrt gilt jedoch nicht zwingend: Macht verleiht Autorität. Warum nicht? Weil ein Mächtiger erst dann von anderen respektiert wird, wenn diese ihn als Autorität sehen.

Autorität entsteht erst in einer oder, um es noch deutlicher zu sagen, erst durch Beziehung. Von sich aus und außerhalb eines sozialen Settings kann sie nicht vorhanden sein.

Das sah im 19. und bis ins 20. Jahrhundert hinein noch anders aus. In dieser Zeit gab es noch die Anerkennung von Macht qua Funktion (wobei es sich hier, streng genommen, nicht um *auctoritas* handelte, sondern um *potestas*). Führungskräfte konnten sich darauf verlassen, dass Mitarbeiter diese Macht anerkannten, unabhängig davon, ob sie dem Amtsträger auch *auctoritas* zugestanden. Man musste sich in der Gestaltung von Beziehungen nicht übermäßig anstrengen, solange der eigene Name im Organigramm verzeichnet blieb.

Jedes Handeln aus dieser Funktion wurde von der Umgebung als machtvoll bewertet. Für die Mitarbeiter hieß der Deal: Wenn du bei dem Spiel mitspielst, geht es dir gut. Gib Autonomie auf und kaufe Abhängigkeit ein. Dadurch bekommst du Sicherheit und Versorgung. Es entwickelte sich ein Ökosystem der Macht, in dem die „Spielregeln" allen klar waren – insbesondere die Regeln, dass man über Macht nicht spricht und diese auch nicht verhandelt. Da sich alle mehr oder weniger daran hielten, wurde nichts offen hinterfragt und verändert.

Heute kann eine machtvolle Funktion hilfreich sein, damit einer Führungskraft Einfluss zugesprochen wird, aber sie ist keine Garantie mehr. Jeden Tag muss an der Reputation gearbeitet werden, um die zugestandene Gestaltungskraft auf Dauer zu behalten. Führungskräfte können schneller denn je demontiert werden. Das verunsichert die Mächtigen und macht sie hilflos. Bereits „wund geschossenen" Machthabern gelingt es aus dieser Hilflosigkeit oft nicht mehr, Autorität aufzubauen.

Als rettendes Ersatzkonstrukt sehen die Betroffenen häufig nur noch die Verstärkung der Hebel der Macht und der Dominanz – zur Not herbeigeführt über Gewalt. In Beziehungen geht es dann nur noch um Gewinnen oder Verlieren. Es kommt zu einem Teufelskreis. „Wo Beziehung war – oder sein sollte –, herrscht nun die Dominanzorientierung." (Omer und Schlippe 2010a, S. 33)

> Männliche Führungskraft, Jahrgang 1956: „Ich hatte einen Chef, der hatte schnell eine Meinung, der hat auch immer gleich so getan, als ob er es selbst erfunden hat – das war eigentlich ein bisschen lächerlich. In der Zeit, in der er in dieser Funktion war, wurde er dafür eher belohnt, hinterher ist er dann aber schnell wieder fallen gelassen worden – weil die Leute festgestellt haben: Der hatte ohne Macht keine Autorität."

Autorität und Gewalt

Auch Gewalt kann nicht automatisch Autorität erzeugen, denn Autorität gründet sich immer auf eine freiwillige Gefolgschaft. Zwang und Freiheit aber schließen sich aus.

Was lässt sich in einem Unternehmen noch retten, wenn Führungskräfte Gewalt anwenden? Gewalt selbstverständlich nicht im physischen Sinne (obwohl auch das vorkommt). Gemeint ist vor allem psychische Gewalt durch entwürdigendes Verhalten oder das Zulassen eines derartigen Verhaltens. Am häufigsten bekannt sind das Bloßstellen vor versammelter Mannschaft durch Bossing (Führungskraft zu Mitarbeiter) oder auch Mobbing (zwischen Kollegen). In meiner Praxis zeigt sich immer wieder, dass diejenigen, denen Gewalt angetan wurde, durchaus zu retten sind. Diejenigen jedoch, die mit Gewalt versuchten, ihre Autorität zu festigen, haben sich zumeist selbst nachhaltig demontiert, sodass eine Rettung nur mit sehr großem Aufwand möglich ist. Oft gelingt sie auch nicht.

Kern des Konzepts der Neuen Autorität ist der gewaltlose Widerstand gegen Gewalt. Dahinter steht die Annahme: „Je mehr den Gewaltaktionen der anderen Seite eine entschlossene gewaltlose Option entgegengestellt wird, umso schneller werden sie entkräftet." (Omer und Schlippe 2010b, S. 43) Allerdings nur, wenn es nicht um individuelle Eigeninteressen geht, sondern um das Wohl des gesamten Unternehmens und der korrespondierenden Ziele. Der gewaltlose Widerstand ist dann am effektivsten, wenn sich beide Seiten menschlich auf Augenhöhe begegnen, sich also nicht hinter Titeln sowie Positionen verschanzen und sich gegenseitig als Menschen sehen, die die gleichen Anliegen vertreten. Liegt dagegen ein großer Statusunterschied vor, so bleibt den von Gewalt Betroffenen zumeist nichts anderes übrig, als innerhalb oder auch außerhalb des Unternehmens Schulterschluss mit relevanten Personen zu suchen, die ihrerseits über tatsächliche Autorität verfügen. Das können die Mitarbeitervertretung, die Gewerkschaft, Anteilseigner, die Presse und so weiter sein, je nachdem zu wem der von Gewalt Betroffene eine Beziehung hat oder aufnehmen kann. Omer/Schlippe gehen davon aus, dass Gewaltlosigkeit automatisch dazu führt, dass Dritte sich auf die Seite der Friedfertigen schlagen.

Auch Transparenz wirkt gegen gewalttätige Autorität. Denn überall dort, wo mit dem Konzept der Neuen Autorität bereits gearbeitet wird, hat sich gezeigt: „Aus der Geheimhaltung auszubrechen und aus der Isolation aufzutauchen ist oft ein Wendepunkt, der mehr als irgendetwas anderes die Macht der Gewalt unterminiert." Wenn sich in einem Unternehmen erst einmal herumgesprochen hat, dass in einem bestimmten Meeting Menschen immer angeschrien werden, ist die Autorität des Schreihalses zerstört, auch wenn er es selbst noch nicht merkt. (Omer und Schlippe 2010a, S. 46)

> Weibliche Führungskraft, Jahrgang 1961: „Leute, die ihre Macht ausleben, kann ich überhaupt nicht ab. Wenn ein Eigentümer eines Familienunternehmens meint, wenn er mich anschreit, hat er Recht, kann er mich mal."

Autorität und Herrschaft

Wie schon erläutert, existiert Autorität nicht von sich aus. Sie braucht immer eine Legitimation. In der Vergangenheit bezog sie diese vor allem aus der beherrschenden Stellung von Menschen, der Macht eines Amtes sowie Gesetzen und der freiwilligen Unterordnung unter diese. Nach Max Weber werden drei Typen legitimer Herrschaft unterschieden (vgl. Sennett 2008, S. 26 ff.):

1. **Traditionale Autorität**: Sie legitimiert sich „auf dem Alltagsglauben an die Heiligkeit von jeher geltender Traditionen". Dazu zählen Erbaristokratien oder auch das Priesteramt. Aber auch religiöse Speiseverbote oder Vorstellungen über spirituelle Reinheit oder Reinigung. Die Haltung der sich unterordnenden Menschen ist hier vor allem durch Ehrfurcht und Benehmen bestimmt.
2. **Legal-rationale Autorität**: Diese legitimiert sich „auf dem Glauben an die Legalität gesetzter Ordnungen und des Anweisungsrechts der durch sie zur Ausübung von Herrschaft Berufenen". Im Unterschied zur traditionalen Autorität, die durch Erbschaft einfach weitergegeben wird, kann hier die Autorität durch jeden übernommen werden, der auf legalem Wege dazu berufen wird. Hier ist die Haltung der „Untertänigen" „durch Einsicht und Verstand, aber auch durch Glauben an die legale Satzung bestimmt". (Eschenburg 1969, S. 152)
3. **Charismatische Autorität**: Diese beruht „auf der außeralltäglichen Hingabe an die Heiligkeit oder die Heldenkraft oder die Vorbildlichkeit einer Person der durch sie offenbarten oder geschaffenen Ordnung". Gemeint sind hier Charismatiker wie Jesus oder Mohammed, die jeweils eine neue Ordnung verkündet hatten. Die Haltung der Anhänger einer solchen Autorität ist durch Hingabe bestimmt und führt dadurch zu einer Legitimation.

Max Webers begriffliche Abgrenzung ist nicht frei von Kritik geblieben. Zum Beispiel sei ein Priesteramt zwar traditional, zugleich nicht erblich, dennoch versehen mit einem spirituellen Charisma – dies merkt Richard Sennett kritisch an. Dennoch ist Webers Definition hilfreich, und zwar durch seine Verbindung der Begriffe Autorität und Legitimität. Das heißt, sobald Menschen eine Autorität für legitim halten, folgen sie dieser. Zweifeln sie an der Legitimität, geben sie die Gefolgschaft auf. Beides tun sie aus freiem Willen. Richard Sennett konstatiert (Sennett 2008, S. 29):

Autorität als Glaube an die Legitimität, gemessen an der Bereitschaft zu freiwilligem Gehorsam – diese Auffassung von Autorität hat im modernen soziologischen Denken einen außergewöhnlichen Einfluss gewonnen.

Wie kann es dann aber sein, dass Menschen Autoritäten folgen, die sie *nicht* für legitim halten? Zu dieser merkwürdigen Situation kann es vor allem in einer Gesellschaft kommen, „die gerade durch das Misstrauen und die Unzufriedenheit zwischen den Menschen zusammengehalten wird" (Sennett 2008, S. 34). Hier werden illegitime herrschaftliche Machtverhältnisse dennoch als Autorität akzeptiert, weil „man ihnen eine Vorstellung von Stärke unterlegt." (Sennett 2008, S. 25) Und ich möchte hinzufügen: ihnen auch eine Sinnhaftigkeit unterstellt.

Gemeint sind Demagogen, Despoten oder Diktatoren ohne politische Legitimation, die sich in ihrem Umfeld dennoch durchsetzen und sehr viel Macht an sich reißen können. Heute sind das vielleicht auch selbst ernannte Gurus für ökonomische Erfolgskonzepte oder Sektenführer.

Autorität und Erlösung

Auch im 21. Jahrhundert sehnen sich die Menschen fast in jedem Feld nach starken Persönlichkeiten oder Rettern, in der Politik, der Medizin und den Wissenschaften genauso wie im Sport oder der Unterhaltung. Das spiegelt sich vor allem in den Medien wider. Themen werden nicht mehr als Themen diskutiert, sondern immer im Zusammenhang mit Personen aufbereitet. So wird aus jedem Sachthema ein Beziehungsdrama. Für die Auflagen ist das gut.

Es führt aber auch dazu, dass Persönlichkeiten mit einer großen charakterlichen oder fachspezifischen Autorität sehr leicht als Heilsbringer dargestellt werden. So gilt Steve Jobs etwa als Erlöser auf dem vertrockneten Feld der Innovation. Edward Snowden als Retter im Dschungel geheimer Daten. Sascha Lobo als Superheld des Internets. Die Liste ließe sich endlos verlängern. Die Erlösungen, die sich die Menschen mit diesen in Heilsbringer verwandelten Autoritäten versprechen, treten jedoch niemals ein. Richard Sennett bringt das wie folgt auf den Punkt, wenn er schreibt (Sennett 2008, S. 25):

> Allgemein kann man sagen, daß wir in der Autorität einen Trost suchen, den die Zeit niemals wirklich gewährt. Immer wieder mündet die Suche in Enttäuschung; und deshalb läßt sich das, was Autorität ausmacht, so schwer fassen und definieren.

Die permanente Enttäuschung begrüßt Sennett sogar. Sie gibt den Menschen die Freiheit gegenüber den „Meistern der Verblendung" zurück, indem sie jegliche Autorität immer wieder hinterfragen (müssen).

Was heißt das nun für Unternehmen? Ganz klar: Insbesondere bei Personalentscheidungen gilt es, sehr genau hinzuschauen. Auch wenn man in der Lage ist, eine branchenweit bekannte Autorität für das eigene Unternehmen zu gewinnen, kann diese auch nicht mehr, als in den gegebenen Bedingungen zu arbeiten. Die oben beschriebene Spannung zwischen dem Druck der Globalwirtschaft und dem Wunsch nach humanen Arbeitsbedingungen, zwischen der Beharrungskraft alter Hierarchien und dem Wunsch nach mehr Freiheit in beweglichen Strukturen kann selbst die größte Autorität nicht auflösen. Sogenannte Heilsbringer sind nur in den Augen ihrer Gefolgsleute Autoritäten und Erlöser. Auch sie kochen nur mit Wasser.

Nachdem wir den Begriff Autorität in Bezug zur einzelnen Person, Bürokratie, Macht, Gewalt, herrschaftlicher Legitimität und Erlösung beleuchtet haben, wenden wir uns der erkenntnistheoretisch schwierigeren Seite der Materie zu: der Bedeutung der Autorität. An sich gibt es sie nämlich nicht – Autorität entsteht immer erst in unserer bewussten Wahrnehmung. Diese jedoch ist niemals objektiv, sondern gefärbt durch einige Filter, die wir uns im Folgenden näher anschauen werden.

Zerrbild: Fünf Filter verstellen unseren Blick

In meiner Tätigkeit als Berater in Unternehmen und auch während meiner eigenen Jahre als Führungskraft ist mir immer wieder aufgefallen, dass Probleme in der Führung niemals durch einen Mangel an Modellen, Best-Practice-Beispielen, Tipps und Techniken entstehen. In den meisten Fällen resultieren die Schwierigkeiten durch Vorurteile und persönliche Bewertungen der Führungskraft, die sich in der Praxis als hinderlich erweisen.

Das heißt, Führungsprobleme lassen sich nicht dadurch lösen, dass die Fachkräfte in einem Training eine Handvoll neuer Führungsmodelle auswendig lernen. Eine neue Perspektive eröffnet sich erst, sobald eine Führungskraft in einem individuellen Beratungsprozess schädliche Glaubenssätze entlarvt. Dann erst kehren Hoffnung, Zuversicht, Stärke, Leichtigkeit, Freude und sogar eine klare Rationalität zurück, sodass die Führungskräfte wieder kreative, neue Lösungen entwickeln können.

Warum, mögen Sie nun fragen, kommt man allein durch die Veränderung der Perspektive zu neuen Lösungen? An dem Problem selbst hat sich doch nichts verändert? Fakt ist: Die bewusste Wahrnehmung und Bewertung von Menschen sowie Situationen haben viel mit unseren Lebenserfahrungen, Werten und mit unserer Haltung zu tun. Verändere ich meine Haltung, mache ich mir klar, welche Werte mir wirklich wichtig sind, oder bewerte ich meine Lebenserfahrungen neu, verändern sich meine Gedanken und damit die Gefühle.

Da auf die bewusste Wahrnehmung Verhalten folgt, ist es eine logische Konsequenz, dass jede neue Erkenntnis über sich selbst, über andere und die gelebten Beziehungen im zweiten Schritt auch die Interaktion zwischen einer Führungskraft und ihrem Mitarbeiter verändert.

Beispiel

Der Geschäftsführer Deutschland eines international tätigen Unternehmens der Bekleidungsindustrie hatte es sich zum Prinzip gemacht, Nachfragen seiner direkt geführten Führungskräfte immer freundlich zu beantworten – und zwar auch dann, wenn er die gleichen Fragen immer wieder beantworten musste. Sein Ziel war es, die Manager „mitzunehmen."

Im Rahmen des Teamcoachings mit seinen Führungskräften fiel uns auf, dass seine Mitarbeiter immer dann besonders viele und immer wieder die gleichen „Verständnisfragen" stellten, wenn er eine klare Vorgabe formulierte. Der Geschäftsführer ärgerte sich sehr über diese Marotte. Jedoch erlaubte er es sich aufgrund seines eigenen Glaubenssatzes („Ich muss meine Leute mitnehmen. Das geht nur, wenn sie verstehen.") nicht, diesen Ärger zu adressieren beziehungsweise für eine Klärung zu sorgen. Die Technik des sogenannten Aktiven Zuhörens beherrschte er zwar perfekt, dennoch reichte sie nicht aus, um die unbefriedigende Situation aufzulösen.

Nach einem Einzelcoaching, bei dem sein Glaubenssatz hinterfragt wurde, entdeckte er, dass die wiederholten Verständnisfragen nur getarnte Versuche seiner direkten Führungskräfte waren, seine Vorgaben zu verwässern, um diese letztendlich nicht akzeptieren zu müssen. Er differenzierte daraufhin seinen Glaubenssatz dahingehend, dass er gerne auf Rückfragen antwortet, wenn seine Führungskräfte einen Sachverhalt tatsächlich nicht verstanden haben. Als Ablehnung getarnte Verständnisfragen werde er dagegen nicht mehr freundlich beantworten, sondern stattdessen sofort ein klärendes Gespräch über die Notwendigkeit der Akzeptanz seiner Vorgaben suchen.

Gleich in der nächsten Teamcoaching-Einheit wiederholte sich das Muster seiner Führungskräfte. Der Geschäftsführer beantwortete jedoch nur die Verständnisfragen, die auch welche waren. Die „getarnten" Verständnisfragen deckte er auf und forderte seine Führungskräfte offen auf, seine Vorgaben zu akzeptieren. Das Muster wiederholte sich nicht mehr.

Verkürzt könnte man sagen: Wir machen uns Probleme, weil wir die Welt so wahrnehmen, wie wir sie wahrnehmen. Ändern wir unsere Wahrnehmung – in diesem Fall waren es Glaubenssätze – dann verschwinden die Probleme.

Ich sehe was, das du nicht siehst

Bei jedem Menschen läuft die bewusste Wahrnehmung von Sinneseindrücken prinzipiell gleich ab. Wenn wir etwas hören, schmecken, sehen, riechen oder fühlen, wird dies erst durch unser Gehirn zu einer Information konstruiert, zuvor ist es nur ein Reiz. Die Konstruktion des Reizes zu einer Information hängt zusammen mit den „Voreinstellungen" unseres Gehirns und mit dem Umfeld, in dem wir uns zu diesem Zeitpunkt aktuell befinden. Das heißt, bevor wir überhaupt etwas bewusst wahrnehmen, hat unser Gehirn schon den Reiz verarbeitet. Wir sind also nicht in der Lage, die Realität als solche bewusst wahrzunehmen.

Wichtig: Bei diesem Phänomen handelt es sich nicht um eine *Wahrnehmungsverzerrung*. Denn unsere Wahrnehmung ist nicht verzerrt, sondern funktioniert schlicht und einfach so, wie sie funktioniert. Wir Menschen nehmen unser Umfeld in unserem Denken bewusst meist selektiv und subjektiv wahr, was unweigerlich zu Konflikten führen muss.

Zurück zur Praxis:

Der Deutschland-Chef eines international tätigen Dienstleistungsunternehmens führte ein Teambuilding mit seinem direkten Führungskreis durch. Der Grund: Durch die Reorganisation der Führungsstruktur hatten seine direkten Führungskräfte mehr Verantwortung übernommen, taten sich aber in Entscheidungssituationen nach wie vor schwer. Im Rahmen dieses Teambuildings galt es zu klären, warum es bei Entscheidungen immer wieder zu Konflikten kam und wie sich die unbefriedigende Situation verbessern lassen könnte.

In einer Gesprächsrunde bat der Deutschland-Chef seine Führungskräfte um Vorschläge, wie sie sich die zukünftige Zusammenarbeit in Entscheidungssituationen vorstellten. Zunächst äußerten erst einer, dann noch drei weitere Teilnehmer vorsichtig, später mit Unterstützung sehr klar, dass sie lieber gleich von ihm eine Ansage hätten, welche Entscheidung er bevorzuge.

In ihrer Wahrnehmung hatte ihr Vorgesetzter in der Vergangenheit immer nur „pro forma" nach der Einschätzung seiner Führungskräfte gefragt, dann aber doch nach eigenem Gusto entschieden. Daher hielten sie es für überflüssig, eigene Gedanken vorzutragen – gaben aber „pro forma" Diskussionsbeiträge ab, um nicht aus der Rolle zu fallen.

Das hatte der Chef ganz anders erlebt. In seiner Wahrnehmung waren die Einschätzungen seiner Führungskräfte keine starken Vorschläge, sondern nur sich im Kreis drehende Diskussionen, mit denen er nichts anfangen konnte. Aus diesem Grund hatte er letztendlich immer selbst entschieden.

Was steckte dahinter? Wir fanden heraus, dass die Perspektive der Führungskräfte geprägt war durch jahrelange Erfahrungen mit einer zentralistischen und stark hierarchischen Organisation, die auf klare Ansagen und Gehorsam ausgerichtet war.

Die Perspektive des Chefs unterschied sich sehr davon: Seit er seinen Führungskräften mehr Macht übertragen hatte, erwartete er tatsächlich eine freie Diskussion auf Augenhöhe. Diese Änderung seiner Haltung aber hatten seine Führungskräfte nicht bemerkt – und so spielten sie das alte Hierarchiespiel weiter.

Nachdem wir die unterschiedlichen Perspektiven geklärt hatten, atmeten alle Beteiligten auf. Sie fühlten sich wie befreit von einem Geflecht aus Missverständnissen, in dem sie schon viel zu lange verstrickt waren.

Warum sind intelligente Geschäftsführer und Führungskräfte nicht in der Lage, ein im Prinzip einfaches Missverständnis dieser Art ohne Unterstützung von außen zu klären? Weil sie, wie wir alle, die Brille nicht sehen, durch die sie auf die Welt schauen.

Die Art, wie wir denken und handeln, ist geprägt durch unsere Kultur und unsere Sprache, durch unsere Sozialisation in Familie und Bildungseinrichtungen, durch unsere positiven Erlebnisse und gegebenenfalls durch unsere Traumata, durch unseren Charakter und unsere Werte, durch unsere Intelligenz, unser Wissen und nicht zuletzt durch die

Abläufe in unseren Gehirn- und Nervenzellen. Mit unserem Denken und unserem Handeln erzeugen wir wiederum unsere Kultur, wobei uns dies in der Regel nicht bewusst ist.

Erleben wir eine Situation, die wir nicht sofort verstehen können, setzt unser Gehirn mit dem Denken einen Prozess in Gang: Es bewertet die Situation mithilfe eines alten Musters, das möglichst gut auf diese Situation passen könnte. In der Wahrnehmungspsychologie wird dies Transaktionalismus (der Einfluss der Erfahrung) genannt. In keinem Fall wird unser Denken die Lage unbewertet lassen. Einen Ausweg, um sich darin nicht zu verlieren und Konflikte zu aufzulösen, gibt es nur, wenn wir ein Bewusstsein für die eigenen, komplexen inneren Bewertungsprozesse entwickeln.

Aus der Fülle der Filter, die unser Denken färben (um nicht wieder zu sagen „verzerren"), habe ich fünf Filter ausgewählt, die uns insbesondere beim Thema Autorität in unserer Wahrnehmung von eigenem und fremdem Führungsverhalten beeinflussen. Jeder dieser Teilfilter hat es schon in sich – und in der Wechselwirkung miteinander sind sie hoch wirksam.

Filter: Die eigene Biografie und Rollenmodelle

Dieser Filter ist einer der maßgeblichsten und am wenigsten beachteten überhaupt, wenn es um die Bewertung von Führungsverhalten und Autorität geht. Überspitzt gesagt verhindert dieser Filter, dass neue Erfahrungen und Verhaltensmuster, die nicht den bisher bekannten entsprechen, überhaupt in das eigene Verhaltensrepertoire eingehen können.

Schon Sigmund Freud hat in seinen Werken *Der Mann Moses und die monotheistische Religion* (1939) und *Das Unbehagen in der Kultur* (1930) beschrieben, wie überaus stark unsere Vorstellungen von Autorität aus der Kindheit im Erwachsenenalter weiter wirksam sind. Wir lernen Autorität über Rollenvorbilder. Entweder orientieren wir uns an positiven Modellen oder wir lehnen negative Vorbilder ab und verinnerlichen ein gegenteiliges Verhalten, um gerade nicht so zu werden.

> Männliche Führungskraft, Jahrgang 1961: „Mein Vater, der im Kaiserreich geboren war, ist sicher mit einem anderen Autoritätsverständnis aufgewachsen und hat als erwachsener Mensch die gesamte Autoritätskrise des dritten Reichs miterlebt – einschließlich falscher Autoritäten, Autoritätenmissbrauch, aber auch Autoritätenherausforderung als Soldat – das heißt, da ist für mich sicherlich eine positive Sonderstellung herausgekommen."
>
> Männliche Führungskraft, Jahrgang 1956: „Mein Vater war Handwerksmeister. […] Der rüde Ton auf der Baustelle hat sich mitunter auch ins Familienleben übertragen, es war schon autoritär. Widerworte wurden wenig geduldet – ich bin noch in einer Zeit groß geworden, wo es dafür Schläge gab."

Männliche Führungskraft, Jahrgang 1961: „Zu Hause habe ich Autorität insbesondere durch meinen Vater erfahren. Er hat gesagt, was er vorhat und hat es so umgesetzt. Er hat eigentlich nichts zur Diskussion gestellt. Was heute normal ist, habe ich in der Kinder- und Jugendzeit ganz anders erfahren, stattdessen ein autoritäres Verhalten, Patriarchat würde man heute sagen."

Die Theorie des „Lernens am Modell" wurde von Albert Bandura, einem kanadischen Psychologen, entwickelt. Er hatte bereits 1963 die Studie *Social Learning and personality development* publiziert (mit Richard H. Walters). Der Ansatz des Modelllernens hat sich als sehr wirkungsvoll erwiesen und ist heute in vielen Bereichen, etwa der Erziehung, der Schule, der Erwachsenenbildung und auch in der Therapie etabliert. Nicht zuletzt entspricht es auch unserer Alltagserfahrung, dass der Einfluss unserer ersten „Trainer" – also (Groß-) Eltern, Lehrer, Ausbilder und der ersten Vorgesetzten – bis in unser Erwachsenenleben nachwirkt.

Unterstrichen werden diese Beobachtungen durch Forschungsergebnisse aus der Mehrgenerationentheorie. Deren Initiator war Iván Böszörményi-Nagy (1920 bis 2007), ein ungarischer Arzt und Psychotherapeut, der in die USA emigrierte und dort Professor für Psychiatrie an der Universität Pennsylvania wurde.

Böszörményi-Nagy entwickelte eine neue Vorstellung der dynamischen Wirkungen von Bindungen, die mehrere Generationen schicksalhaft über Rollensymmetrie und -asymmetrie, Loyalität, Gerechtigkeit und generationsübergreifende Vergeltungskonten verflechten können. In seinem Therapieansatz geht es wesentlich um die Rekonstruktion und Reflexion individueller und kollektiver Verantwortlichkeit sowie um Schuld- und Loyalitätsbindungen.

Sein zentrales Werk heißt *Unsichtbare Bindungen* (mit Geraldine M. Spark). Besondere Aufmerksamkeit erfahren die Kriegserfahrungen derjenigen, die die Nazizeit als Kinder erlebt haben (siehe dazu vor allem Sabine Bode: *Die vergessene Generation* und *Kriegsenkel*), wie auch die Deformationen durch die damals propagierten, heute als inhuman und traumatisierend eingeschätzten Erziehungsmethoden nach dem Modell von Johanna Haarer (*Die deutsche Mutter und ihr erstes Kind* sowie später unter dem Titel *Unsere kleinen Kinder*, wurde bis in die 1990er Jahre aufgelegt).

In jüngerer Zeit befasste sich – um nur ein Beispiel herauszugreifen – etwa Anne Ancelin Schützenberger in ihrem Buch *Oh, meine Ahnen! Wie das Leben unserer Vorfahren in uns wiederkehrt* (2012) mit dem Einfluss der Generationen. Darin beschreibt sie, dass die von den Vorfahren erlebten Ereignisse und Traumata in späteren Generationen weiterwirken – ohne dass das bewusst erlebt wird und ohne dass scheinbar irrationale Ängste sowie psychische und körperliche Probleme im Alltag damit in Verbindung gebracht werden.

Was heißt das nun für das Thema Autorität in unseren Unternehmen? Für mich ergeben sich aus den oben dargestellten Sichtweisen folgende Konsequenzen:

- Die Art und Weise, wie wir selbst heute führen und wie wir selbst zu unserer Führung stehen, wird wesentlich beeinflusst durch die Vorbilder, die wir im Laufe unserer Biografie selbst erlebt haben.
- Sie ist aber auch massiv beeinflusst durch die Erlebnisse, vielleicht sogar die möglichen Traumata unserer Vorfahren. Dies reicht selbstverständlich zurück zu den Kriegserfahrungen unserer Elterngeneration und ihrem Umgang mit Autorität und Autoritäten. Es reicht aber auch bis zu unseren Großeltern sowie deren Vorfahren und deren Erfahrungen, die sie in den Zeiten des Ersten Weltkriegs, der Weimarer Republik und im Kaiserreich gemacht haben – also noch zur Zeit des Feudalismus.
- So kommt es, dass der Filter, durch den wir heute auf das Führungsverhalten in Unternehmen schauen, nicht nur auf den reformerischen Bewertungsmustern der 1960er und 1970er Jahren beruht (Stichwort „antiautoritäre Erziehung"), sondern auch heute immer noch massiv geprägt ist durch preußische wie auch nationalsozialistische Vorstellungen von Befehl und Gehorsam, von Unterwerfung und Disziplin – also von Bewertungsmustern aus dem Beginn und der Mitte des 20. Jahrhunderts, in der die Kultur des Zusammenlebens und -arbeitens eine andere war.

Selbstverständlich ließe sich der Blick auf den Einfluss vergangener Generationen noch viel weiter zurückverfolgen, wie es etwa mit der Methode der Systemischen Aufstellung möglich ist. Doch für das Auflösen biografischer Muster, die sich im Alltag negativ auswirken, reicht aus meiner Erfahrung meist ein Verständnis der Eltern- und Großelterngeneration aus. Es ist mir bewusst, dass ich dabei mit meiner These in ein Wespennest steche. Niemand möchte sich unreflektiert Vorstellungen aus der Nazizeit unterstellen lassen. Und doch liegt die Vermutung nahe, dass wir auch heute, mehr als ein halbes Jahrhundert nach dem Ende dieser unseligen Zeit, immer noch durch die Nachwirkungen dieser Jahre beeinflusst sind.

Um meine These zu überprüfen, habe ich etliche Interviews mit Führungspersönlichkeiten auf oberer und oberster Führungsebene geführt, die prägend auf die Führungskultur in ihren Unternehmen wirken: Vorstände, Aufsichtsräte, Geschäftsführer, Eigentümer. Männer wie Frauen. Von Mitte/Ende 40 bis Mitte 70.[1] Meine These hat sich dadurch erhärtet und es wäre sicherlich lohnend, dies mit weiteren empirischen Forschungsarbeiten zu untersuchen. Zur Illustration einige Ausschnitte:

---

[1]Ich führe diese Interviews fort, um meine Datenbasis zu verbreitern und freue mich über Interviewpartner, die sich mit mir über ihre biografischen Erfahrungen zu Autorität strukturiert unterhalten möchten (frank@baumann-habersack.de). Insbesondere freue ich mich auch auf Zuschriften aus Österreich und der Schweiz, weil hier sicherlich noch andere Lernmodelle existiert haben beziehungsweise existieren und die (Unternehmens-)Kulturen sich unterscheiden. Sicherlich lassen sich auch Unterschiede zwischen Ost- und Westdeutschland feststellen.

Männliche Führungskraft, Jahrgang 1943: „Ich bin bis 1958 in Ostdeutschland zur Grundschule gegangen. Die Lehrer verhielten sich entsprechend des damaligen Systems autoritär. Es gab Strafen, zum Beispiel in der Ecke stehen, auf dem Flur stehen. Es wurde gestraft vor den Augen aller, der Klasse. Also es wurde mit Gesichtsverlust gearbeitet, aber nicht mehr geschlagen – das entsprach nicht dem sozialistischen Erziehungskanon.“

Männliche Führungskraft, Jahrgang 1944: „Mein Vater (geb. 1912) war geprägt durch den Zweiten Weltkrieg und die Nazi-Zeit. Obwohl er es abgelehnt hatte, hat es dennoch irgendwie bei ihm gewirkt.“

Weibliche Führungskraft, Jahrgang 1961: „Ich hatte [einen] Religionslehrer […], der war schon so um die 70 Jahre alt und hat auch immer vom Krieg erzählt. Der war in Russland und hat dann auch unappetitliche Geschichten erzählt, wenn es einem das Bein wegreißt und so weiter.“

Männliche Führungskraft, Jahrgang 1956 „[…] die älteren Lehrer, so um 1910 geboren, die haben den Krieg miterlebt und haben auch so den Unterricht geprägt – ich hatte zum Beispiel einen, der hatte nur noch einen Arm. Es gab […] auch noch Rohrstöcke und Strafen, zum Beispiel in die Ecke stellen […].“

Männliche Führungskraft, Jahrgang 1953: „Manche unserer Lehrer in der Grundschule (Anfang der 1960er Jahre) haben die alten Erziehungsmethoden aus der Nazi-Zeit reproduziert, mit In-der-Ecke-stehen oder wir haben „Tatzen“ gekriegt – das heißt, Hände hinhalten und dann sind wir wirklich mit dem Zeigestock verprügelt worden.“

Die weiteren Zitate, die Sie im gesamten Buch finden, stammen ebenfalls aus diesen Interviews.

Filter: Die Persönlichkeitsstruktur

Warum sich manche Menschen im Umgang mit Autorität in der Führung schwerer tun als andere, lässt sich nicht nur mit deren biografischen Erfahrungen erklären, sondern auch mit dem Blick auf die unterschiedlichen Persönlichkeitsstrukturen. Damit begeben wir uns gewissermaßen auf ein sehr buntes Gelände, um nicht zu sagen: auf vermintes Gebiet. Seit jeher beschäftigt sich die Menschheit mit der Typisierung ihrer selbst. Schon in der Antike gab es eine Lehre der Humoralpathologie, die Menschen gemäß ihrer Grund-Wesensarten in Sanguiniker, Phlegmatiker, Melancholiker und Choleriker sortierte. Anwendung findet dieser Ansatz erstaunlicherweise bis heute in der Waldorfpädagogik wie auch in der Populärpsychologie. Andere, populäre Methoden konzentrieren sich auf eine Schubladisierung nach Sternzeichen („der temperamentvolle Löwe“), wieder andere nach dem Stilempfinden („der Romantiker“). Wenn Sie durch beliebige Zeitschriften blättern, finden Sie zahllose weitere Testformate, die mit immer wieder anderen Typisierungen dem Leser versprechen, ein wenig Licht in die tiefsten Wirrungen und Widersprüche seiner eigenen Persönlichkeit zu bringen.

Consulting: Farbiger Holzschnitt

Leider gehen zahlreiche Typentests, die in der Consulting-Branche zur Anwendung kommen, nicht wesentlich über die Qualität eines simplen Zeitschriften-Ankreuz-Tests hinaus. Aus folgenden Gründen:

- Die Basis der Typisierung ist eine Selbsteinschätzung des Teilnehmers. Entsprechend leicht lassen sich derartige Testergebnisse in eine bestimmte Richtung „biegen".
- Die Theorie hinter derartigen Typentests ist häufig eine kühne Mischung aus empirisch nicht validen Ansätzen und großzügig ausgelegter Gehirnforschung (hier fällt das „Hermann-Dominanz-Instrument" besonders auf, kurz HDI).
- Die Ergebnisse derartiger Tests sind größtenteils holzschnittartig und undifferenziert. Dass sich eine Person in einem Kontext (zum Beispiel im Unternehmen) völlig anders verhält als in einem anderen Kontext (zum Beispiel Familie) ist mit diesen Tests zumeist nicht abbildbar.
- Etliche Tests lassen sich überhaupt nicht validieren. Um dieses Manko zu umgehen, haben manche Testanbieter quasi selbstbezügliche Systeme aufgebaut, die es ermöglichen, die Tests mit Daten zu belegen, die erst mit diesen Tests generiert wurden.

Im Seminarbetrieb finden wir also überwiegend einfache Modelle, die sich bei Weitem nicht auf dem Komplexitätsniveau bewegen wie Modelle aus der Testpsychologie oder auch aus der Sozialphilosophie. Warum kommen sie dennoch zum Einsatz? Weil ihre Ergebnisse auch für Teilnehmer verständlich sind, die sich noch nie mit psychologischen oder philosophischen Themen auseinandergesetzt haben. In Seminaren lassen sich tatsächlich Aha-Erlebnisse hervorrufen, wenn ein Teilnehmer versteht: „Mein Gegenüber tickt nicht falsch, sondern er tickt einfach anders als ich selbst." Und wenn manche Menschen hierdurch in einen Erkenntnisprozess kommen, ist schon einiges im Sinne einer Entwicklung gewonnen. Doch allen sollte bei der Nutzung solcher Verfahren bewusst sein: Die Ergebnisse sind nicht die Wahrheit, sondern eine (Selbst-)Beschreibung eines Menschen, die in Kategorien eingeordnet wird. Hieraus kann man Vermutungen über das Verhalten, vielleicht auch über Einstellungen anstellen und darüber ins Gespräch kommen.

Um den Filter Persönlichkeitsstruktur und die Wirkung auf Autorität zu erklären, folgen drei Beispiele.

Psychologie: Persönlichkeitsanalyse

Die Persönlichkeitsanalyse auf Basis des Myers-Briggs-Type-Indicator (MBTI) basiert auf der Typenlehre Jungs, entspricht aber nicht den Mindestanforderungen an Zuverlässigkeit und Genauigkeit, die die Klinische Psychologie erwartet.

Geht es um das Thema Autorität, lassen sich mit diesem Test allerdings erste Erkenntnisprozesse initiieren. So beschreibt der Test zum Beispiel einen bestimmten Typus (der „ESTJ-Typ"), der zu dominant wirkendem Verhalten neigt, sich nahezu ausschließlich auf der Sachebene bewegt, der überwiegend logisch-analytisch bewertet, sehr geradlinig und effizient Ziele verfolgt und der aus diesem Denken heraus menschliche Beziehungen als nicht relevant erlebt. Dieser Typ ist außerdem hart zu sich selbst, herausfordernd und meist unnachgiebig, also wenig fehlertolerant. Er fordert dies auch von seinen Mitmenschen ein.

Laut MBTI wirken solche Persönlichkeiten insbesondere auf beziehungsorientierte Menschen distanziert, kühl, berechnend und ausschließlich ergebnisorientiert (fast um jeden Preis). In der Beziehung zwischen einem solchen Chef und einem ganz anders gestrickten Mitarbeiter kann es nun vorkommen, dass in ebendiesem Mitarbeiter das gesamte Assoziationsfeld der „autoritären Führung" anspringt und dieser sich entsprechend unterwürfig, unselbstständig und distanziert verhält. So etabliert sich nur durch die Kollision der unterschiedlichen Persönlichkeiten eine Beziehungsdynamik, die in den gegebenen Rahmenbedingungen weder notwendig noch erwünscht ist.

Das zeigt, dass es durchaus hilfreich sein kann, auch mit einfachen Typenmodellen zu arbeiten. Erste Einsichten lassen sich so durchaus vermitteln. Oft entsteht sogar dadurch erstmals ein Grundverständnis dafür, dass der eigene Blick auf die Welt nicht der einzig mögliche und noch weniger der einzig richtige ist. Geht es um komplexere Zusammenhänge, stoßen derartige Modelle aber an ihre Grenzen.

Insbesondere gilt es aufzupassen, dass sich die undifferenzierten Ergebnisse der Tests in den Köpfen der Führungskräfte und der Mitarbeiter nicht verhärten („Ach so, ich bin ein gelber Typ") und die Persönlichkeitstypen zu neuen, störenden, weil einschränkenden Filtern der Wahrnehmung werden. Oder dazu führen, dass sich die Teilnehmer auf bestimmten Gebieten nicht mehr engagieren („Ich kann das nicht, weil ich ein blauer Typ bin.")

Psychologie: Persönlichkeitstypen
Fritz Riemann (1902 bis 1979) war ein deutscher Psychologe, Psychotherapeut und Psychoanalytiker. 1961 veröffentlichte er seine tiefenpsychologische Studie *Grundformen der Angst*, die einerseits auch für Laien so gut verständlich und andererseits psychologisch doch so gut fundiert war, dass sie bis heute intensiv rezipiert wird.

Riemann postuliert vier Typen der Persönlichkeit, verbunden mit vier typischen „Grundformen" der Angst. Er unterscheidet schizoide, depressive, zwanghafte oder hysterische Persönlichkeiten (Abb. 3.1).

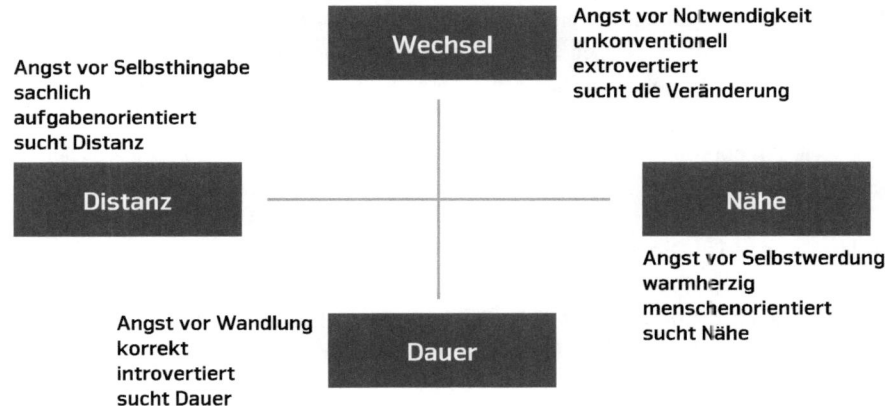

Abb. 3.1 Riemann-Kreuz

Das Riemann-Kreuz zeigt auf, welche Bedürfnisse der jeweilige Typ durch seine Persönlichkeitsstruktur tendenziell aufweist.

Der Nähe-Typ Riemann nennt ihn den *depressiven* Typ. Er ist einerseits warmherzig, menschenorientiert, kooperationsfähig, andererseits aber auch zu anpassungsfähig, zu konfliktscheu, zu unselbstständig. Er hat Angst, er selbst zu werden.

Der Distanz-Typ Laut Riemann der schizoide Typ. Er ist zwar sachlich und aufgabenorientiert, an Logik interessiert und an Freiheit. Gefühle kann er aber nicht ausdrücken und wirkt daher kühl und unzugänglich. Er hat Angst vor Hingabe.

Der Dauer-Typ Riemann spricht vom zwanghaften Typ. Er ist zuverlässig, konsequent, sparsam, gewissenhaft, außerdem plant er gerne. Allerdings tut er sich schwer mit Veränderungen und Unsicherheit, außerdem neigt er zu Perfektionismus. Er hat Angst vor dem Wandel.

Der Wechsel-Typ Laut Riemann ist dies der hysterische Typ. Er ist auf der einen Seite unkonventionell, extrovertiert, impulsiv, kreativ, begeisterungsfähig, charmant und großzügig. Auf der anderen Seite aber ist er sprunghaft und unzuverlässig. Er hat Angst, sich festzulegen.

Eine Führungskraft der Sorte „Distanz-Typ" wird diesem Ansatz zufolge also zu einer Führung Marke „autoritäres Verhalten" neigen, während sich ein „Nähe-Typ" mit den Anforderungen des Konzepts der Neuen Autorität sehr viel leichter tun wird. Soweit die Theorie.

In der Praxis stelle ich allerdings fest, dass es zum Beispiel unter Beratern Persönlichkeiten gibt, die in einem Workshop einerseits aufs Äußerste distanziert und rational vorgehen können, zugleich aber auch intensiv dazu fähig sind, sich in andere einzufühlen. Unter den Führungskräften treffe ich immer wieder Persönlichkeiten an, die gegenüber ihren Mitarbeitern zwischen extrem distanzierter Rationalität und höchster Emotionalität wechseln können.

Wir Menschen scheinen uns also nicht lückenlos in ein Schema einfügen zu können, so überzeugend es auf den ersten Blick auch wirken mag. Dennoch halte ich das Modell von Riemann für ein sehr anschauliches, insbesondere wenn es um die Frage geht, warum der einen Führungskraft ein Führungsstil nach dem Muster des „autoritären Verhaltens" wie angeboren scheint, eine andere aber wie von selbst dem Konzept der neuen Neue Autorität folgt.

Sozialphilosophie: Die autoritäre Persönlichkeit

Sehr wichtig für das Thema Autorität und Führung ist die „Theorie der autoritären Persönlichkeit", auch wenn sie durchaus umstritten ist. Doch wie gesagt: Mein Ziel ist es, einen Erkenntnisprozess zu initiieren. Die Theorie der autoritären Persönlichkeit geht zurück auf Erich Fromm (autoritärer Charakter) und wurde während der Nachkriegszeit unter dem Eindruck der Schrecken der Nazizeit weiter ausformuliert, insbesondere von Theodor W. Adorno, Max Horkheimer, Erich Fromm, Hannah Arendt und Arno Gruen sowie in jüngerer Zeit von Richard Sennett. Sigmund Freud meint dazu: „Die Massen sind […] stets in Gefahr, auf frühere Stufen zu regredieren, wo sie nach den Wohltaten eines Stärkeren lechzen und zugleich eine Wut gegen eben jene Stärken entwickeln, nach denen sie so sehr verlangen." (Sennett 2008, S. 31)

Zugegeben, das ist nicht so leicht zu verstehen. Veranschaulichen wir es an einem Beispiel von 1948. Auch nach Ende der Nazi-Zeit blieb die Autorität des Vaters ungebrochen. Der US-Forscher David Levy kam in einer Befragung von 83 Deutschen zu dem Ergebnis, dass 73 % die Aussage bejahten: „Das Wort des Vaters muss ein unausweichliches Gesetz der Familie sein."

Kinder hatten dem Vater gegenüber unbedingte Treue zu zeigen. Auch dann, wenn er ganz offensichtlich ungerecht oder sogar brutal war. So erzählt einer der Interviewpartner von einer Szene aus seiner Kindheit: „Einmal befahl er (der Vater) mir, von einem Holzhaufen zu springen. Ich tat es, aber ich verstauchte mir den Fuß, als ich herunterfiel. Als mein Vater mich erreichte, gab er mir eine Ohrfeige." Das ist schlimm genug. Der Befragte aber berichtet weiter: „Er war sehr streng; er liebte uns, aber er konnte es nie zeigen. Ich nehme an, es war seine männliche Bescheidenheit."

Was hier stattfindet, ist eine Idealisierung des Vaters und eine Umkehrung der eigentlichen Emotionen. Der deutsche Psychoanalytiker Arno Gruen schreibt dazu: „Ein Kind kann nicht mit seinem Schmerz leben, der aus seinem verletzten Urvertrauen aufsteigt. Das Übel wird daher in sein Gegenstück verwandelt. Wer nun diesem Kind erneut Schmerzen zufügt, wird als ‚liebend' empfunden. Längst hat damit die Perversion von Liebe begonnen." (Gruen 2014, S. 51 f. Gruen bezieht sich auf Schaffner, B.: Fatherland: *A Study of Authoritarism in the German Family.* New York: Columbia Univeristy Press, 1948)

In den Rahmenbedingungen eines Unternehmens heißt das: Ein Mitarbeiter vom Typ „autoritäre Persönlichkeit" wird von seinem Vorgesetzten die Demonstration von Stärke erwarten, wenn nicht sogar Härte bis hin zur Unmenschlichkeit. Gerade diese Härte wird er als Zeichen von Anerkennung deuten. Das kann folgende Blüten treiben:

- Agiert der Vorgesetzte nach den Vorstellungen der Neuen Autorität, so ist es möglich, dass sein Mitarbeiter ihn so lange mit schlechten Leistungen et cetera provoziert, bis er zu harten Disziplinierungsmaßnahmen greift. Paradoxerweise fühlt sich sein Mitarbeiter erst in diesem Moment in der Beziehung zu seinem Vorgesetzten wieder „zu Hause".
- Der Führungsstil der Neuen Autorität kann bei Mitarbeitern mit autoritären Persönlichkeitstendenzen sogar zu Aggressionen und Abwehr führen. Werden hier doch Aspekte ihrer Persönlichkeit angesprochen – etwa der Wunsch nach Lebendigkeit, Nähe und Warmherzigkeit, das Gefühl eigener Bedürfnisse –, die sie im Laufe ihrer

Kindheit unter dem Eindruck traumatischer Erziehungsmomente von sich abgespalten haben.

Zu dieser furchtbaren Verstrickung formuliert Richard Sennett (Sennett 2008, S. 198 – dieses Zitat ist so eindrücklich, das ich es in ganzer Länge vorstellen möchte):

> Der innere Herr (eine Ich-Form des Filters Rollenmodelle, Anm. d. Autors) in diesen Opfern ist eine merkwürdige Gestalt: Es ist ein Herr, der Anerkennung gewährt. Sie haben einen heimlichen Pakt mit ihm geschlossen. Er fügt ihnen Schmerz zu, und sie sind aufgrund ihres Leides berechtigt, von ihm Aufmerksamkeit, Sympathie, Beachtung zu verlangen. Der wirkliche, äußere Herr weiß nichts von diesem geheimen Vertrag; er sieht nur, daß sich seine Untergebenen fügen, und das genügt ihm. Der Herr, den sie sich geschaffen haben, ist einer, der zuhören wird, sofern sie sich nur rechtfertigen können. Und je mehr sie sich in ihr Leiden versenken, desto mehr sind sie gerechtfertigt.

Umgekehrt wird ein Vorgesetzter mit autoritären Persönlichkeitstendenzen jede Regung von Lebendigkeit, Menschlichkeit und Wärme in seinen Mitarbeitern so lange bekämpfen, bis davon nichts mehr übrig ist. Nach eigener Einschätzung härtet der autoritäre Chef seine „verweichlichten" Mitarbeiter auf eine robuste Art ab. Tatsächlich aber bekämpft er in ihnen, was er bei sich selbst nicht zulassen darf oder gar nicht mehr bewusst spüren kann.

Fazit Welches Modell der Persönlichkeit man auch immer nutzt oder präferiert, es wird deutlich, dass Menschen mit unterschiedlichen Persönlichkeitseigenschaften Beziehungsthemen unterschiedlich bewerten. Dies hat Auswirkungen auf die Haltung zu Autorität und diese wirkt wiederum auf das Führungsverhalten. Lassen wir doch aber noch ein paar Führungskräfte selbst zu Wort kommen:

> Männliche Führungskraft, Jahrgang 1956: „Autorität ist etwas Gutes, wenn sie Führung, Planken gibt und wenn sie aus den Menschen heraus kommt, wenn die Menschlichkeit bleibt."
>
> Weibliche Führungskraft, Jahrgang 1969: „Ich habe oft die Erfahrung gemacht, dass Menschen, die autoritär sind, sich ihrer selbst nicht sicher sind. Es gibt keinen Grund autoritär zu sein, wenn ich meine Stärken und Schwächen kenne, wenn ich meine Leute groß lassen werden will. Ich muss mich nicht mit anderen Erfolgen schmücken, wenn ich keine Angst habe, dass die Erfolge der anderen größer sind als meine."
>
> Männliche Führungskraft, Jahrgang 1943: „Führen heißt dienen. Alle die positiv erlebten und mich prägenden Autoritäten waren dienend der Sache, den Menschen."

Was die meisten Ansätze zur Persönlichkeit nicht oder nicht ausreichend integrieren, ist das Thema Wertvorstellungen. So kann zum Beispiel der Chef einer Werbeagentur in seiner kreativen Arbeit äußerst risikoreich sein, im privaten Umgang mit seinen Kindern aber sicherheitsorientiert. Dies hat dann weniger mit seiner Persönlichkeit zu tun als mit seinen Glaubenssätzen, die beispielsweise aus der eigenen Biografie oder den Rollenmodellen entstehen. Auch wenn ich sie hier zum besseren Verständnis einzeln erkläre, wirken doch alle Filter immer ineinander.

Filter: Das Wertesystem

Zu den Wertvorstellungen, die einen Menschen prägen, gehört ganz zentral sein Menschenbild. Wie alle Werte entwickelt es sich durch die Beziehung zu den sozialen Bezugspersonen und die gesellschaftlichen Normen. Im Rahmen eines Unternehmens heißt das: Was für ein Bild hat eine Führungskraft von den Menschen, die seine Mitarbeiter sind? Hierzu auch eine Stimme aus den Unternehmen:

> Männliche Führungskraft, Jahrgang 1943: „Wenn man anderen Menschen helfen und sie führen will, bedarf es, Werte tagtäglich vorzuleben und zu verdeutlichen, warum es die angemessenen Werte sind. Außerdem muss man bereit sein, die Werte zu begründen, sich hinterfragen zu lassen, sich zu rechtfertigen und gegebenenfalls die Werte zu korrigieren."

Grundsätzlich sind in puncto Werte zwei Extrempositionen denkbar – eine eher humanistische und liberale auf der einen Seite sowie eine kontrollierende und konservative auf der anderen Seite:

- **Liberales Menschenbild:** *„Der Mitarbeiter will von sich aus sein Bestes geben. Meine Aufgabe ist es, ihn dabei zu unterstützen, sodass er sein Potenzial bestmöglich entfalten kann."*
  Hier richtet sich der Fokus auf Ressourcen, auf Stärken, auf eine zutiefst menschliche Begegnung, die eine in jedem Menschen tief verankerte Sehnsucht nach Anerkennung und Wertschätzung bedient.
- **Konservatives Menschenbild**: *„Der Mitarbeiter ist von Natur aus widerborstig und faul. Damit er überhaupt etwas arbeitet, muss ich ihn engmaschig kontrollieren und regelmäßig antreiben."*
  Hier richtet sich der Fokus auf Fehler, auf Schwächen. Ein solches Menschenbild ist geprägt von einem tiefen Misstrauen gegenüber dem anderen und der Angst, dass dieser andere die bestehende Ordnung gefährde, sobald er seine ureigenen Bestrebungen ausleben darf.

Beide Positionen finden wir heute in unserer Gesellschaft wieder. Sie existieren parallel – und an den Titel der Buchpublikationen können wir ablesen, welche Position sich aktuell wieder nach vorn zu drängen versucht. Mal sind es Titel wie *Mythos Motivation* (Reinhard Sprenger, erste Auflage 1991), dann wieder *Schluss mit lustig!* (Judith Mair 2002). Die Intelligenz und Freiheit der jungen Generation feiert zum Beispiel *Das Ende des Projektmanagements* (Hanisch 2013). Auf der anderen Seite aber warnen Autoren vor zu viel Weichheit mit Titel wie *Ausgekuschelt* (Roland Jäger 2009) oder *Die Macht der Disziplin* (Roy Baumeister 2014).

Ein ähnliches Phänomen ist in der Literatur zu den Themen Bildung und Erziehung sichtbar: Einerseits werden Heranwachsende als Tyrannen dargestellt, die mit harter Hand zu führen sind, deren unreife, triebgesteuerte, gefährliche Impulse gesteuert werden müssen und deren kindlicher Wille unbedingt zu brechen sei (*Die Mutter des Erfolgs*, Amy Chua 2011 und *Warum unsere Kinder Tyrannen werden*, Michael Winterhoff 2009). Auf der anderen Seite werden sie als kompetente Menschen mit einer schier unendlichen Menge an Ressourcen, die es liebevoll zu begleiten gilt beschrieben (*Dein kompetentes Kind*, Jesper Juul 2009 und *Jedes Kind ist hochbegabt*, Gerald Hüther 2013). Martin Dornes formuliert dazu (Dornes 2012, S. 227):

> [Es] wächst die Sehnsucht nach einfachen Lösungen, die in der Regel eine Rückkehr zu mehr Autorität empfehlen. Autorität aber muss man sich heute verdienen, man bekommt sie nicht mehr geschenkt.

Es muss gar nicht so sein, dass sich eine Führungskraft nur für den einen oder den anderen Extrempol dieses Menschenbilds entscheidet. Sie kann situativ durchaus von einer Seite zur anderen Seite dieses Spannungsfelds schwenken – nicht zuletzt durch den Einfluss der oben genannten „Autoritäten" zu diesen Themen, die ihre jeweils stark zugespitzten Thesen überaus häufig in den Medien kundtun.

Tatsächlich handelt es sich bei diesen Positionen auch gar nicht um zwei verschiedene Pole auf einem logischen Kontinuum. Vielmehr geht es um die dialektische Beziehung zweier widerstrebender und doch miteinander verwobener menschlicher Strebungen, die sich gar nicht auseinanderdenken lassen. Theodor W. Adorno nannte das Begriffspaar *Mimesis* und *Ratio*. Bekannter ist vielleicht das ursprünglich durch Friedrich W. J. Schelling entworfene und von Friedrich Nietzsche popularisierte Begriffspaar *apollinisch* und *dionysisch*, das dem griechischen Gott Apollon die Seite der Form und Ordnung zuschreibt, während Dionysos für das Rauschhafte und Schöpferische steht.

Jeder von uns trägt beide Tendenzen in sich – wobei nicht jeder diese beiden Seiten gleichermaßen auslebt oder überhaupt wahrnimmt. Es lässt sich aber relativ genau vorhersagen, wie die Brille aussieht, durch die eine Führungskraft sich selbst und ihre Mitarbeiter betrachtet. Sie steht in enger Relation zu dem sozialen Milieu der Führungskraft. Ich überspitze die Extrempositionen an dieser Stelle mit Absicht:

- **Liberales Bild der Autorität**: Entstammt die Führungskraft einer Familie aus dem Milieu des gut situierten Bildungsbürgertums, wird sie tendenziell ein Menschenbild befürworten, das Werte wie Freiheit, Kreativität, Ressourcenorientierung, Offenheit und Wertschätzung in den Vordergrund stellt. Entsprechend wird diese Führungskraft sich selbst und ihre Mitarbeiter wahrnehmen, und entsprechend wird sie auch kommunizieren.

- **Konservatives Bild der Autorität**: Kommt die Führungskraft aber aus einer Familie mit geringen finanziellen Ressourcen und einem geringen Bildungsstand oder aus einer Familie, die sich als wohlhabende Oberschicht (Elite) versteht und die außerdem traditionelle Bilder des „strengen Vaters" und Vorstellungen von Ordnung, Disziplin und Gehorsam hochhält (da sind sie, die „preußischen Tugenden"), dann wird sie tendenziell zu einer kontrollierenden, misstrauischen Haltung gegenüber den eigenen Mitarbeitern neigen.

Das Forschungsinstitut Sinus ist mit einer grafischen Darstellung der typischen Milieus in Deutschland bekannt geworden – und zwar in Form von Clustern entlang zweier Dimensionen: Auf der X-Achse wird die Grundorientierung von Menschengruppen abgebildet. Sie reicht von einer traditionellen, bewahrenden Haltung, die auf die Erfüllung der eigenen Bedürfnisse abzielt, bis hin zu den bewussten Veränderern, die Grenzen überschreiten. Auf der Y-Achse zeichnet sich die soziale Lage der Menschengruppen ab. Sie reicht von den prekären Milieus der Unterschicht über die Mittelschicht bis zu den wohlhabenden Vertretern der Oberschicht am oberen Ende der Skala.

Aus der Kombination der beiden Dimensionen Soziale Lage und Grundorientierung lassen sich zahlreiche unterschiedliche Milieus ableiten. Das Spektrum spannt sich unter anderem von den Traditionellen, über die Bürgerliche Mitte, den Sozialökologischen, den Liberal-Intellektuellen sowie den Hedonisten, bis zu den Performern und Expeditiven. Wichtig zu wissen: Das Wertesystem einer Führungskraft ist nicht in Stein gemeißelt. Selbst wenn sie also aus einem Milieu stammt, dessen konservative Vorstellungen von Autorität und Führung nicht zu dem Menschenbild passen, das in ihrem Unternehmen gepflegt und erwünscht wird, so lassen sich diese Differenzen in Coachings transparent machen und reflektieren. Daneben wandelt sich je nach Lebensphase auch die Wichtigkeit der Werte. Außerdem nehmen sich insbesondere junge Führungskräfte in puncto Verhalten und Haltung oft aus freien Stücken einen „alten Hasen" aus der Führungsriege des Unternehmens zum Vorbild.

Der Führungskraft steht es letztendlich frei, ob sie ihre Wertvorstellungen revidieren möchte oder ob sie bei ihrer Haltung bleibt – und sich einen Arbeitgeber sucht, dessen Wertewelt besser zur eigenen passt.

Haim Omers Menschenbild im Rahmen des Konzepts einer Neuen Autorität wird, so meine ich, in folgendem Zitat recht gut deutlich (Omer und Schlippe 2010a, S. 54):

> Die prinzipielle Unverfügbarkeit eines Menschen liegt auch darin, dass er oder sie sich eben nicht zielgenau in eine Richtung bringen lässt. Wieder ist hier die Vorstellung hilfreich, dass das, was wir tun können, in der Bereitstellung guter Rahmenbedingungen besteht, die die Wahrscheinlichkeit des Auftretens von konstruktivem Verhalten begünstigen – erzwingen lässt sich das nicht.

Filter: Wissen

Eine Vielzahl von Führungskräften, insbesondere im technischen, ITK- oder auch im klassisch betriebswirtschaftlichen Umfeld, bildet sich nahezu ausschließlich fachlich fort. Wenn es um das Thema Führung geht, dann kaufen sich manche vielleicht ein Buch, besuchen hin und wieder eine Ein-Tages-Veranstaltung und skizzieren sich dort ein oder zwei Grafiken zum Thema Führungsstil. Zurück in der Praxis lassen sich die so gewonnenen Modelle nicht übertragen, und so bleibt alles beim Alten – also bei „autoritärer Führung".

Auch gibt es eine größere Anzahl von Führungskräften, die der Meinung sind, dass sie überhaupt kein Wissen zum Thema Führung benötigen. Sie halten ihre Qualitäten als Führungskraft für angeboren, führen intuitiv, aus dem Bauch heraus. Oder sie halten ihre Qualitäten für ein Ergebnis ihrer Erfahrungen, führen also so, wie sie es von ihrem Chef gelernt haben. So kommt es nicht zu einer Reflexion des eigenen Handels – und so bleibt alles beim Alten – auch hier: bei „autoritärer Führung".

Je weniger Menschen über Psychologie und Kommunikation, über Geschichte und Philosophie wissen, desto weniger komplex ist ihr Denken. Das hat nichts mit ihrer Intelligenz zu tun. Es liegt einfach an der Zahl der möglichen Kategorien, Theorien und Modelle, mit denen ihr Hirn zu arbeiten in der Lage ist. Gibt es nur schwarz und weiß, kommt eben Schwarz-Weiß-Denken heraus.

Mangelndes Wissen führt relativ oft zu Missverständnissen zwischen Führungskräften und Mitarbeitern. Hat eine Führungskraft zum Beispiel noch nie etwas davon gehört, dass Kommunikation immer auf einer Sachebene und zugleich auf einer Beziehungsebene stattfindet, so kann es hier zu ungünstigen Verwechslungen kommen. Eine ganz einfache Verständnisfrage (Sachebene) wird dann beispielsweise als massiver Angriff auf die eigene Autorität (Beziehungsebene) wahrgenommen. Oder ein Kommunikationsangebot auf der Beziehungsebene wird auf der Sachebene beantwortet, wodurch es wiederum zu Störungen auf der Beziehungsebene kommt.

Beispiel

Der oberste Führungskreis eines Werks aus der Großindustrie mit etwa 2000 Mitarbeitern hatte schon etliche Teamentwicklungen hinter sich, jedoch kam der Kreis nach vielen positiven Entwicklungsschritten an einer bestimmten Schwelle nicht weiter: Jedes Mal, wenn in der wöchentlichen Werkleitungsrunde um verschiedene Themen gerungen wurde, vergaßen nahezu alle Teilnehmer die bereits erlernten Kommunikationstechniken und verrannten sich hoch emotional in Streit.

Als Ursache wurden persönliche Schuldzuschreibungen genannt: Egoismus, Spaß am Streit, kein Interesse an der Zusammenarbeit. Nach dieser Beobachtung wurden beim nächsten Teambuilding-Termin Wissen zum Thema Werte und Emotionen vermittelt und die Wertehierarchie jedes Führungskreismitglieds analysiert.

Da über die Jahre ein großes Vertrauen entstanden war, veröffentlichte jeder Teilnehmer seine persönliche Wertehierarchie. Beim Transfer auf die aktuellen emotionalen Konfliktfelder bei Sach- und Entscheidungsfragen zeigte sich, dass sich die „Streithähne" nahezu immer in ihren jeweiligen Wertvorstellungen verletzt sahen und daher emotional „hochgingen".

Allen wurde klar, dass sie nicht bewusst gegeneinander handelten, sondern nur für und entsprechend ihrer Werte. Ein enormer Schritt auf der Ebene des Wissens! Gleich in den nächsten Werkleitungsrunden waren die Führungskräfte in der Lage, mit ihrem neuen Wissen und der neu erworbenen Fähigkeit, ihre divergierenden Wertvorstellungen zu erkennen und zu benennen. So konnte ein Hochkochen der Emotionen vermieden werden. Die Führungskräfte fanden immer wieder schnell zurück auf die Sachebene und kamen hier zu einer tragfähigen Lösung.

Die Gruppe war mit ihrem Fortschritt hochzufrieden, blieb aber nicht auf diesem Level stehen. Die tief greifende Verständigung auf der Werteebene führte dazu, dass die Gruppe auf der Beziehungsebene noch weiter zusammenrückte und außerdem ihre Produktivität steigerte, weil sie sich auf der Sachebene immer schneller und intelligenter zu bewegen lernte.

Möglicherweise entwickelte sich die bessere Zusammenarbeit auch deshalb, weil Menschen bei entspannter Atmosphäre wesentlich besser denken können als unter Stress – was der nächste Filter zeigt.

Filter: Der Erregungsgrad/Stress

Dieses Phänomen kennt vermutlich jeder, der mit Lampenfieber zum ersten Mal von einer Bühne zu einer großen Gruppe von Menschen gesprochen hat: Das, was man sagen will, fällt einem entweder nicht mehr ein oder die sonst so flüssige Sprech- und Ausdrucksweise klingt hölzern und gestottert. Je nachdem wie hoch der Stresspegel ist, kann das bis zum Black-out führen.

Auch Stress kann unsere Wahrnehmungsfilter drastisch verändern und zwar so: Grundsätzlich dient Stress dazu, den Körper auf eine akute Gefahr einzustellen. Zu der Zeit, als wir noch vor Säbelzahntigern weglaufen mussten, war das eine sehr sinnvolle Einrichtung – und auch kein Problem, da die Anspannung nach dem Ende der Gefahr wieder in einen Zustand der Entspannung überging. Im heutigen Arbeitsalltag kreieren die Menschen ihre Gefahren durch gedankliche Bewertungen jedoch selbst, ohne die körperliche Anspannung wieder abzubauen (es sei denn, dass wir beispielsweise vor oder nach der Arbeitszeit joggen). Die Folge ist ein Zustand der dauernden körperlichen Alarmbereitschaft. Denn um das Energieniveau für eine mögliche Reaktion zu erhöhen, schüttet der Körper bei Stress immer Adrenalin, Noradrenalin und Corticoide aus, das Herz beginnt schneller zu arbeiten, damit die Durchblutung beschleunigt wird und die Muskeln mit extra viel Glukose versorgt werden. Gleichzeitig fahren Magen und Darm ihre Leistung herunter, um Energie zu sparen.

Zudem verengt Stress grundsätzlich die Wahrnehmung auf die Abwendung der Gefahr. Da sich der durch Bewertung verursachte Stress im Alltag allerdings nur schwer unmittelbar körperlich abbauen lässt, führt das dazu, dass wir mit rasendem Herzen und hohem Cortisol-Spiegel am Schreibtisch sitzen und unsere Stresshormone so auch nicht mehr loswerden. Die Stresshormone suchen sich also eine andere Aufgabe und beeinträchtigen zum Beispiel unsere Gehirnzellen – und zwar so intensiv, dass es zu sichtbaren Veränderungen im Hirn kommt.

Vor allem das Stammhirn wir beeinträchtigt. Diese Hirnregion ist wichtig für das Gedächtnis, aber auch für die Filterung von Sinneswahrnehmungen. „Kommt es hier zu einer Störung, hat das Auswirkungen", schreibt die *ZEIT*-Redakteurin Tina Groll in ihrem Beitrag „Stress macht vergesslich" (*DIE ZEIT* vom 23.8.2008). „Gestresste werden vergesslich, wirken zerstreut oder unruhig. Ein Tunnelblick entsteht – die Wahrnehmung ist eingeschränkt und nur auf die Stresssituation fokussiert."

Dabei gilt: Durch anhaltenden Stress, aber auch durch Ärger oder Angst werden die Wahrnehmungsfilter tendenziell verstärkt. Warum? Wir verlieren den inneren Abstand zur Situation und können wegen der Brille, durch die wir die Welt betrachten, schlechter reflektieren als im entspannten Zustand.

Die mentale Leistung wird aber nicht nur bei zu hoher Erregung bedenklich reduziert. Die beiden Autoren Pat Odgen und Kekuni Minton haben in ihrer Theorie des Toleranzfensters überzeugend dargestellt, dass auch eine zu geringe Erregung das Gehirn beeinträchtigt (von diesen Autoren außerdem interessant: *Trauma and the Body*, 2006) – siehe dazu Abb. 3.2.

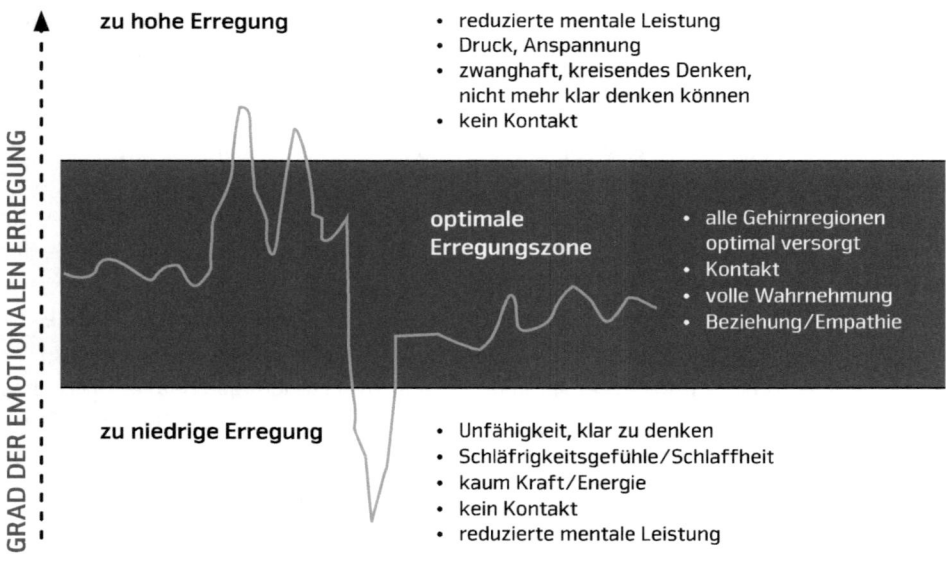

Abb. 3.2 Window of tolerance

Die Systemfalle

Jeder Filter für sich, mehr jedoch noch alle Filter zusammen prägen unsere Sicht auf Autorität und Führung ganz erheblich. Sicher sind die Filter nicht vollständig, da ich selbst ebenfalls „blinde Flecken" habe. Daher stellt die Auswahl der Filter meinen aktuellen Erkenntnisprozess und einen Ausgangspunkt für die Weiterentwicklung dieses Themas dar.

Meine Übersicht der Filter im Zusammenwirken zeigt Abb. 3.3.

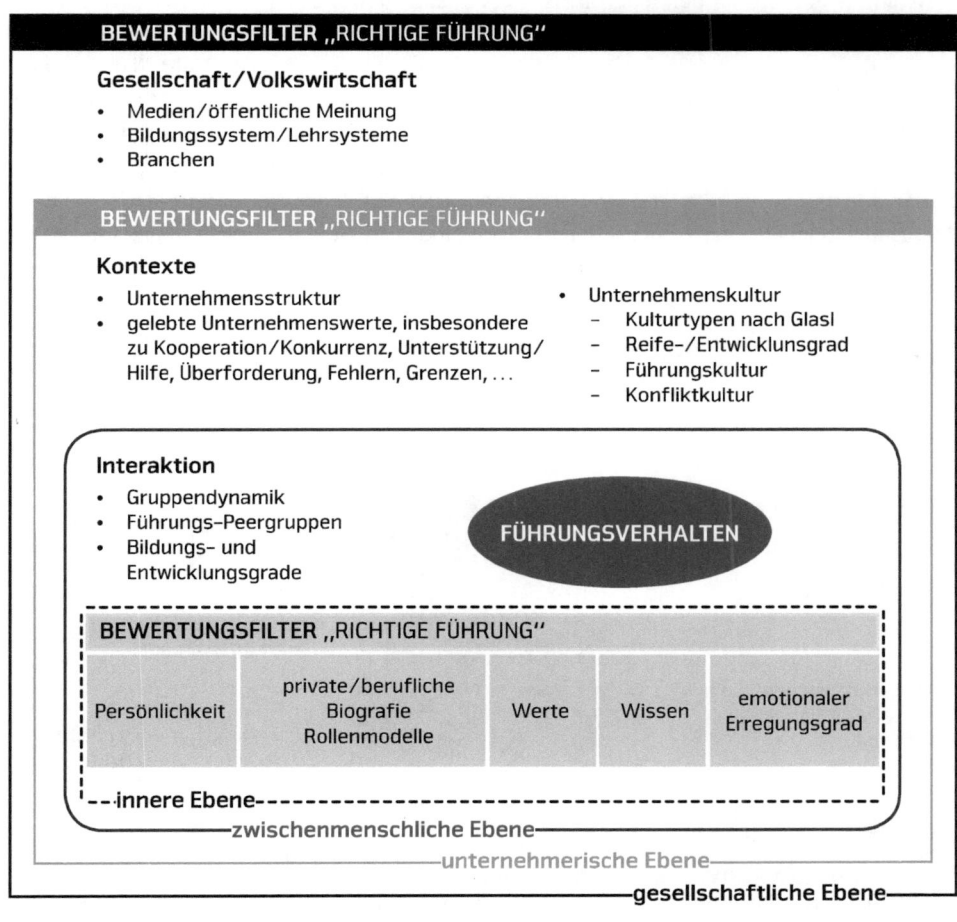

Abb. 3.3 Wechselwirkende Einflüsse

Da die meisten Menschen sich nicht darüber im Klaren sind, dass es überhaupt Filter in ihrer Wahrnehmung gibt und schon gar nicht in dieser Vielfalt, ist es nicht verwunderlich, dass die in den Unternehmen dominierende Haltung zu Autorität in der Führung weiterhin aus dem letzten Jahrhundert stammt.

Mehr noch: Es kommt zu einer „Systemfalle der Wahrnehmung". Ich verstehe darunter einen Teufelskreis von sich selbst bestätigenden Erfahrungen. Diese „Systemfalle" wird in der Erkenntnistheorie auch als hermeneutischer Zirkel benannt und ist alt bekannt. André Gorz schreibt dazu in seinem Buch *Arbeit zwischen Misere und Utopie* (Gorz 2000, S. 85): „Wenn wir das Neue nach den Deutungsmustern und kulturellen Stereotypen des Alten wahrnehmen und interpretieren, bleiben wir blind für das, was dessen Neuheit ausmacht." (Abb. 3.4).

Wenn Mitarbeiter oder Führungskollegen ein Führungsverhalten als positiv oder richtig im Sinne ihrer Erfahrungen bewerten, sprechen sie diesem eine „gute Autorität" zu. Folglich werden die betroffenen Menschen eine entsprechende Rolle und das dazu passende Verhalten, zum Beispiel Anweisungen befolgen, einnehmen. Das wiederum bestätigt sowohl die Führungskraft (deren Anweisung ausgeführt wurde und die dadurch übergeordnet ist) in ihrer Rolle, als auch die Mitarbeiter in ihrem Verhalten (sie haben die Anweisung ausgeführt und sind untergeordnet). Auf diese Weise wird die bestehende Autoritätsbeziehung aufrechterhalten und verstärkt. Ein weiteres Erinnerungsmoment für die Bewertung von Führungsverhalten ist damit geschaffen. Alles bleibt beim Alten.

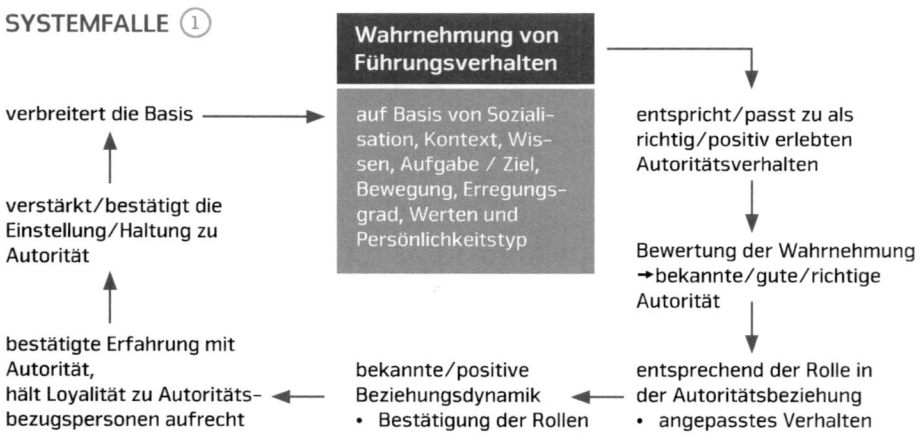

Abb. 3.4 Sich aufrecht erhaltende Systemfalle

Ohne Irritationen, Konflikte und Konstanz in der Veränderung wird sich an solch einer Situation kaum etwas ändern und eine neue Haltung zu Autorität in der Führung hat keine Chance (Abb. 3.5).

Zeigt etwa eine Führungskraft ein neues Verhalten, welches nicht dem als bislang „richtig" bewerteten Führungsstil entspricht, sind Mitarbeiter oder Kollegen irritiert und packen die Person in die Schublade „hat keine Autorität". Aufgrund ihrer fehlenden Erfahrung mit dem neuen Führungsverhalten und ihrer Wahrnehmungsfilter wird es ihnen schwerfallen, die damit verbundenen Handlungen als neu zu erkennen. Mitarbeiter reagieren dann beispielsweise leicht mit widersetzlichem Verhalten. Zum Beispiel befolgen sie eine Anweisung nicht oder führen einen Arbeitsauftrag nicht aus. Die Führungskraft wiederum reagiert mit Enttäuschung oder Ärger. Die Folge ist ein Konflikt, der im Sinne der neuen Haltung zu Autorität unter anderem mit Deeskalation und Beharrlichkeit beantwortet wird. Das führt jedoch zu weiterer Irritation. Erst wenn diese Konfliktsituation geklärt wird, entsteht eine neue Erfahrung im Umgang mit der Führungskraft, die ihr eine neue Autorität zuweist. Hält die Führungskraft diese Haltung und ihr Verhalten über einen längeren Zeitraum konstant durch, entsteht aus der zunächst negativen Beziehungsdynamik im Konflikt ein neues positives Arbeitsverhältnis und damit eine Bestätigung neuer Rollenausprägungen. Die Systemfalle ist nicht zugeschnappt, der Kreislauf wurde unterbrochen beziehungsweise in einen Kreislauf der neuen Haltung zu Autorität verändert.

Wem dieser Kreislauf der Systemfalle nicht bewusst wird – etwa durch Reflexion im Rahmen von Coaching oder Therapie, Fortbildung oder auch in der Auseinandersetzung

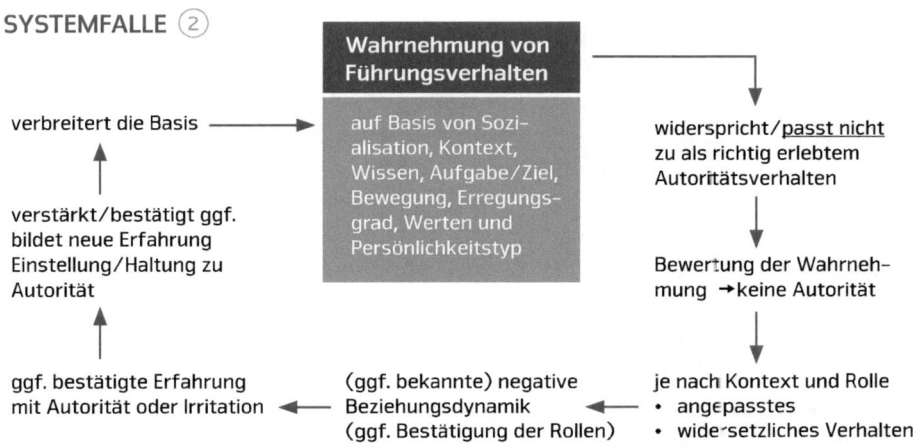

Abb. 3.5 Sich auflösende Systemfalle

mit konstruktiv irritierender Literatur oder Musik, mit bildender Kunst, Filmkunst, Theater et cetera –, der hemmt nicht nur das Erreichen der gemeinsamen Unternehmensziele. Er oder sie blockiert vor allem die persönliche Entwicklung. Gerade Führungskräfte brauchen diese aber mehr denn je, um in diesem Jahrhundert der Wissensgesellschaft mit anderen Menschen an einem Strang zu ziehen. Denn nur darum geht es in Unternehmen: gemeinsam Ziele zu verwirklichen, um mit Produkten oder Dienstleistungen Nutzen sowie Sinn für Kunden zu stiften, der sich dann als Gewinn in der Bilanz widerspiegelt.

Management Summary

- Das Wort Autorität geht zurück auf das lateinische Wort *auctoritas*, das Würde, Ansehen oder auch Einfluss bedeutet.
- Das Wort *auctoritas* wiederum leitet sich von *auctor ab*, was Schöpfer, Stifter, Urheber oder Verfasser bedeutet. Hiermit ist also jemanden gemeint, der etwas hervorbringt, der etwas erschafft. Eine weitere sprachliche Wurzel ist das Wort *augere*, was vermehren oder zunehmen, wachsen lassen und auch fördern heißt.
- Der Begriff Autorität hat nichts mit dem Wort Autokratie zu tun, das eine diktatorische Herrschaft bezeichnet.
- Die Bedeutung von Autorität unterscheidet sich auch von dem Begriff des Autoritären. Damit werden Menschen bezeichnet, die zwanghaft damit beschäftigt sind, ihre Umwelt zu beherrschen.
- Die Macht einer legitimierten Amtsgewalt, lateinisch *potestas*, führt nicht automatisch zu Autorität.
- Persönliche Eigenschaften wie Integrität oder Erfahrungen und Sachverstand sind mögliche Quellen von Autorität, aber keine hinreichenden.
- Machtmittel wie Druck, Sanktionen oder sogar Gewalt führen nicht zu Autorität.
- Kern des Konzepts der Neuen Autorität sind die Mittel des gewaltlosen Widerstands.
- Autorität erfordert immer eine Legitimation.
- Führungsprobleme lassen sich nicht dadurch lösen, dass die Fachkräfte in einem Training eine Handvoll neuer Führungsmodelle auswendig lernen. Eine neue Perspektive eröffnet sich erst, sobald eine Führungskraft in einem individuellen Beratungsprozess schädliche Glaubenssätze bearbeitet.
- Menschen nehmen ihr Umfeld im Denken selektiv und subjektiv bewusst wahr, was unweigerlich zu Konflikten führen muss.
- Das Denken und Handeln von Menschen ist geprägt durch die Kultur, Sprache, Sozialisation in Familie und Bildungseinrichtungen, persönliche Lebenserfahrungen und nicht zuletzt durch die Abläufe in unseren Gehirn- und Nervenzellen.
- Die menschliche Wahrnehmung wird durch Filter „verzerrt". Fünf häufige Filter sind die persönliche Biografie/das Rollenverständnis, die Persönlichkeitsstruktur, das Wertesystem, das Wissen und der Erregungsgrad/Stress.

- Das Zusammenspiel der Wahrnehmungsfilter prägt die individuelle Einstellung zum Thema Autorität in der Führung.
- Ein fehlendes Bewusstsein für Glaubenssätze und „Wahrnehmungsverzerrungen" führt dazu, dass Menschen in einer Systemfalle des Denkens und alter Erfahrungen stecken bleiben. Konkret heißt das: Statt Führung an die Erfordernisse der Zeit anzupassen, leben viele Unternehmen noch immer in Vorstellungen von Autorität aus dem vergangenen Jahrhundert.
- Die Reflexion im Rahmen von Coaching oder Therapie, Fortbildung oder auch in der Auseinandersetzung mit konstruktiv irritierender Literatur, Musik oder Kunst eröffnet einen Ausweg aus dem Kreislauf der Systemfalle. Erst durch diesen Prozess des Bewusstmachens werden Unternehmensziele nicht länger blockiert und persönliche Entwicklung gefördert.

Literatur

Adorno, Th. W.: Studien zum autoritären Charakter. Suhrkamp, Frankfurt a. M (1973)

Arendt, H.: Macht und Gewalt. Piper, München (2013)

Bode, S.: Die vergessene Generation: Die Kriegskinder brechen ihr Schweigen. 20. Aufl. Klett-Cotta, Stuttgart (2015a)

Bode, S.: Kriegsenkel: Die Erben der vergessenen Generation. 14. Aufl. Klett-Cotta, Stuttgart (2015b)

Böszörményi-Nagy, Iván; Spark, Geraldine: Unsichtbare Bindungen: Die Dynamik familiärer Systeme. 9. Aufl. Klett-Cotta, Stuttgart (2013)

Bröckling, Ulrich: Das unternehmerische Selbst. Soziologie einer Subjektivierungsform. Suhrkamp, Frankfurt a. M. (2007)

Byung-Chul H.: Was ist Macht? Reclam, Stuttgart (2005)

Dornes, M.: Die Modernisierung der Seele. Psyche. Zeitschrift für Psychoanalyse.**64**(11), 995–1033, (2010)

Dornes, M.: Die Modernisierung der Seele. Kind – Familie – Gesellschaft. Fischer, Frankfurt a. M. (2012)

dpa: „Manager halten deutsche Führungskultur für überholt". In: *DIE ZEIT online* vom 30.9.2014. http://www.zeit.de/karriere/2014-09/manager-fuehrungsstil-umfrage (2014)

Eckelt, W.: Kandidaten lesen. Springer Gabler, Wiesbaden (2015)

Ehrenberg, A.: Das erschöpfte Selbst. Depression und Gesellschaft in der Gegenwart. Suhrkamp, Frankfurt a. M (2008)

Eschenburg, Th.: Über Autorität. Suhrkamp, Frankfurt a. M 1969

Furnham, A.: 50 Schlüsselideen Psychologie. spektrum Akademischer Verlag, Heidelberg (2010)

Godin, S.: Tribes: We Need You to Lead Us. Portfolio Verlag, London (2008)

Gorz, A.: Arbeit zwischen Misere und Utopie. Suhrkamp, Frankfurt a. M. (2000)

Gruen, A.: Wider den Gehorsam. Klett-Cotta, Stuttgart (2014)

Hanisch, R.: Das Ende des Projektmanagements. Wie die Digital Natives die Führung übernehmen und Unternehmen verändern. Linde, Wien (2013)

Herbert Quandt-Stiftung (Hrsg.): Autorität heute. Neue Formen, andere Akteure? Herder, Freiburg (2011)

Köttritsch, M.: Normalität liegt Jahre hinter uns. In: *Die Presse* vom 7./8.12.2013, S. K4 (2013)

Mau, S., Schöneck, N. M. (Hrsg.): Handwörterbuch zur Gesellschaft Deutschlands. Springer, Wiesbaden (2013)

Odgen/Minton. (2000): Window of Tolerance. In: Hanswille, R., Kissenbeck, A.(Hrsg.) Systemische Traumatherapie. Carl-Auer, Heidelberg (2008)

Omer, H., von Schlippe, A.: Autorität durch Beziehung. Die Praxis des gewaltlosen Widerstands in der Erziehung. Vandenhoeck & Rupprecht, Göttingen (2010a)

Omer, H., von Schlippe, A.: Stärke statt Macht. Neue Autorität in Familie, Schule und Gemeinde. Vandenhoeck & Rupprecht, Göttingen (2010b)

Riemann, F. Grundformen der Angst. 41. Aufl. Ernst Reinhardt Verlag, München (2013)

Salt, B.: Beyond the Baby Boomers. The Rise of Generation Y. KPMG, Melbourne (2007)

Schützenberger, A. A.: Oh, meine Ahnen! Wie das Leben unserer Vorfahren in uns wiederkehrt. Carl Auer Verlag, Heidelberg (2012)

Sennett, R.: Autorität. Berlin Verlag, Berlin (2008)

Trendbüro, bso: New Work Order. Hamburg (2012)

Weber, M.: Wirtschaft und Gesellschaft. Mohr Siebeck, Tübingen (1972)

Ziegler, H.: Strukturen und Prozesse der Autorität in der Unternehmung. Ferdinand Enke Verlag, Stuttgart (1970)

Von Alter zu Neuer Autorität

4

Zusammenfassung

Jeder von uns ist nicht nur geprägt durch die eigenen Erfahrungen mit Autorität, sondern auch durch die Haltung zu Autorität in der Geschichte, die unsere Vorfahren erlebt haben. Und zwar auf allen relevanten Gebieten wie Familie, Staat, Schule und Wirtschaft. Dieses Kapitel wagt einen Blick zurück in die bisherige Entstehungsgeschichte von Autorität – und einen Versuch, eine neue Führung zu skizzieren.

Die Entstehungsgeschichte von Autorität

Familie: Vom autoritären Patriarchat zu postheroischen Patchwork-Eltern

Geht es um den Zustand der modernen Familien, finden wir zwei völlig gegensätzliche Positionen vor: Auf der einen Seite wird der Zerfall der Familien beklagt. Eine hohe Arbeitsbelastung der Eltern und nicht zuletzt das massive Eindringen elektronischer Kommunikationsgeräte in den Alltag drohen die Beziehungen zwischen den Generationen auszuhöhlen. Auf der anderen Seite steht eine heftige Kritik an den sogenannten „Helikoptereltern", die ihr (Einzel-)Kind als persönliches Projekt betrachten, das auf Schritt und Tritt überwacht, von Fördertermin zu Fördertermin kutschiert und rund um die Uhr verhätschelt wird. Die Folge ist die Unselbstständigkeit der jungen Generation. Wie diese Beobachtungen zusammenpassen, werden wir später sehen. Blicken wir zunächst zurück.

Vom Mittelalter bis heute haben sich die Autoritätsverhältnisse in den Familien hierzulande sehr verändert. Früher galt der Vater als Patriarch im Hause. Er allein hatte das Sagen – und diese Rolle wurde durch die Lehren der christlichen Kirchen gerechtfertigt und zementiert. Die Mutter hatte sich als Hausfrau unterzuordnen. Bis in die 1970er

© Springer Fachmedien Wiesbaden GmbH 2017
F.H. Baumann-Habersack, *Mit neuer Autorität in Führung*,
DOI 10.1007/978-3-658-16498-0_4

Jahre hinein (!) durfte sie noch nicht einmal über ihr eigenes Geld verfügen und über ihre Berufstätigkeit hatte ihr Ehemann zu entscheiden. Die Kinder wurden nach den Prinzipien des Gehorsams und der Unterordnung erzogen. Der Einsatz von Gewalt galt nicht nur als normal, sondern auch als notwendig.

Die Kinder, die auf dem Land aufwuchsen – also auf Bauernhöfen – wuchsen unmittelbar in die Welt der Erwachsenen hinein. Es gab einfach keine Möglichkeiten, den Kindern einen eigenen Schutzraum zu bieten. So war es selbstverständlich, dass die Land-Kinder von klein auf in Haus und Hof mithalfen. Nur die bürgerlichen Kinder, also eine kleine Minderheit, kamen in den Genuss eines speziellen Schutz- und Schonraums unter Aufsicht von Kinderfrauen und Privatlehrern – dies allerdings nicht freiwillig, sondern ebenfalls unter Einsatz diverser Disziplinierungsmaßnahmen.

Die beiden Weltkriege führten schließlich zu Umwälzungen in den Familien:Oftmals fehlte der Vater, viele kamen nach Kriegsende nie mehr zurück oder waren körperlich und seelisch schwer verletzt. Familien stiegen zunächst sozial ab, im Laufe der Wirtschaftswunderjahre aber auch wieder auf. Der soziale Druck, was als richtig beziehungsweise falsch galt, war in den 1950er Jahren im Vergleich zu heute sehr hoch. Über Autorität wurde nicht verhandelt, über Gefühle nicht gesprochen.

Das änderte sich in den 1960er und 1970er Jahren, als sich die jüngere Generation äußerst kritisch mit der Elterngeneration auseinandersetzte – und sich von ihr abgrenzte. Die soziale Revolte brachte neue Formen des Zusammenlebens, in denen die Enge und Repression der Kleinfamilie überwunden werden sollte (Stichwort „Kommune"). Anzug, Krawatte und ordentlicher Seitenscheitel wurden gegen bunte Kostümierungen und ungeschnittene Haarpracht eingetauscht (Stichwort „Hippie"). Und diese Generation begann (zumindest der Teil der Generation, der sich für besonders avanciert hielt), ihre Kinder „antiautoritär", wahlweise auch überhaupt nicht zu erziehen.

Heute wissen wir, dass sich unter den Latzhosen und den langen Haaren vielfach die verhassten autoritären Strukturen am Leben erhielten. Der Dokumentarfilm *Meine Keine Familie* von Paul-Julien Robert, der selbst in einer Kommune aufgewachsen ist, zeichnet davon ein schockierendes Bild.

In den folgenden Dekaden änderte sich das Leben in den Familien noch einmal tiefgreifend. Familienplanung wurde zum Normalfall und gab insbesondere den Frauen mehr Handlungsfreiheit. Die Ideen der antiautoritären Erziehung wurden abgeschwächt und verwoben sich mit den bisherigen Erziehungsidealen. Die autoritären Strukturen in den Familien weichten dadurch weiter auf, nicht zuletzt durch eine veränderte Gesetzgebung, die Frauen mehr Freiheit und Selbstständigkeit garantierte, Scheidungen vereinfachte und häusliche Gewalt unter Strafe stellte. Die Wirtschaftskrisen Anfang der 1990er Jahre, um die Jahrtausendwende und schließlich 2008 führten dazu, dass sich die Stellung der Frau innerhalb der Familie stärkte. Das Einkommen der arbeitenden Frauen wurde immer wichtiger, um die Familien überhaupt zu ernähren.

Für viele Frauen endete damit die Abhängigkeit vom Einkommen des Ehepartners und es begünstigte die Bereitschaft, eine Ehe scheiden zu lassen. Aber nicht nur deshalb trennt man sich inzwischen leichter als noch in den 1950er Jahren. Beide Partner haben heute hohe Ansprüche an die Qualität ihrer Beziehung und geben sich mit dem Status „Es läuft einigermaßen gut" nicht mehr zufrieden. So leben nur noch (aber immerhin noch) 75 % der Kinder mit ihren leiblichen Eltern zusammen (Dornes 2012, S. 57, 66 und 63), das Ergebnis:

> […] gestiegene […] Ansprüche an die Beziehungsqualität sowie gestiegene [.] Anforderungen an die Beziehungsgestaltung durch die Emanzipation und Berufstätigkeit der Frauen sowie die erhöhten Mitspracherechte der Kinder.

Heute stehen wir also vor der Situation, dass sich die väterliche *auctoritas* in den Familien stark aufgelöst hat, während die *potestas* der Mutter stark ausgeweitet wurde. Die Kinder kommen nicht mehr deshalb zur Welt, weil man es nicht hatte verhindern können. Sie werden nicht als Arbeitskräfte gebraucht und auch nicht zur Altersversorgung. Sie sind zu Projekten der Bindung oder zur Erweiterung der eigenen Persönlichkeit geworden. Sie sollen den Eltern Freude und Lebenssinn bringen und nicht zuletzt deren emotionale Bedürfnisse befriedigen (vgl. Schütze 1988, S. 112). Kinder werden dann häufig nicht wegen ihrer selbst willen, sondern für das Ego der Eltern geboren. Die damit verbundene hohe Aufmerksamkeit ist für die Kinder nicht nur ein Segen, sondern auch eine schwere Belastung. Denn in vielen Familien nimmt das „Projekt Kind" einen derartig dominierenden Stellenwert ein, dass die Eltern die Familie als Ganzes aus dem Blick verlieren und es versäumen, die für die Entwicklung ihrer Kindern so wichtige Verantwortung zu übernehmen: Halt zu geben und Grenzen zu setzen (vgl. Dornes 2012, S. 304).

Durch die Hintertür kann es für die Kinder sogar zu neuen Entfremdungstendenzen kommen – und zwar dann, wenn die vielen Möglichkeiten zur kindlichen Selbstverwirklichung umschlagen in den Zwang, sich im Sinne der Eltern, der Betreuungspersonen und Förderkurslehrer, später auch der Arbeitgeber zu verwirklichen. So kommt es bereits in der schönen, neuen Kinderwelt zu Abspaltungen der eigenen Bedürfnisse. Und das ist die Einladung zurück zu autoritären Persönlichkeitszügen.

Risiken für elterliche Autorität am Anfang des 21. Jahrhunderts Viele Eltern engagieren sich so stark für ihren Beruf, dass sie ihre Kinder über lange Zeiten in Betreuungseinrichtungen abgeben (müssen). Gleichzeitig verfolgen die Eltern den Anspruch, dass ihre Kinder möglichst viele Potenziale entfalten und ein hohes Bildungsniveau erwerben. Deshalb schicken sie ihren Nachwuchs nach der Betreuungszeit noch in zahlreiche Förderkurse. Die Folge dieser modernen „Kinderverschickung" ist die Auflösung der elterlichen Autorität und zwar durch deren „diffuse Präsenz" (vgl. Dornes 2012, S. 306).

Das ist genau der Punkt, an dem die oben angedeutete Zeitknappheit der berufstätigen Eltern mit Helikoptereltern zusammenfällt. Die Eltern fördern und fordern, sie sind aber eben nicht präsent – sondern im Hubschrauber. Ganz ähnlich wie der weit entfernt sitzende Chef, der mit seinen Mitarbeitern hauptsächlich über E-Mail und Handy kommuniziert. Wenn überhaupt.

Diese Situation wird durch den Umstand verschärft, dass Eltern häufig zwar physisch anwesend, dennoch aber für die Kinder innerlich nicht greifbar sind. Zum Beispiel sitzt man mit den Kindern gemeinsam beim Essen am Küchentisch, bearbeitet aber eben noch schnell E-Mails. Zwischen 1990 und 2005 nahm die Zahl derer, die auch außerhalb der regulären Arbeitszeiten arbeiten müssen, von 40 auf 60 % zu (vgl. Dornes 2012, S. 47). Andere Eltern wiederum sind nach ihrer Arbeit zu müde, um noch einen intensiven und herzlichen Kontakt zu ihren Kindern herzustellen.

Immer häufiger bleiben für das gemeinsame Leben nur noch die „Tagesrandzeiten", entweder, weil den Eltern die eigene Arbeit so wichtig ist, dass sie gerne den kompletten Tag dafür investieren oder die Arbeitszeitgestaltung der Arbeitgeber orientiert sich noch an der Denke der Industrialisierung. Durch die hohe Arbeitsverdichtung und die steigenden Anforderungen an Arbeitnehmer führen Vollzeittätigkeiten auf Dauer zu Ermüdung und Erschöpfung. Dazu kommen häufig noch Unternehmenskulturen mit unausgesprochenen, aber gelebten Regeln etwa über die Anwesenheit am Arbeitsplatz. Sprüche wie „Mahlzeit", wenn jemand um 10.00 Uhr kommt, oder „Na, Halbtagsjob?", wenn jemand um 16.00 Uhr geht, sind zynische Belege dafür.

Eltern sind jedoch nach einem anstrengenden Arbeitstag, gerade wenn dies über Monate und Jahre andauert, immer weniger in der Lage, an den Tagesrandzeiten Nähe zu ihren Kindern aufzubauen. Auch Alleinerziehende sind durch die doppelten Anforderungen an die Elternrolle und die häufig unzureichende Unterstützung von außen besonders von Überforderung betroffen. Allen gemein ist, dass überforderte Eltern, selbst wenn sie den Willen haben, dennoch nicht mehr den eigentlich gewünschten Kontakt und die Nähe zu ihren Kindern aufbauen können. Weniger Nähe aber führt zu unsicheren Beziehungen.

Diese Beobachtungen müssen wir sehr ernst nehmen. Sie sind der Preis der Modernisierung unserer Familien.

Chancen für elterliche Präsenz Gleichzeitig aber sollten wir die Chancen nicht aus dem Blick verlieren, die sich trotz dieser Herausforderungen für Familien ergeben. Die Gesellschaft ist nicht mehr so starr, so kontrollierend, so repressiv. Geschlechtsstereotype Rollenzuschreibungen haben sich weitgehend aufgelöst und eine relativ offene, gleichberechtigte Kommunikation zwischen den Ehepartnern und auch zwischen Eltern und Kindern ist möglich geworden (Dornes 2012, S. 297). Das gibt allen Beteiligten mehr Freiheit – macht aber im Alltag mehr Arbeit (Dornes 2012, S. 266):

> Allerdings muss der Vater, ebenso wie der Lehrer, heute mehr Kraft aufbringen und mehr Mühe investieren als früher, eben weil er sich weniger auf seine Rollen- und Amtsautorität berufen kann und stärker im eigenen Namen spricht. Aber damit ist keiner individuellen Willkür der Weg geebnet [...], sondern im Gegenteil einem demokratischen Erziehungsstil, dessen förderliche Wirkung auf die seelische Gesundheit des Kindes gut dokumentiert ist.

Der demokratische Stil führt – wenn er denn gelingt – zu einer Persönlichkeit, die nicht mehr so starr ist wie noch 1950. Es wachsen Persönlichkeiten heran, für die die Erfüllung von Pflicht im Leben nicht mehr an erster Stelle steht und die eigene Bedürfnisse nicht einfach mehr ungefragt wegschieben. Die Persönlichkeiten unserer Kinder sind im Ideal-fall „plastischer, lebendiger und authentischer" als die ihrer Vorfahren. Die Kehrseite der Medaille ist aber, dass sie „auch labiler und verletzlicher" sind (Dornes 2012, S. 321).

Das wäre der Gewinn, den wir für unsere Familien und unsere Kinder erreicht hätten.

Für die Unternehmen heißt das Es kommt eine flexible, kommunikationsstarke und nicht eben unkritische Generation auf die Firmen zu. Allerdings eine, die sich nicht mehr so leicht führen lässt, weil sie zwar potestas in Kauf nimmt, aber sich nur noch sehr schwer dazu entschließen kann, einer auctoritas zu folgen. Wir werden aber viel-leicht auch eine Generation erleben, die sich im harten Arbeitsalltag schwertut, weil sie ihr Leben lang auf Händen getragen wurde.

An dieser Stelle dürfen wir nicht vergessen, dass diese Generation die Bindungsstö-rungen und möglichen Traumata ihrer Eltern, Großeltern und noch früherer Generatio-nen in sich trägt – also durchaus immer noch Spuren der „autoritären Persönlichkeit" in sich spürt. Aus diesem Grund könnte die junge Generation von der Gewaltfreiheit, der Beharrlichkeit und Präsenz des Konzepts der Neuen Autorität zunächst verunsichert sein. Unternehmen müssen daher künftig in der Zusammenarbeit mit jüngeren Generationen mit der Überlagerung verschiedener Effekte rechnen, die allesamt schwer einzuschätzen sind. Dies kann zu häufigen An- und Abstoßungskonflikten führen, die keiner der Betei-ligten erklären kann und die alle irritiert zurücklassen.

Wenn junge Menschen schwierige Erfahrungen mit unsicheren Bindungen gemacht haben, kann es sehr leicht zu Projektionen der früheren Eltern-Kind-Beziehung auf die aktuelle Chef-Mitarbeiter-Verbindung kommen. Selbst wenn eine Führungskraft eine sichere Beziehung anbietet, kann ein derart vorgeprägter Mitarbeiter in sein altes Rollen-muster zurückfallen. Möglich ist dabei, dass er überaus angepasst agiert und darüber seine eigenen Bedürfnisse und Grenzen vergisst, nur um Anerkennung zu ernten. Oder der Mit-arbeiter verursacht unbewusst (!) immer wieder terminliche oder qualitative Katastrophen, um in der Rüge seines Vorgesetzten (so wird dieser dann sehr wahrscheinlich vom Mitarbei-ter bewertet) Bestätigung zu finden. So reaktiviert er alte Emotionen und Erwartungen, alte Wünsche und Befürchtungen in einer eigentlich neuen Beziehung. Im Gegenzug kann dann der Vorgesetzte auf das überangepasste oder abweichende Verhalten seines Mitarbeiters sei-nerseits mit alten Emotionen und Erwartungen, Wünschen und Befürchtungen reagieren – und die schwierige Beziehungsdynamik damit weiter eskalieren lassen. Andererseits kann die Führungskraft (wenn sie in diesem Thema qualifiziert ist) ihre eigene, für sie selbst irri-tierende Reaktion als Resonanzboden nutzen und versuchen, auf dieser Basis die „merk-würdigen" psychischen Prozesse ihres Gegenübers einzuschätzen und zu klären. In der Psychologie werden diese Phänomene als Übertragung und Gegenübertragung bezeichnet.

Doch noch einmal zurück zu den Vorstellungen insbesondere von männlicher Auto-rität, die wir aus dem Feld der Familie ableiten: Das alte Bild ist der „gestrenge Herr Vater", ein autoritärer Typ. Das neue Bild ist ein gestresster Typ, der sich zwischen Familie und Arbeit aufreibt und dem nichts anderes übrig bleibt, als jeden Tag in endlo-sen Diskussionen erneut um seine Autorität zu ringen.

Staat: Von der wilhelminischen Ära zum Merkelismus

Im Mittelalter war die Gesellschaft so aufgebaut wie eine Pyramide: Die höchste Führungskraft stand ganz oben, darunter folgten von ihr abhängige Vermittler und an der
Basis eine breite Masse von Menschen, die weder Macht noch Mittel und auch kaum
Rechte hatten. In unserer heute relativ freien und pluralistischen Gesellschaft kennen wir
eine solche Machtdistanz nicht mehr. Wir akzeptieren sie auch nicht mehr. Längst ist es
kein Problem mehr, Spitzen zu kritisieren und Transparenz einzufordern – zumindest in
Deutschland. Das war nicht immer so.

Noch unter Reichskanzler Bismarck (er war bis 1890 im Amt) genoss die Staatsgewalt höchstes Ansehen. Doch spätestens während des Ersten Weltkriegs bröckelte die
Autorität des Staates. Kaiser Wilhelm pflegte zwar persönlich höchste Autoritätsansprü-
che und ließ sich dementsprechend sehr gerne umjubeln – er musste aber schon 1916 die
oberste Heeresleitung abgeben. Man traute sie ihm nicht mehr zu. Nachdem er unter dem
Druck der USA 1918 komplett abdanken musste, stießen die Anhänger der konstitutio-
nell-monarchischen Legitimität mit den Anhängern einer Volkssouveränität hart aufeinander. Eschenburg schreibt dazu (Eschenburg 1969, S. 155):

> Man gehorchte der legalen potestas, soweit es unbedingt notwendig oder wo es möglich
> war, aber in weiten Kreisen fehlt die der Autorität komplementäre Erscheinung, der Res-
> pekt.

Die Weimarer Republik befand sich daher von Anfang an in einer Autoritätskrise. Laut
Eschenburg erkannten Vertreter einer politischen Strömung, die sich „eine autoritäre
Ordnung um ihrer selbst Willen und auf Dauer" wünschte und die Krise beenden wollte,
Hitler als einen charismatischen Führer, der in der Lage war, die Massen hinter sich zu
bringen. Diese Gruppierung wollte sein Talent zur Mobilisierung nutzen, ihn dann aber
beiseiteschaffen, um eine eigene „Herrschaft mit rechtsstaatlichem Charakter" aufzubauen – was leider misslang. (Vgl. Eschenburg 1969, S. 159 f.)

So konnte sich der Nationalsozialismus breitmachen und jegliche Autorität
aushöhlen:die des Staates und der Familie, die der Bildungseinrichtungen und der Kirche. Alles wurde in das herrschende System eingegliedert und diesem unterworfen.

Mit dem Zusammenbruch des NS-Regimes entstand endlich die Möglichkeit, die
Demokratie in Deutschland aufzubauen, auch wenn der Prozess sehr mühsam war. Nach
Einschätzung Eschenburgs gelang dies nicht zuletzt durch den Einfluss und das Auftreten starker Persönlichkeiten wie Adenauer und Heuss, die den hohen Ämtern im Staat
(*potestas*) wieder Autorität (*auctoritas*) zu verleihen wussten. Die nachfolgenden Staats-
oberhäupter konnten dann von der Autorität des Amtes zunächst profitieren, kamen aber
allesamt nicht umhin, diese Amtsautorität mit ihrer persönlichen Autorität lebendig und
wirksam zu machen. Bis heute ist das ein mühsames Geschäft, das nicht jedem gelingt.
Noch einmal Eschenburg (S. 177):

Auf dem harten und mühseligen, oft langwierigen Weg zur Autoritätsposition bleiben viele liegen, weil der Kräfteverschleiß, die Abnutzung zu groß ist, die Autoritätssubstanz nicht ausreicht; und von den wenigen, die das Ziel erreichen, vermögen sich nur einige zu behaupten.

Bis heute muss die Staatsmacht in unserer Demokratie ständig neu verhandelt werden. Sie wird nicht als Macht verstanden, die Geschehnisse und Prozesse kontrolliert und steuert. Sie wird auch nicht als Macht verstanden, die die Deutungshoheit über Themen besitzt. Dennoch hält sich in unserer Vorstellung über einen idealen Staatsmann oder eine ideale Staatsfrau das Bild, er oder sie müsste – mehr als wir selbst – einen souveränen Sachverstand haben und eine herausragende Persönlichkeit sein. Darüber hinaus sollten diese Personen auch so etwas wie Stil und Etikette aufweisen.

Dies tun die Vertreter der jungen Partei Die Piraten ganz offensichtlich nicht. Sie tauchen wild und bunt in der Öffentlichkeit auf, sie gehen mit ihrer Ratlosigkeit in Sachfragen ganz offen um. Nach dem Motto: „Wir haben (noch) nicht auf alles eine Antwort, wir wissen nicht alles, aber wir geben unser Bestes und sind dabei, uns zu entwickeln." Auf diese Offenheit reagieren die Medien verstört. Was lässt sich hier noch aufdecken? Nichts. Die sind ja schon offen. So wird im gleichen Muster in der Öffentlichkeit, meist durch die Medien, diskutiert, was eigentlich sein soll und was nicht sein darf. Reflexartig wird abgewertet („Die üben ja noch"; „Die sind noch nicht so weit"; „Die werden es nicht lange machen" oder auch „Es ist immer noch kaum eine Frau aktiv"), um die eigene Machtposition zu wahren. Ich bin überzeugt, dass sich zwischen der Diskussion um Die Piraten und um die Diskussion über Neue Autorität einige Parallelen finden lassen, wenn man einmal hinter die Themen und den Namen schaut. Hier wird Autorität auf eine radikale Art neu verstanden, neu gelebt – und weitgehend (noch) nicht verstanden, weil durch die Brille eines alten Autoritätsverständnisses darauf geschaut wird.

Dass die Autorität der Staatsgewalt in der vergangenen Dekade massiv gelitten hat, verdeutlicht eine Reihe nicht enden wollender Krisen und Skandale: Sie reichen von gefälschten Doktortiteln über Steuerhinterziehung bis zu juristischen Tricksereien (Stichwort: Posten für Familienangehörige in der CSU) und dem Ausbleiben von Konsequenzen bei massiven Fehlern (Stichwort: Berliner Flughafen).

An der *potestas*, also an der faktischen Macht der Staatsämter, hat sich dadurch nichts geändert, aber an der *auctoritas*. Sie ist bei vielen Themen und an vielen Orten aus den offiziellen Strukturen abgewandert und liegt jetzt eher bei informellen Strukturen: bei Interessenvertretungen und Initiativen, bei neuen Bewegungen (die sich zuweilen doch wieder als Parteien formieren, siehe Die Piraten oder auch Die Alternative für Deutschland), bei protestierenden oder kritisierenden Netzwerken (wie Blockupy oder Attac). Dies hatte Ulrich Beck, der leider Anfang 2015 zu früh verstorbene renommierteste deutsche Soziologe der Gegenwart, schon vor der letzten Jahrhundertwende beobachtet (Beck 1998, S. 180):

… dabei wird das Grundeinverständnis mit […] bislang fraglos anerkannten Institutionen vielerorts […] aufgekündigt, und die soziale Gestaltungsmacht verlagert sich vom politischen System auf die Kontroversen zwischen thematisch interessierten […] ,zivilgesellschaftlichen Gruppen' [Anm. d. Autors] in den unterschiedlichsten gesellschaftlichen Feldern […].

Ich vermute: Wenn Menschen sozial und politisch neue Handlungsmöglichkeiten entwickeln, ist es nur eine Frage der Zeit, bis es zur Erosion von alten Funktionsautoritäten in Unternehmen kommt. Denn Unternehmen sind immer auch ein Spiegel der Gesellschaft.

Was heißt das nun für unsere Vorstellung von Autorität? Kaiser wie Wilhelm II. wollen wir nicht mehr, Demagogen wie Hitler natürlich auch nicht. Große „Staatsmänner" haben wir derzeit nicht – an die neuen „Staatsfrauen" an der Spitze gewöhnen wir uns immerhin langsam. Und eine ernsthafte Autorität können wir in den hemdsärmeligen Berufsjugendlichen der neuen Parteien und Netzwerke leider noch nicht erkennen. Was fehlt beziehungsweise worauf wohl viele warten, sind Persönlichkeiten, bei denen endlich wieder *potestas* und *auctoritas*, jedoch mit einer neuen Haltung zu Autorität, zusammenkommen. Wir brauchen Menschen, die sich mit Transparenz in den Dienst der Gemeinschaft und ihrer Ziele stellen.

Schule: Von der Rohrstock- zur Kuschelpädagogik

An dieser Stelle noch einige Worte zum hiesigen Schulsystem. Es liegt mir (als Vater) am Herzen, und ich sehe die direkten Auswirkungen der Schulentwicklung jedes Jahr wieder in meiner Praxis – nämlich dann, wenn junge Fach- und Führungskräfte in den Unternehmen an den Start gehen.

Die Zeit der Rohrstock-Pädagogik ist zum Glück lange vorbei. Es wird nicht mehr inhuman gestraft in unseren Schulen, auch die Zeit des ausschließlichen Frontalunterrichts, der Willkür und der Strafarbeiten ist vorbei. Das ist gut so.

Dennoch kriselt es in unseren Schulen: große Klassen in zu kleinen Räumen, schlecht sanierte (öffentliche!) Schulen, vielerorts Lehrermangel. Sind Lehrer da, haben diese oft viel über ihre Fächer gelernt, aber wenig bis gar nichts über Gruppendynamik oder Gruppenleitung. Schulleiter wiederum sind auch nur in ihren Fächern ausgebildet, aber nicht in Personalauswahl und Personalführung. In der Regel führen sie neben ihrem Fachunterricht auch noch ein „bisschen" die Schule – wobei größere Schulen von der Organisationsdynamik her kleinen Unternehmen gleichen und dementsprechend ähnliche Herausforderungen an die Führung stellen.

Umso schwieriger ist es, dass das Thema Führung in vielen Kollegien kein Thema ist. Supervision gilt immer noch als Defizitveranstaltung oder als Schwächebeweis, was häufig eine Reflektion über behindernde Muster sowie den Ausstieg daraus ausschließt.

Diese unvollständige Auflistung von Störfaktoren führt in der Summe zu überforderten Lehrern, die sich meist nicht mehr anders zu helfen wissen, als eine aufgeladene Gruppe (Schulklasse) autoritär oder gruppendynamisch manipulierend (zum Beispiel wechselseitige Konfliktprovokation zwischen Schülern: „Wenn Armin und Charlotte jetzt nicht sofort ruhig sind, fällt der Klassenausflug für alle aus") zu leiten oder gar nicht mehr zu führen.

Woher sollen Lehrer auch ein anderes gruppendynamisches Leitungsverhalten entwickelt haben, wenn sie sich nicht privat, zum Beispiel über Jugendleiterausbildungen qualifizieren konnten? Da diese Lehrer in der Regel nie kooperative Führung erlebt und gelernt haben, sondern durch ihre eigene schulische und universitäre Sozialisierung meist nur Abhängigkeits- und Anpassungsverhalten in Bezug auf machtvolle eigene Lehrer, Ausbilder, Professoren kennen, erhält sich der Kreislauf aufrecht. Ganz besonders bei denen, die selbst auch noch aus traditionellen „Lehrerfamilien" stammen – die also auch biografisch belastet sind und möglicherweise Bilder von Lehrerautoritäten in sich tragen, die aus dem Kaiserreich stammen.

Was ist das Ergebnis dieser Entwicklung? Schüler, die in ihren wichtigen persönlichkeitsbildenden Lebensjahren lernen, sich Macht zu beugen – ohne zu erkennen,

- dass sie durch angepasstes „Funktionieren" zwar vielleicht gute Noten bekommen, aber dabei die eigene Individualität sowie die eigenen Bedürfnisse abwerten;
- dass ihre eigenen, für den Schulbetrieb irrelevanten, Bedürfnisse als „Widerstand" missverstanden, ignoriert und nicht verhandelt werden, und zwar so lange, bis dieser Widerstand gebrochen ist;
- dass (je nach Herkunft) ihre eigenen Eltern vollkommen unkritisch und in absoluter Koalition mit ihnen gegen den Lehrer arbeiten und diese Strategie weder hilft, Konflikte zu lösen noch eine Gegenmacht aufbauen kann.

Wenn diese Kinder nun zu Schulabgängern werden und in Unternehmen ihre Laufbahn beginnen, haben sie über Jahre einen destruktiven Umgang mit Autorität eingeübt. Bis es gelingt, das zu reflektieren und zu verändern, vergehen oft (zu) viele Jahre.

Unsere klischeehafte Vorstellung von Autorität kennt im Zusammenhang mit Schule überwiegend negative Bilder: den autoritären Lehrer-Lempel-Typ auf der einen Seite, den schwachen und überforderten Pauker auf der anderen Seite. Für den Typus des „guten Lehrers" lassen wir in unserer Fantasie wenig Platz – was sicherlich auch mit eigenen Erlebnissen zusammenhängt.

Wirtschaft: Von den Gründervätern zu agilen Netzwerkern

In den 1870er/1880er Jahren ist das besondere deutsche Wirtschaftssystem entstanden, in dem Unternehmen und Verbände einerseits, Politik und Verwaltung andererseits sowohl miteinander ringen als auch immer strategisch kooperieren. Dies entwickelte sich als Reaktion auf die als „Gründerkrise" bekannte damalige Wirtschaftskrise. Um Fehlentwicklungen zu korrigieren (Stichwort: Verelendung der Arbeiter in den Städten), griff der Staat ein: Ein Sozialversicherungssystem wurde aufgebaut, die Kanalisation geschaffen, die Gasversorgung sichergestellt. Um ihren Einfluss zu wahren, gründeten die Unternehmer mehrere Verbände, die Lobbyarbeit für sie leisten sollten – mit baldigem Erfolg im Hinblick auf Zölle und Subventionen. Es blieb allerdings bei dem Ringen zwischen Staat und Unternehmern, einem „Tauziehen mit offenem Ausgang" (Berghoff 2004, S. 191).

Interessant ist das Selbstverständnis der Industriellen aus dieser Zeit: Sie kopierten den Habitus der früheren Oberschicht, übernahmen also zum Beispiel die patriarchalischen Vorstellungen der ostelbischen Großgrundbesitzer. Nach unten, zu ihren Mitarbeitern hin, traten sie auf wie unangreifbare Feudalherren – hielten also das alte Denken in Hierarchien hoch. Nach oben hin aber gaben sie sich kooperativ, kritisch – wollten also die alten Hierarchien des Feudalsystems niederreißen, um selbst in diese Gefilde aufsteigen zu können. Dazu Eschenburg (Eschenburg 1969, S. 149):

> Wie die ostelbischen Großgrundbesitzer Kaiser auf ihrem Hof sein wollten, so wollte vor allem in der Schwerindustrie, und hier wiederum im Kohlen- und Erzbergbau, der ebenfalls an Grund und Boden gebunden war, der Unternehmer, der im 19. Jahrhundert überwiegend Inhaber und Leiter seines Betriebs war, ‚Kaiser‘ im seinem Werk sein.

Während des Ersten Weltkriegs rückten Wirtschaft und Politik (nicht ohne Konflikte) enger zusammen. Dabei handelte es sich aber nicht nur um eine „kriegsbedingte Sonderkonstellation", sondern um eine Fortführung der schon zuvor existierenden Verbindungen, die auch nach Kriegsende weitergeführt wurden. Zunächst jedoch brach mit der Niederlage Deutschlands das gesamte System erst einmal zusammen: Es kam zu Streiks, Hungerprotesten, Meutereien. „Das politische System hatte ausgedient, und auch die privatkapitalistische Ordnung stand zur Disposition." (Berghoff 2004, S. 197). Es kam zu einer tief greifenden Autoritätskrise.

Während der Weimarer Republik stiegen die Regulierungsdichte und die Steuern. Inflation, Arbeitslosigkeit, politische Instabilität und interne Fehleinschätzungen machten den Unternehmern das Leben schwer. Als Hitler die politische Bühne betrat, distanzierten sich die meisten Unternehmer von ihm und seiner Partei, die ihnen deutlich zu „sozialistisch" war. Als Hitler Reichskanzler wurde, gliederten sie sich dennoch in das Regime ein – schließlich brachten die Arbeitsbeschaffungsmaßnahmen wie auch die Aufrüstung Aufträge.

Nach Kriegsende 1945 drehten die Unternehmer ihre Fahne schnell nach dem Wind der Besatzungsmächte und gingen davon aus, dass sie sowohl ihre Firmen als auch ihre eigenen Positionen weiterhin führen konnten – nur unter anderer Flagge. Das war jedoch nicht so. In Ostdeutschland kam es großflächig zu Enteignungen. In Westdeutschland wurden dagegen Unternehmen zunächst beschlagnahmt, Kartelle zerschlagen und Industrielle verhaftet. *Potestas* und *auctoritas* lagen nun bei den Besatzungsmächten. Schnell aber wurde klar, dass man Deutschland als neuen Bündnispartner gegen den Osten brauchte. Viele in Haft sitzende Unternehmer wurden begnadigt. Und erstmals kam es zu der Situation, dass die Unternehmer sich hinter das parlamentarische System stellten. Der Grund für diesen Sinneswandel, so Hartmut Berghoff, ein angesehener deutscher Wirtschafts- und Sozialhistoriker (2004, S. 216):

Die Diskussion um das neue Unternehmerbild zwang nicht nur zu einer Auseinandersetzung mit der Vergangenheit, sondern auch zum Neuentwurf ihrer gesellschaftlichen Rolle. Angesichts des ökonomischen Erfolges des neuen Staates war es überaus attraktiv, sich in ihn als dessen ‚Leistungsträger‘ zu integrieren.

Nach dem Zusammenbruch des Dritten Reichs entstand also ein neues Bild der unternehmerischen Autorität. Dies speiste sich, so meine ich, aus den Bildern erfolgreicher Gründerzeit-Unternehmer, aber auch durch Vorbilder insbesondere aus dem US-amerikanischen Management. Der wichtigste Schritt in den Köpfen vollzog sich in dieser Zeit durch den „Bruch mit autoritären Denkweisen" (Berghoff 2004, S. 217). Gefolgt durch eine tief greifende Psychologisierung des Managements, die sich schon in den 1920er Jahren in den USA ausbreitete und von dort aus auch in Deutschland die Vorstellung von „human relations", also den Beziehungen zwischen Menschen, umkrempelte.

Laut Eva Illouz, Professorin für Soziologie an der Hebrew University in Jerusalem, sorgte die Zunft der Psychologen in den Unternehmen dafür, dass das Gefühlsleben erstmals auch mit den „Metaphern und der Rationalität des Ökonomischen" diskutiert wurde. Umgekehrt wurde die wirtschaftliche Rationalität mit Begriffen aus der Welt der Emotionen durchzogen. So veränderten sich die sozialen und hierarchischen Beziehungen in den Unternehmen und die Arbeit mit den neuen Begriffen definierte „letztlich auch neu, was es heißt, Macht in ihnen zu haben." (Illouz 2011, S. 108, nachfolgend S. 123:)

> Weil amerikanische Unternehmen sich um eine Steigerung ihrer Produktivität bemühten und die Lösung dieser Aufgabe in die Hände von Leuten legten, die in der neuen Wissenschaft der Psychologie ausgebildet waren, entstand eine neue kulturelle Kategorie: die der ‚zwischenmenschlichen Beziehung‘. Wie keine andere Gruppe verwandelten die Psychologen ‚zwischenmenschliche Beziehungen‘ in eine kulturelle Kategorie und in ein Problem.

Dieses Problem wurde vorher nicht wahrgenommen und daher als nicht existent erlebt. Mit dem Bewusstsein für die Bedeutung der zwischenmenschlichen Beziehungen und der damit verbundenen Emotionen wurde jedoch deutlich, wie sehr sie das Zusammenleben und die Zusammenarbeit prägen und zerstören können. Genau in diesem Problemfeld bewegen wir uns auch heute noch, wenn wir uns auf die Suche nach neuen Bildern der Führung begeben.

Für unsere Vorstellung von Autoritäten in der Wirtschaft heißt das: Der Industrielle, der so großspurig wie ein Kaiser auftritt; der opportunistische Unternehmer – das sind Bilder, die wir nicht mögen. Das Bild des Managers nach US-amerikanischem Vorbild ist hier und heute stark von Bildern aus Film und Fernsehen geprägt. Gut möglich, dass es Klischees liefert, denen Führungskräfte folgen wollen. Doch trägt es in der Praxis? Eva Illouz verdanken wir die Einsicht, dass wir uns Autorität in der Führung zugleich als rationalen Sachverstand und als emotionale Größe vorstellen, weil beide Diskurse seit fast 100 Jahren schon von Betriebspsychologen verschränkt wurden. Aber hat uns das Lösungen gebracht? Ich fürchte, bisher nicht.

Auf der Suche nach neuer Autorität

Die alten Bilder der Autorität lehnen wir also ab: Wir verachten autoritäre Väter genauso wie autoritäres Auftreten in der Politik, in der Wirtschaft und natürlich auch in der Schule. Wir haben zwar neue Bilder der Autorität, aber sie bleiben unklar oder sie zeugen nur von offensichtlicher Überforderung. Sehr treffend brachte dies ein Bonmot des innenpolitischen Sprechers der SPD-Bürgerschaftsfraktion, Ingo Kleist, zum Ausdruck. Er versuchte, das ideale Profil eines neuen Polizeipräsidenten in Hamburg zu beschreiben (zit. nach Pörksen/von Thun (2014):

> Der perfekte Chef braucht die Würde eines Erzbischofs, die Selbstlosigkeit eines Missionars, die Beharrlichkeit eines Steuerbeamten, die Erfahrung eines Wirtschaftsprüfers, die Arbeitskraft eines Kulis, den Takt eines Botschafters, die Genialität eines Nobelpreisträgers, den Optimismus eines Schiffbrüchigen, die Findigkeit eines Rechtsanwalts, die Gesundheit eines Olympiakämpfers, die Geduld eines Kindermädchens, das Lächeln eines Filmstars und das dicke Fell eines Nilpferds.

Wir brauchen nicht lange nachzudenken, um zu erkennen: Das kann keiner. Immerhin können wir darüber lachen – wobei das Lachen, wie wir oben gesehen haben, ein sicheres Mittel dazu ist, Autorität zu untergraben.

Alte Bilder der Führung

Doch damit können wir uns nicht zufriedengeben. Ich habe lange darüber nachgedacht, ob es in den oben beschriebenen Bereichen nicht doch noch „gute" Bilder einer Autorität geben könnte. Ich habe dabei folgende gefunden:

- **Familie**: der gerechte Vater, die kluge Mutter
- **Staat**: der strategische General, der gute König
- **Wirtschaft**: der vorbildliche Meister, der weitblickende Kapitän

Darüber hinaus ist mir noch ein Bereich in den Sinn gekommen, aus dem wir durchaus „gute" Autoritäten ableiten – auch wenn sie uns in der Praxis oftmals nicht guttun:

- **Kirche**: der Retter, der Erlöser

Tatsächlich finden wir in den aktuellen Diskursen Bezüge zu diesen Bildern, wobei das Feld jedes Mal gewechselt wird: So wird Bundeskanzlerin Angela Merkel (Staat) als „Mutti" bezeichnet (Familie) und Fußballtrainer Franz Beckenbauer (Schule) als „Kaiser" (Staat). Von „Rettern" ist insbesondere in der Wirtschaftspresse oft zu lesen. Denken Sie nur an die Hoffnungen, die mit der Rettung des Karstadt-Konzerns (Wirtschaft) durch Nicolas Berggruen verbunden waren. Die Bezeichnung „Karstadt-Retter" (Kirche) hatte sich binnen kurzer Zeit zum festen Begriff etabliert. Nur hat die Rettung nicht funktioniert.

Neue Bilder der Führung

Die populäre Managementliteratur wiederum greift auf ganz andere Bilder zurück, wenn sie sich auf die Suche nach neuen Autoritäten macht:

- **Kunst**: der überragende Dirigent, der kreative Kopf
- **Sport**: der Trainer, der persönliche Coach
- **Science-Fiction**: der geniale Nerd

Interessanterweise kommen diese Bilder allesamt nicht aus den oben beschriebenen Bereichen und auch nicht aus der ökonomischen Praxis. Sie stammen eher aus dem Freizeitkontext. Nach meiner Einschätzung kommen wir nicht wesentlich weiter, wenn wir mit diesen Metaphern arbeiten. Denn diese schönen Bilder bieten wenig Anhaltspunkte, wie eine Führungskraft ihre Autorität im Alltag tatsächlich nutzen oder aufbauen kann oder noch einfacher: Mit welcher Haltung sie tatsächlich führen kann.

Um einen wirksamen Leitfaden für eine neue Haltung zu Autorität und damit auch für neue Führung zu gewinnen, dürfen wir uns deshalb nicht nur an Personen orientieren, sondern müssen in Fähigkeiten denken. Ich habe deshalb versucht, die „neuen" Bilder der Führung aus der Managementliteratur so zu systematisieren, dass sie den Anforderungen der modernen Wirtschaft entsprechen:

- *Strukturen neu denken*: Hier ist Helmut Ziegler mit seiner Promotionsarbeit zu nennen (siehe Literatur), der 1969 versucht hatte, die Idee der demokratischen Einfluss-Systeme zu konkretisieren. In jüngerer Zeit sind hier die zahlreichen Entwürfe zu einer kollektiven Intelligenz zu verorten (vgl. dazu Niels Pfläging: *Organisation für Komplexität*, (2014) sowie bereits schon Ende des letzten Jahrhunderts die Ideen zu einer Führung von der Basis aus (*Das Semco System*).
- **Aufgaben neu denken**: Die konkreten Aufgaben eines Managers hat zum Beispiel Peter Drucker beschrieben; aktuell greift Fredmund Malik dieses Thema auf.
- **Rollen neu denken**: Damit verwandt ist der Versuch, die Rollen von Topmanagement und Mittelmanagment „neu" und klar zu definieren (vgl. dazu Michael Löhner: *Führung neu denken*, 2005).
- **Timing neu denken**: Den Aspekt der Wirksamkeit in Verbindung mit dem richtigen Momentum der Führung hat Frank Schäfer in den Vordergrund gestellt (Minimal Management 2012).
- **Human Relations neu denken**: Die meisten „neuen" Ansätze bleiben dem verhaftet, was schon Eva Illouz herausgestrichen hat. Sie erhoffen sich mehr wirtschaftlichen Erfolg durch bessere zwischenmenschliche Beziehungen.

Das Konzept der Neuen Autorität fasst nun alle genannten Aspekte – also Strukturen, Aufgaben, Rollen, Timing und Human Relations zusammen und gießt sie in den Rahmen eines kompletten Konzepts. Da es selbst nicht aus der Wirtschaft kommt, sondern aus der Pädagogik, bringt es zwei weitere Vorteile mit:

- Dabei nimmt es Bezug auf das sozialpsychologische Konzept der Gruppendynamik, welches für die Zusammenarbeit von Menschen eine große Bedeutung hat.
- Außerdem sitzt es nicht dem „Denkfehler" betriebswirtschaftlicher oder organisationspsychologischer Denkmodelle auf, die Führungsprobleme ausschließlich als menschliche Defizite definieren. Das führte bislang dazu, dass die negativen Auswirkungen der Arbeitsteilung, die ein Systemproblem sind, einfach auf die Verantwortung der einzelnen Führungskraft reduziert.

Das Konzept der Neuen Autorität stellt also dem bisherigen Denkkorsetts in Organigrammen und Funktionen ein neues Denkmodell in puncto Führung gegenüber. Führungskräfte erhalten durch das Konzept der Neuen Autorität mit einem Mal die Perspektive und das Potenzial, in einer vernetzten Gemeinschaft für gemeinsame Ziele einzutreten und danach zu handeln. Darüber hinaus bietet das neue Denkmodell der Führung ganz konkrete Handlungsoptionen. Diese setzen – wie die meisten Konzepte zu „neuem Führen" – auf der Ebene der Human Relations an (Präsenz, Selbstkontrolle, Beharrlichkeit), beziehen aber auch Zusammenhänge aus dem Themenfeld der Gruppendynamik ein (Deeskalation, Wiedergutmachung). Außerdem liefern sie organisatorische Hinweise (Transparenz, Vernetzung) und nicht zuletzt auch sehr hilfreiche Denkanstöße zum Timing von Führungskommunikation.

Was sagen die Führungskräfte zu dem Thema?

Männliche Führungskraft, Jahrgang 1961: „Personen, denen man ihre Autorität auf den ersten Blick nicht ansieht, die eine natürliche Autorität haben, sind mir immer ein Vorbild gewesen und haben mich immer fasziniert. Wenn so ein Mensch etwas sagt, spürt man, der weiß was – so wie der das sagt, kann ich ihm folgen. Das ist eine Persönlichkeit, eine Führungspersönlichkeit."

Weibliche Führungskraft, Jahrgang 1969: „Für Autorität ist es wichtig, dass man gute Mitarbeiter aushalten kann, dass man es aushalten kann, dass die Leute besser sind als man selbst und dass man die Ideen der anderen nach vorne stellt."

Männliche Führungskraft, Jahrgang 1961: „Wenn ich jemanden als authentisch wahrnehme, dann heißt das für mich, dass er zu dem steht, was er ist – weil das, was er ist, auch etwas Wert ist. Und wenn er das einbringt, dann bringt er seine persönliche Autorität, sich selber mit ein. Dafür muss er auch ein gewisses Selbstbewusstsein haben."

Schauen wir uns deshalb genau an, was das konkret für den Unternehmensalltag bedeutet. Kap. 4 stellt im Detail die sieben Elemente für das Fundament einer neuen Führung dar. Darüber hinaus zeige ich anhand zahlreicher Beispiele, wie sich die alte, autoritäre Führung von der neuen Haltung zu Autorität unterscheidet.

Management Summary

- Die Autoritätsbeziehungen in Familien haben sich seit dem Mittelalter massiv verändert.
- Bis in die 1970er Jahre galt der Vater in Familien als Patriarch, der das letztliche Sagen hatte.
- Mit den sozialen Umwälzungen in der Gesellschaft seit den 1960er Jahren hat sich die Stellung der Frau verändert. Sie gewinnt an finanzieller und psychologischer Unabhängigkeit, geht einer eigenen beruflichen Karriere nach und entscheidet zunehmend mit in der Familie.
- In den 1960er Jahren entwickelte sich das Konzept der antiautoritären Erziehung.
- Mit dem Wandel der Autoritätsbeziehungen in Familien nimmt die Scheidungsrate zu und immer mehr Kinder wachsen ohne ihre beiden leiblichen Eltern auf.
- Kinder werden in Familien zunehmend zu einem Projekt, das die emotionalen Bedürfnisse der Eltern erfüllen soll. Es fehlt ihnen damit aber oft an Halt und Grenzen.
- Die elterliche Autorität lässt sich immer schwerer aufbauen und aufrecht erhalten, da immer mehr Eltern mehr Zeit in ihrem Job verbringen und die Kindern tagsüber in Schulen und Förderkursen betreuen lassen. Weniger Nähe führt aber zu unsicheren Beziehungen in Familien.
- Die Veränderungen in den Autoritätsbeziehungen der Familien führen zu einer gleichberechtigteren Kommunikation zwischen Eltern und Kindern.
- Unternehmen müssen heute mit einer Generation an Nachwuchskräften rechnen, die flexibel, kommunikationsstark und kritisch ist.
- Die heutige freie und pluralistische Gesellschaft hat die Machtdistanz zwischen Staat, den Inhabern der leitenden Positionen und der breiten Masse aufgehoben.
- Die Autorität der Staatsgewalt hat in den vergangenen Jahren massiv an Ansehen verloren, nicht zuletzt durch selbstverschuldetes Fehlverhalten.
- Schule lehrt die Kinder hauptsächlich, nach Noten zu funktionieren, die eigenen Bedürfnisse zu unterdrücken und Konflikte mit dem Schulsystem nicht konstruktiv zu lösen.
- Das Ende des Dritten Reiches brachte auch in der Wirtschaft einen Bruch mit der autoritären Denkweise.
- Nach dem Ende des Zweiten Weltkriegs schritt die Psychologisierung des Managements voran. Heute ist das Thema Human Relations, die zwischenmenschlichen Beziehungen, ein wesentliches Kriterium für den Erfolg von Unternehmen.
- Das Bild einer neuen Führung umfasst fünf wesentliche Fähigkeiten: Strukturen neu denken, Aufgaben neu denken, Rollen neu denken, Timing neu denken und Human Relations neu denken.
- Das Konzept der Neuen Autorität umfasst auch den sozialpsychologische Ansatz der Gruppendynamik.
- Das Konzept der Neuen Autorität vermeidet den Denkfehler, Systemprobleme auf die Verantwortung von Führungskräften zu reduzieren.

Literatur

Adorno, Th. W.: Studien zum autoritären Charakter. Suhrkamp, Frankfurt a. M (1973)

Adorno, Th. W.: Minima Moralia. Reflexionen aus dem beschädigten Leben. Suhrkamp, Frankfurt a. M (2012)

Arendt, H.: Macht und Gewalt. Piper, München (2013)

Asendorpf, J.B.: Psychologie der Persönlichkeit. Springer, Berlin (2012)

Beck, Ulrich (Hg.): Kinder der Freiheit. Suhrkamp, Frankfurt a. M 4. Aufl. (1998)

Berghoff, H.: Moderne Unternehmensgeschichte. Schöningh, Paderborn (2004)

Bohne, M.: Einführung in die Praxis der Energetischen Psychotherapie. Carl-Auer-Verlag, Heidelberg (2008)

Bröckling, U.: Das unternehmerische Selbst. Soziologie einer Subjektivierungsform. Frankfurt a. M., Suhrkamp (2007)

Bußmann, N.: „Belohnung ist genauso falsch wie Bestrafung". Gerald Hüther im Interview. ManagerSeminare. 159, 44–47, 46 (2011)

Byung-Chul Han: Was ist Macht?. Reclam, Stuttgart (2005)

Daniel, K.: Managementprozesse und Performance: Ein Konzept zur reifegradbezogenen Verbesserung des Managementhandelns. Gabler, Wiesbaden (2008)

dpa: „Manager halten deutsche Führungskultur für überholt". In: *DIE ZEIT online* vom 30.9.2014. http://www.zeit.de/karriere/2014-09/manager-fuehrungsstil-umfrage

Dornes, M.: Die Modernisierung der Seele. Psyche. Zeitschrift für Psychoanalyse. 64(11), 995–1033 (2010)

Dornes, M.: Die Modernisierung der Seele. Kind – Familie – Gesellschaft. Frankfurt a. M., Fischer (2012)

Eckelt, W.: Kandidaten lesen. Springer Gabler, Wiesbaden (2015)

Ehrenberg, A.: Das erschöpfte Selbst. Depression und Gesellschaft in der Gegenwart. Suhrkamp, Frankfurt a. M (2008)

Eschenburg, Th.: Über Autorität. Frankfurt a. M., Suhrkamp (1969)

Godin, S.: Tribes: We Need You to Lead Us. Portfolio Verlag, London (2008)

Gorz, A.: Arbeit zwischen Misere und Utopie. Frankfurt a. M., Suhrkamp (2000)

Gruen, A.: Wider den Gehorsam. Klett-Cotta, Stuttgart (2014)

Hanisch, R.: Das Ende des Projektmanagements. Wie die Digital Natives die Führung übernehmen und Unternehmen verändern. Linde, Wien (2013)

Herbert Quandt-Stiftung (Hrsg.): Autorität heute. Neue Formen, andere Akteure?. Herder, Freiburg (2011)

Illouz, E.: Die Errettung der modernen Seele. Frankfurt a. M., Suhrkamp (2011)

Köttritsch, M.: Normalität liegt Jahre hinter uns. In: *Die Presse* vom 7./8.12.2013, S. K4

Köttritsch, M.: Skepsis kostet zu viel Energie. In: *Die Presse* vom 29./30.3.2014, S. K2

KPMG; Salt, Bernard: Beyond the Baby Boomers. The Rise of Generation Y. KPMG, Melbourne (2007)

Makarenko, A. S.: Ein pädagogisches Poem. 20. Aufl. Aufbau-Verlag, Berlin (1976)

Odgen/Minton (2000): Window of Tolarance. In: Hanswille, R., Kissenbeck, A.: Systemische Traumatherapie. Carl-Auer, Heidelberg (2008)

Omer, H., von Schlippe, A.: Autorität durch Beziehung. Die Praxis des gewaltlosen Widerstands in der Erziehung. Vandenhoeck & Rupprecht, Göttingen (2010a)

Omer, H., von Schlippe, A.: Stärke statt Macht. Neue Autorität in Familie, Schule und Gemeinde. Vandenhoeck & Rupprecht, Göttingen (2010b)

Pfläging, N.: Organisation für Komplexität: Wie Arbeit wieder lebendig wird – und Höchstleistung entsteht. Redline Wirtschaft, München (2014)

Pörksen, B., Schulz von Thun, F.: Wie gute Führung gelingen kann. In: *DIE ZEIT* vom 29.9.2014

Schäfer, F.: Minimal Management: Von der Kunst, vernetzte Menschen zu führen. Midas Verlag, St. Gallen (2012)

Schütze, Y.: „Zur Veränderung im Eltern-Kind-Verhältnis seit der Nachkriegszeit". In: R. Nave-Herz (Hrsg): Wandel und Kontinuität der Familie in der Bundesrepublik Deutschland. Enke, Stuttgart (1988)

Semler, R.: Das Semco-System: Management ohne Manager. Das neue revolutionäre Führungsmodell. Heyne, München (1996)

Sennett, R.: Autorität. Berlin Verlag, Berlin (2008)

Trendbüro, bso.: New Work Order. Hamburg, (2012)

Ziegler, H.: Strukturen und Prozesse der Autorität in der Unternehmung. Ferdinand Enke Verlag, Stuttgart (1970)

Neue Autorität in Aktion

5

Zusammenfassung

Führung ist nicht gleichbedeutend mit dem Ausstrahlen von Autorität. Aber Führung ohne Autorität funktioniert nicht. Führungstools, die nicht auf die Reflexion der eigenen Einstellung, der Verhaltensweisen und der Beziehung zu den Mitarbeitern ausgerichtet sind, zielen nur darauf ab, Authentizität durch bürokratisch strukturierte Inszenierungen zu ersetzen. Der Unternehmensalltag zeigt deutlich, dass das nicht funktioniert. Der Weg der Neuen Autorität bietet Führungskräften eine wirkungsvolle Alternative.

Eine Frage der Beziehung

Wie bereits ausgeführt, geht das Konzept einer Neuen Autorität auf Haim Omer zurück, der als Professor für Klinische Psychologie an der Universität Tel Aviv tätig ist. Ein zentraler Aspekt seiner Arbeit mit Jugendlichen und Schulen ist der *gewaltlose Widerstand* – ein bereits seit Jahrzehnten bekanntes und bewährtes Prinzip. Einer der berühmtesten Vertreter des gewaltlosen Widerstands war Mahatma Gandhi, der auf diese Weise den Weg Indiens in die Unabhängigkeit ebnete. Haim Omer ist es zu verdanken, dass Aspekte wie „Beharrlichkeit", aber auch Praktiken wie „Sitzstreiks" auf das Feld der Erziehung übertragen wurden. Vorreiter des Konzepts der Neuen Autorität in Deutschland ist Arist von Schlippe. Der Hochschullehrer am Institut für Familienunternehmen der Universität Witten-Herdecke hat die Grundidee Haim Omers sowohl inhaltlich als auch in Fragen der Gestaltung weiterentwickelt.

Im Bereich der Pädagogik fokussieren sich seitdem mehrere Beratungsinstitute auf das Konzept der Neuen Autorität. Erste Ansätze gibt es auch von systemischen Supervisoren zu Fragen der Wirtschaft. Eine konsequente Übertragung auf das Feld der Führungskräfte- und

© Springer Fachmedien Wiesbaden GmbH 2017
F.H. Baumann-Habersack, *Mit neuer Autorität in Führung,*
DOI 10.1007/978-3-658-16498-0_5

Führungskulturentwicklung blieb bislang aber aus. Diesen notwendigen Schritt möchte ich mit diesem Buch und speziell in diesem Kapitel neu entwickeln.

Autorität ist immer eine Frage der Beziehung, da es mindestens zwei Menschen erfordert, damit sie überhaupt entsteht. Auf der einen Seite muss jemand stehen, der Führung zulässt und das Geführtwerden akzeptiert. Auf der anderen Seite muss jemand bereit sein, die Führungsrolle anzunehmen, und sich verpflichten, verantwortungsvoll zu führen.

Im Gegensatz zu traditionellen Ansätzen sehen Omer/Schlippe Autorität *nicht* in Verbindung mit Gehorsam. Beziehung bedeutet für sie *nicht* Unterordnung (Omer und Schlippe 2009, S. 249). Die beiden Psychologen suchen in misslingenden Interaktionen weder nach dem Schuldigen noch plädieren sie für mehr Konsequenz. Außerdem sprechen sie sich gegen das Durchsetzen von Macht aus.

Was aber dann? Wie soll wirksame Führung möglich sein, wenn die Führungskraft alle Hebel der *potestas* aus der Hand gibt? Durch einen Perspektivenwechsel.

Zurück zum Miteinander

Erfolgreiche Führung legt das Zentrum seiner Aufmerksamkeit künftig nicht mehr auf den Wunsch, sich gegenüber anderen im Kampf zu behaupten, sondern auf die gemeinsam gelebte Beziehung für ein Ziel. Es geht also nicht mehr um „schwierige Personen", sondern um die Beziehung zwischen Menschen (Omer und Schlippe 2009, S. 247). Während Omer dabei sein Augenmerk auf die Kommunikation zwischen Erziehern und Jugendlichen legt, rückt in den Unternehmen die zieldienliche Zusammenarbeit zwischen Führungskräften und Mitarbeitern in den Fokus.

Ausgangspunkt ist die Erkenntnis, dass alle Beteiligten in einem Teufelskreis stecken, aus dem sie ohne Hilfe von außen oftmals nicht mehr aussteigen können. Dieser Teufelskreis besteht aus Druck von oben, auf den die Mitarbeiter „unbotmäßig" reagieren. Die darauf folgenden Sanktionen „von oben", beantworten die Mitarbeiter wiederum mit Rache, was mit noch härteren Sanktionen abgestraft wird. Und so weiter. So verfangen sich beide Seiten in Verhaltensmustern, die sich nur noch um Dominanz drehen. „Wer ist hier der Boss?" Im Laufe dieser Eskalation zerbricht die Beziehung – und damit auch die Präsenz der Führungskraft. Letztendlich „wird die Autoritätsperson zum Sklaven ihrer eigenen Autorität" (Omer und Schlippe 2010b, S. 64).

Stärke statt Macht

Ziel der Neuen Autorität ist es nun *nicht*, die Kontrolle über den Mitarbeiter zurückzuerobern, sondern die Beziehung zu beleben. Hier gilt es, massiv umzudenken (Omer und Schlippe 2009, S. 249):

> Stärke ist nicht mehr mit Macht gleichgesetzt, nicht mehr Mittel, den anderen zu kontrollieren, sondern bedeutet Wahrung der eigenen Präsenz, unabhängig vom Verhalten des Gegenübers.

Das heißt, Autorität legitimiert sich nicht durch das Verhalten des Gegenübers etwa wenn sich ein Mitarbeiter komplett „daneben benimmt" und einer darauf folgenden Handlung der Führungskraft. Niemand muss zu einer bestimmten Verhaltensweise oder Handlung gezwungen werden. Das gelingt allerdings nur, wenn die Führungskraft eben nicht mehr hauptsächlich nach Macht strebt, sondern nach Stärke. Eine Stärke, die sich aus der Wechselwirkung der Elemente des Konzepts der Neuen Autorität speist. Gemeint ist damit vor allem, dass Führungskräfte den Dialog suchen, statt dem Druck zu erliegen, Konsequenzen sofort zu vollstrecken. Zudem können sie durch die gute Vernetzung untereinander auf den Rückhalt im Führungskreis bauen. Macht führt zu Eskalation, Stärke baut Beziehungen auf.

Gelingt es, eine echte Nähe zu den Mitarbeitern zu gestalten, stellt das für die Führungskraft einen enormen Gewinn an Freiheit dar – räumlich und innerlich. Sie ist freier, sich an den Arbeitsorten aufzuhalten, wo sie erforderlich ist und die sie bevorzugt. Und sie steht nicht mehr unter dem Druck, sofort zu sanktionieren, wenn etwas nicht so läuft, wie sie es erwartet. Sie ist befreit von „Vergeltungspflicht" und „Kontrollausübung" (Omer und Schlippe 2010b, S. 63).

Die Fähigkeit zur Selbstkontrolle

Kann Führung unter diesen Prämissen gelingen? Ja, durch eine veränderte Haltung der Führungskraft. Auf *Provokationen* reagiert sie nicht mehr, weil sie weiß: „Ich mache mich nicht zur passiven Zielscheibe meiner Mitarbeiter." Sie steht damit meilenweit über dem Sumpf der gegenseitigen Verachtung – des größten Gegenspielers der Autorität. Eine Führungskraft mit Neuer Autorität wird nicht schreien, argumentieren, debattieren oder moralisieren, mit dem Ziel, den anderen zu dominieren. Sie wird sich nicht den Mund fusselig reden oder drohen (Omer und Schlippe 2010a, S. 233). Vielmehr geht sie innerlich auf Abstand, verzögert ihre Reaktion, reflektiert, denkt über die nächsten Schritte nach, kommt aber immer auf das Fehlverhalten zurück.

Auch auf sogenannte „Befehle von unten" reagiert sie nicht. In vielen Unternehmen hat es sich eingebürgert, dass Vorgesetzte eine Vielzahl von kleinen Diensten übernehmen, die eigentlich von ihren Mitarbeitern erledigt werden müssten. Aus Gefälligkeit, aus einer falsch verstandenen Hilfsbereitschaft heraus. Das System verselbstständigt sich dahingehend, dass es zur Gewohnheit wird und Mitarbeiter diese Dienste irgendwann als ihr Recht „einfordern". Um den guten Kontakt nach unten nicht zu verlieren und vielleicht sogar aus Angst vor der Macht und Willkür der Basis (Stichwort „Autoritäre Persönlichkeit" – dieses Mal ist der Vorgesetzte selbst betroffen), beginnt eine schwache Führungskraft auf diese Weise, die Befehle von unten auszuführen. Was anfangs noch gerne und freiwillig geschah, wird zum Zwang, schränkt die Freiheit und den Aktionsradius der Führungskraft ein.

Durch den selbst kontrollierten Umgang mit Provokationen wie auch durch die Weigerung, unbotmäßige Befehle der Mitarbeiter auszuführen, gewinnt die Führungskraft echte Autorität und steigert ihre Präsenz gegenüber ihren Mitarbeitern. Dabei überträgt sie die Verantwortung für sich selbst nie auf andere. Die Botschaft ihres Verhaltens lautet niemals: „Du sollst dich ändern, sonst bestrafe ich dich und du wirst dich schlecht fühlen!". Stattdessen sendet sie das Signal: „Ich ändere mein Verhalten dir gegenüber, weil *ich* mich sonst schlecht fühle." (Omer und Schlippe 2010a, S. 261)

> In Wirklichkeit findet die eigentliche Veränderung in Ihnen (der Führungskraft) statt. Sie sind es die lernen, anders zu handeln, zu denken und zu fühlen! Während für Sie allmählich der gewaltlose Widerstand zur Gewohnheit wird, verringert sich das destruktive Potenzial in den Handlungen Ihres [Gegenübers] und in Ihren eigenen.

Irritiert Sie dieser Ansatz? Glauben Sie: „Das kann doch gar nicht funktionieren"? Oder sogar, ich überspitze bewusst: „Das ist doch etwas für Hippies oder Weicheier"? Diese Reaktion ist weit verbreitet und auch nachvollziehbar. Schließlich herrschen im wahrsten Sinne des Wortes in unserer Gesellschaft seit Jahrhunderten Vorstellungen zum Thema Autorität, die mit seiner ursprünglichen Bedeutung nichts gemein haben.

Tatsächlich ist das Konzept der Neuen Autorität für Führungskräfte mit wenig Mut und Energie zunächst nicht geeignet. Diese Art der Führung erfordert einen großen, inneren Kraftaufwand über mehrere Monate, um sie effektiv und erfolgreich praktizieren zu können. Danach aber, das belegt die Praxis zunehmend, danach existieren tragfähige Beziehungen zwischen Führungskräften und Mitarbeitern, in denen die Führungskräfte ihre eigene Stimme wiedergefunden haben. (Omer und Schlippe 2010a, S. 259 f.)

Bevor aber falsche Hoffnung geweckt werden Der Ansatz der Neuen Autorität ist kein Wundermittel. Unmotivierte Mitarbeiter lassen sich auch mit dieser neuen Haltung der Führung nicht automatisch in mustergültige Mitstreiter verwandeln, die sich freiwillig für Sondereinsätze in der Qualitätssicherung melden, jederzeit konstruktiv und serviceorientiert auf Kunden zugehen sowie immer gut gelaunt und adrett auftreten. Sie erinnern sich vielleicht Struktur und Kultur tragen ebenfalls wesentlich zu Demotivation bei. Dazu Omer/Schlippe: „Kein Berater der Welt wird das bewerkstelligen können. Solche Wesenszüge sind freiwillige und spontane Phänomene, die entstehen können, wenn eine Beziehung gut ist, die aber auch dann nicht entstehen müssen." (Omer und Schlippe 2010a, S. 262) Mit dem richtigen Fundament einer neuen Führung steigt aber die Wahrscheinlichkeit, dass die Mitarbeiter ihre Potenziale freiwillig ausschöpfen.

Das Fundament einer neuen Haltung zu Autorität in der Führung: Die sieben Elemente

In der Einleitung dieses Buches beschrieb ich bereits, dass durch neue, deutlich veränderte Umfeldbedingungen für Unternehmen in Zeiten der Digitalisierung (Stichwort: VUCA) die alte Haltung zu Autorität für Führungskräfte heute nicht mehr hilfreich

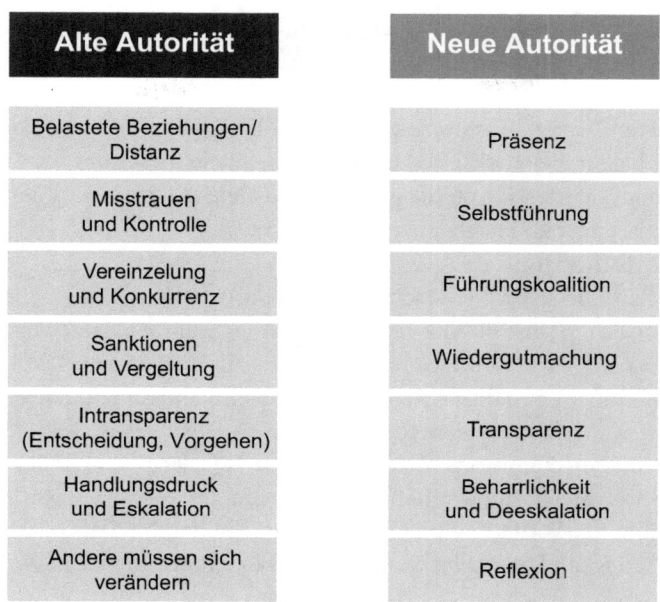

Abb. 5.1 Alte und Neue Autorität in der Führung: Gegenüberstellung

ist – sie verhindert vielmehr wirksame Führung. Um mit den VUCA-Dynamiken wie Volatilität, Unsicherheit, Komplexität und Mehrdeutigkeit in der Organisation umgehen zu können, braucht es eine Art neue Landkarte von und für Führung, damit Menschen in Führungsrollen oder Funktionen in der Organisation gemeinsam mit ihren Mitarbeitenden navigieren können. Hierzu bietet sich die Haltung der Neuen Autorität als grundlegende neue Orientierung geradezu an. In der Abb. 5.1 sehen Sie im direkten Vergleich, wie sich die alte Haltung zu Autorität von der neuen unterscheidet.

Es ist klar, dass sich allein durch einen veränderten Führungsstil die Wirkung als Führungskraft nicht wirklich verändert, wenn die Haltung zu Autorität weiter auf einem alten, autoritären Bild basiert. Denn Führung „funktioniert nur", wenn Chef *und* Mitarbeiter die Einstellung haben, dass Menschen dann gut miteinander arbeiten können, wenn sie sich wechselseitig achten und respektieren. Der erste Schritt, den jede Führungskraft dabei unabhängig von anderen selbst gehen kann: sich entscheiden, die eigene Einstellung beziehungsweise Haltung zu Führungsautorität zu verändern und zu entwickeln – hin zu einer neuen Haltung zu Autorität.

Mit den sieben Elementen der Neuen Autorität in der Führung beschreibe ich konkret, an welchen Themen es einen Wandel in der Einstellung braucht – wenn man in der Zukunft noch wirksam führen will.

Die sieben Elemente zunächst in einer kurzen Übersicht:

- **Element: Präsenz**

  Präsenz bedeutet unter anderem, sich in der Rolle als Führungskraft als Beziehungs-partner anzubieten, der wirkliches Interesse an seinem Gegenüber und an sich selbst hat. Auch und gerade in Konfliktsituationen. Dadurch, dass die Führungskraft den Kontakt sucht, pflegt und nahbar ist, entsteht Präsenz.

- **Element: Selbstführung**

  Man kann sich nur selbst verändern, auch wenn man den Drang spürt, andere ver-ändern zu wollen. Selbstführung bedeutet, sich als Führungskraft von der Kontrolle anderer Menschen zu verabschieden und sich auf die Selbstkontrolle (eigener Gedan-ken und Emotionen) zu konzentrieren. Konsistente Veränderung des eigenen Verhal-tens bewirkt zwangsläufig andere Reaktionen.

- **Element: Führungskoalition**

  Nur durch die offene Kooperation mit Kollegen im Führungskreis demonstrieren Führungskräfte als Vorbild Schulterschluss und Solidarität. Das stärkt nicht nur die gesamte Führung im Unternehmen, es ist auch ein klares Signal in die Organisation, miteinander zu kooperieren.

- **Element: Transparenz**

  Indem Führungskräfte ihre Entscheidungen erläutern und ihre Fehler im Sinne einer Berichterstattung diskutieren, kann eine positive Fehlerkultur im Unternehmen entste-hen. Mitverantwortung und -gestaltung sind die Folge. Kreativität und Innovationen sind viel wahrscheinlicher.

- **Element: Wiedergutmachung**

  Statt mit Bestrafung auf Fehler zu reagieren, achten Führungskräfte darauf, dass der Fehler oder Schaden behoben wird und dass die Führungskraft selbst beziehungsweise der betref-fende Mitarbeiter Gesten der Wiedergutmachung auf sozialer Ebene zeigt. Das befriedet gestörte Beziehungen und baut Vertrauen wieder auf. Die Achtung füreinander steigt.

- **Element: Beharrlichkeit und Deeskalation**

  Statt auf Provokationen mit Handlungsdruck und Eskalation zu reagieren, verzögern Führungskräfte ihre Reaktion. Denn deeskalierendes Verhalten und das beharrliche Verfolgen von Grenzen und Zielen führt bei allen Beteiligten zu einem kühlen Kopf und klugen Entscheidungen. Dass bei drohenden Unfällen durch Fehler oder in einer Krisensituation nicht mit Verzögerung reagiert werden darf, sollte klar sein.

- **Element: Reflexion**

  Um die eigene Führungspersönlichkeit ausbilden zu können, die nicht eine Kopie von unpassenden Vorbildern darstellt, reflektieren Führungskräfte von Zeit zu Zeit ihre Berufsbiografie und lösen sich von ehemaligen Vorbildern, die nicht mehr in die heu-tige Zeit passen. Erst dann nehmen Mitarbeiter die jeweilige Führungskraft als eigen-ständige Persönlichkeit wahr.

Kein einzelnes dieser sieben Elemente reicht allein aus, um einen Wandel in der Führung zu bewirken. Nur alle Aspekte zusammen bilden das Fundament, um sich als Führungskraft in eine Position bringen, in der ihr wieder Autorität verliehen wird. Erst in der Wechselwirkung von innerer *Haltung* und äußerem *Verhalten* kann sich zwischen Menschen eine neue Autoritätsbeziehung entwickeln. Es braucht tatsächlich beides:

- **Ein neues Verhalten:** Nicht sofort sanktionieren oder Schuld verteilen. Mit anderen Führungskräften Geschlossenheit zeigen. Fehler öffentlich und als Lernbeispiel transparent machen. Das sind unverzichtbare, tief greifende Verhaltensänderungen.
- **Eine neue Haltung:** Ein Wandel des eigenen Führungsstils lässt sich dauerhaft nur aufrechterhalten, wenn er von einer veränderten Haltung zu Macht und Herrschaft getragen wird. Wer nicht bereit ist, seine inneren Denkmuster zu reflektieren und weiterzuentwickeln, wird sein gesamtes Führungspotenzial nicht ausschöpfen können und früher oder später als Manipulator enttarnt werden.

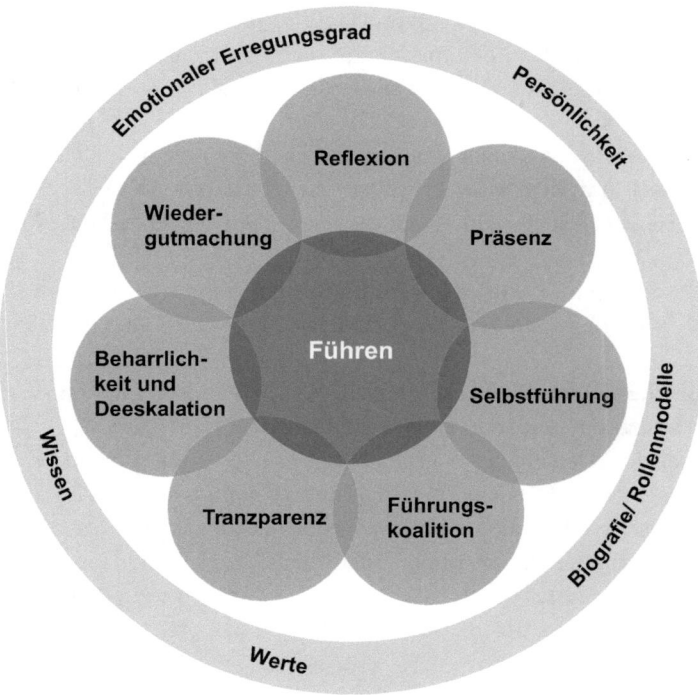

Abb. 5.2 Die sieben Elemente

Betrachten wir auf den nächsten Seiten die einzelnen Elemente des Fundaments einer Neuen Autorität (Abb. 5.2) in der Führung jeweils im Detail. Nur dann können neue Leadership-Ansätze wie beispielsweise Positive Leadership, Servant Leadership oder Transformational Leadership volle Wirkung entfalten. Und nur dann beginnen sich die Führungskulturen zu wandeln – für eine Führungsautorität, die im 21. Jahrhundert angemessen ist.

Die Abb. 5.2 unterstützt Sie als Führungskraft dabei systematisch zu reflektieren, welche Wahrnehmungs- und Bewertungsfilter (vgl. Kap. 3) Einfluss auf Ihre Sicht auf Führung haben, und welches Element für Sie ein Entwicklungsfeld ist.

Element 1: Präsenz

Wichtigster Hebel für eine neue Führung ist die Präsenz einer Führungskraft. In der Erziehung verstehen Omer/Schlippe diesen Wesenszug als „wachsame Sorge". Präsenz ist gerade für Führungskräfte eine entscheidende Forderung, weil sie zwei wichtige Themenfelder berührt:

- **Die ethische Verantwortung.** Führungskräfte, die sich für ihre Mitarbeiter interessieren, beziehen sich in der Interaktion nicht mehr nur auf ihre Funktionsgewalt *(potestas),* sondern auf die Verantwortung, der sie durch Übernahme ihrer Position zugestimmt haben.
- **Die persönliche Involviertheit.** Einer für die Ziele des gesamten Unternehmens eintretenden Führungskraft liegt es jenseits aller Vereinbarungen in den Arbeitsverträgen persönlich am Herzen, das ihre Mitarbeiter sich weiterentwickeln und gute Arbeit leisten.

Sobald beides vorhanden ist, entsteht ein hohes Maß an Präsenz. Dieses lässt sich analytisch weiter auffächern (vgl. Crone et al. 2010, S. 50 f. und Omer und Schlippe 2010a, S. 35):

- **Präsenz in der Interaktion:** Zielt auf das Geschick einer Führungskraft ab, in der konkreten Interaktion mit anderen Präsenz zu zeigen.
- **Innere Präsenz:** Gemeint ist hiermit eine Form der Achtsamkeit. Es geht darum, während des eigenen Handelns innerlich zwar beteiligt, aber doch distanziert genug zu bleiben, um die Interaktion an sich zu beobachten und sich selbst zu führen.
- **Systemische Präsenz:** Diese bezieht sich darauf, sich seiner Funktion und seinem Wirken im Gesamtsystem des Unternehmens bewusst zu sein. Das umfasst auch die Wahrnehmung von Einflüssen, die jenseits der Systemgrenzen liegen und auf dieses zurückwirken.

Präsenz ist nicht etwas, das sich einmal erwerben und festhalten lässt. Sie muss immer wieder neu erarbeitet werden. Was das genau bedeutet, bringen Ilke Crone et al. im Aufsatz „Führung in unsicheren Zeiten" sehr treffend auf den Punkt (Crone et al. 2010, S. 52):

Präsenz ist kein Zustand, der entwickelt werden kann und dann bleibt, sondern bezeichnet eher einen kontinuierlichen und nie endenden Prozess der Auseinandersetzung mit dem gesamten System, mit innerem Erleben und der konkreten Kommunikation mit dem Gegen-über. So wie die Welt sich in stetigem Wandel und ständiger Entwicklung bewegt, so muss auch eine Haltung der Präsenz, im Einklang mit den jeweiligen Entwicklungsanforderungen jeweils neu erfunden werden.

Distanz statt Miteinander

Im 19. Jahrhundert galt es als völlig normal, dass ein Vorgesetzter keine Nähe zuließ. Der steife „Vatermörder"-Kragen, der lange Frack und der hohe Zylinder zwangen den Herrn, der etwas auf sich hielt, zu einer sehr aufrechten Haltung und langsamen Bewegungen. „Kumpelhaftes" Benehmen war in diesem Outfit von vornherein ausge-schlossen.

Das Ansehen und die damit verbundene Achtung von Führungskräften oder besser Vorgesetzten waren zu dieser Zeit und noch bis hinein ins 20. Jahrhundert durch Distanz und Unnahbarkeit geprägt. Als Folge wurden die von den Mächtigen abhängigen Men-schen (die Mitarbeiter) zunehmend verunsichert, da beziehungsgestaltende Führungs-handlungen wie beispielsweise Lob, Anerkennung oder auch Kritik oder Sanktionen (zum Beispiel Bonus wird vorenthalten) nicht oder nur schwer nachvollziehbar waren. Es entstand das Gefühl, willkürlichen Handlungen ausgeliefert zu sein.

Viele aktuelle Unternehmenskulturen und Unternehmen mit mehrfachen Matrix-Strukturen (disziplinarische Führungskraft, fachliche Führungskraft, weitere „Dotted line"-Berichtslinien, Projektleitung und so weiter) aber auch vernetzte Organisationen halten durch die geringe persönliche Anwesenheit der Führungskräfte die Beziehungen zu den Mitarbeitern über Distanz aufrecht – auch wenn das bewusst sicher nicht das Ziel ist. Es ist ein Nebeneffekt, der Wirkung hat.

Richard Sennett beschreibt eine weitere, sehr subtile Form von autoritärer Führung, die sich insbesondere in unserer Wissensgesellschaft weiter etabliert hält. Es geht um ein Führungsverhalten, das sich über zur Schau gestellte Autonomie bildet. Damit sind Füh-rungskräfte gemeint, die zwar oberflächlich gesehen an ihren Mitarbeitern interessiert sind, die aufgeschriebenen Unternehmensleitlinien eines Miteinanders vordergründig erfüllen und auch körperlich präsent auftreten. Ihnen fehlt aber eine wirkliche emotio-nale und persönliche Bindung, eine echte Fürsorge für die Menschen. Ihr Hauptinteresse gilt eher ihrem eigenen Fortkommen und ihrer Autonomie als einer erfüllenden Zusam-menarbeit. So kann eine Führungskraft sich von ihren Leuten und deren Anerkennung abkoppeln und die anderen dies auch spüren lassen, in dem Sinne: „Ich brauche euch nicht. Ihr seid mir egal!" Diese Haltung kippt allerdings schnell in Kälte und Distanz um. Denn – siehe oben – der ethischen Verantwortung wird zwar Genüge getan, es fehlt aber die persönliche Involviertheit (vgl. Sennet 2008, S. 110 ff.).

Omer/Schlippe merken selbst an, dass sich unsere kulturellen Verhältnisse heute so weit gewandelt haben, dass eine Führung aus der Distanz, so wie es im 19. und auch noch im 20. Jahrhundert der Gepflogenheit entsprach, heute vielerorts gar nicht mehr möglich ist: „Wer heute versucht, die Distanz zu wahren, handelt nicht wie eine Person, deren erhöhter Status selbstverständlich ist, sondern wie jemand, der sich vor Statusver-lust schützen will" (Omer und Schlippe 2010b, S. 42).

Um zu verdeutlichen, wie autoritäre Führung mit den Aspekten Distanz und Nähe in der Praxis umgeht, habe ich ein fiktives Gespräch zwischen Vorgesetztem und Mitarbeiter konstruiert, das auf tatsächlichen Erfahrungen beruht.

Beispiel

Die Vorgesetzte zitiert ihren Mitarbeiter zum Gespräch.

Vorgesetzte:	In der nächsten Woche will ich von Ihnen einen Bericht haben, der aufschlüsselt, wie Ihr Gespräch mit dem Kunden verlaufen ist und was zur Absage geführt hat.
Mitarbeiter:	Ich würde Ihnen gerne erklären, wie es dazu gekommen ist …
Vorgesetzte:	Zunächst möchte ich den Bericht lesen. Wenn ich Fragen habe oder es etwas zu klären gibt, komme ich schon auf Sie zu.

Nähe setzt Potenziale frei

Heute gilt es als normal und wünschenswert, dass eine Führungskraft Nähe zulässt, zumindest in der Theorie – die Praxis erinnert leider häufig noch an das 19. Jahrhundert, auch wenn statt Frack und Zylinder jetzt Maßanzug und Smartphone getragen werden.

Fakt ist: Autorität und der damit verbundene Respekt entwickeln sich aus Nähe, Interesse und Fürsorge. Wenn beziehungsgestaltende Führungshandlungen berechenbar, erkennbar und nachvollziehbar werden, dann entwickelt sich auf der Beziehungsebene ein Gefühl der Sicherheit für den Mitarbeiter.

Auf menschlicher Ebene gestaltet sich eine Arbeitsbeziehung prinzipiell unabhängig von den Inhalten oder den Ergebnissen. Sie führt dann zum gemeinsamen Erfolg, wenn sie wertschätzend, konstant und sogar fördernd ist. Idealerweise vergrößert die Führungskraft gezielt die Autonomie von Mitarbeitern, damit diese sich persönlich weiterentwickeln und auf einer gleichwertigeren Ebene Nähe zur Führungskraft aufbauen können. Dazu Omer/Schlippe: „Zusammenarbeit wird nicht mehr als Gehorsam erlebt, sondern als Wahlmöglichkeit" (Omer und Schlippe 2010b, S. 46). Das heißt nicht, dass niemand gute Arbeitsergebnisse anstrebt. Die Maßstäbe der ethischen Verantwortung und der persönlichen Involviertheit werden jedoch auch auf der Mitarbeiterseite angelegt. Welche Auswirkungen das haben kann, zeigt folgendes Beispiel:

Männliche Führungskraft, Jahrgang 1943: „Ich hatte Glück, einen akademischen Lehrer zu haben, der deutlich älter war. Er war Jude und kam Anfang der 50er Jahre wieder zurück. Er trat als Lehrer auf, aber in einer guten Art und Weise. Er tolerierte nicht alles, hörte jedoch immer erst einmal zu, war offen, ließ Nähe zu. Er war eine gefragte Autorität, die sich legitimierte über das Verhalten, wie er gegenüber anderen auftrat, unabhängig davon, wer das war – er hatte immer den gleichen Duktus einer Offenheit und der Bereitschaft zuzuhören, aufzunehmen, aber auch einer gewissen Bestimmtheit in gewissen Grundsatzfragen."

Die Präsenz der Führungskraft entsteht dadurch, dass sie sich mit ihren Werten und inneren Überzeugungen gegenüber dem Mitarbeiter als Beziehungspartner positioniert und die unausgesprochene Botschaft als Haltung vermittelt: „Wie auch immer du dich verhältst, ich bin zwar dein Chef, aber wir arbeiten gemeinsam an demselben Ziel." Dazu kommt seine Fähigkeit, nicht nur Nähe anzubieten, sondern auch selbst Nähe auszuhalten, auch und gerade in konflikt- oder krisenhaften Kommunikationssituationen.

Beispiel

Setzt sich eine Vertreterin der neuen Haltung zu Autorität mit ihrem Mitarbeiter auseinander, klingt das wie folgt:

Vorgesetzte:	Ich habe gehört, dass das Gespräch mit dem Kunden schlecht gelaufen ist. Ich bin interessiert an den Hintergründen, insbesondere, ob es etwas gibt, was ich/wir anders oder besser machen sollten, damit wir zukünftig so etwas vermeiden oder ob es eher ein reines Kundenthema war. Haben Sie jetzt ein wenig Zeit oder wollen wir lieber einen Termin in den nächsten Tagen vereinbaren und uns dazu zusammensetzen?
Mitarbeiter:	Mir wäre es ehrlich gesagt lieber, wenn wir uns dafür Zeit nehmen würden, da es doch eine ziemlich verworrene Situation ist.
Vorgesetzte:	Okay, braucht es dafür noch jemanden aus dem Innendienst oder von einer anderen Abteilung oder reichen wir beide zunächst?
Mitarbeiter:	Ich schätze, es reicht, wenn wir beide uns zusammensetzen. Wann passt es Ihnen?

Die Grenzen der Präsenz

Ich persönlich finde den Begriff der Präsenz gut geeignet für die Praxis der Führung. Er bietet eine Alternative zum Begriff der *Partnerschaft,* in dem schnell alle Grenzen verschwimmen und niemand mehr weiß, wer eigentlich welche Rolle spielt.

Präsenz meint, dass sich eine Führungskraft aktiv beteiligt, dass sie sich mitverantwortlich fühlt für Ergebnisse, dass sie sich interessiert einmischt und sich immer wieder als konstruktive „Reibefläche" anbietet. In der Praxis wird dem jedoch oft entgegengehalten:

- **Keine räumliche Nähe, keine Zeit:** Kann Präsenz in Organisationen funktionieren, in denen die Führungskräfte entweder *räumlich* extrem weit von ihren Mitarbeitern entfernt sitzen oder in denen die Führungskräfte so überlastet sind, dass sie *zeitlich* gar nicht in der Lage sind, Nähe zu zeigen?

Ich bin überzeugt davon, dass Präsenz unter diesen Bedingungen nicht oder nur sehr eingeschränkt funktioniert. Eine Lösungsmöglichkeit sehe ich darin, diesen Aspekt auf mehrere Personen zu verteilen – zum Beispiel, indem man sie an die Basis delegiert (rotierende Führung), Projektleiter ernennt oder in ganz neuen Organisationsstrukturen wie Scrum als Organisationsmodell oder der Soziokratie denkt.

- **Erdrückende Nähe, falsche Rolle:** Das Konzept einer Neuen Autorität wurde entwickelt für Situationen in der Erziehung, in denen der Kontakt zwischen den Autoritätspersonen und den „Schutzbefohlenen" abgerissen war. In Unternehmen kommt es tatsächlich aber auch zum umgekehrten Fall von erdrückender Nähe: Es gibt sie, die Chefs, die sich auf Fachebene in jede Schraubenfrage einmischen, die überall im Weg stehen, die wertvolle Arbeitszeit damit verschwenden, mit ihren Mitarbeitern inhaltsleere „Führungsgespräche" zu führen.

  Hier gilt die Empfehlung „Mehr Präsenz zeigen" auf eine andere Weise. Es muss erst einmal die eigene *Führungsrolle* präzise und professionell verstanden werden, um zu erkennen, was Nähe bedeuten soll. Präsenz heißt hier zuallererst, *als Führungskraft* den Mitarbeitern sicht- und fühlbar Verantwortung zu lassen.

- **Strukturelle, unbeeinflussbare Veränderungen:** Eigentlich gehört zu der unausgesprochenen Botschaft, mehr Präsenz zu zeigen auch noch hinzu: „Was auch immer passiert, ich bleibe dein Chef." Diese Haltung können Führungskräfte in den meisten Organisationen allerdings nicht (glaubwürdig) einnehmen (außer vielleicht die Eigentümer von Familienunternehmen, wenn sie operativ tätig sind), da es nicht in ihrem Einflussbereich liegt, wie lange sie in einem Unternehmen bleiben oder nicht.

  So könnte es sein, dass sie „reorganisiert", also einfach versetzt oder entlassen werden. Oder manche Führungskulturen (insbesondere in großen Konzernen) haben eine gesetzte Personalentwicklungsstrategie, in der Chefs spätestens alle drei Jahre eine neue Führungsposition einnehmen müssen. Das kann als Entwicklungsimpuls sinnvoll sein. Es beeinträchtigt aber die Präsenz der Führungskraft. Auch hier stellt sich eher die Grundsatzfrage, wie man zukünftig Führung organisieren will (zum Beispiel Soziokratie).

Element 2: Selbstführung

Führung konzentrierte sich in den Vorstellungen einer autoritären Haltung gerne darauf, dass jemand anderes über Kontrolle gelenkt werden müsse. Ein Kind hatte zu gehorchen, ein Mitarbeiter das zu tun, was ihm aufgetragen wurde. Punkt. Dies führte und führt zu zahlreichen Frustrationen, denn mein Gegenüber ist prinzipiell immer ein freier, von mir unabhängiger Mensch. Es steht nicht in meiner Macht, ihn wie eine Marionette zu führen. In der Vergangenheit wurden zahllose „Tools" entwickelt, mit denen Führungskräfte versuchten, diese Kontroll-Kluft zwischen Führendem und zu Führenden zu überwinden. Zumeist vergeblich. Statt aber das sinnlose Unterfangen der Führung via Kontrolle aufzugeben, verstärkten viele ihre Bemühungen – um das Ausbleiben des Erfolgs dann als eigenes Scheitern zu erleben.

In dieser Misere zeichnet sich ein Ende ab, zumindest gibt es zunehmend Konzepte, die die Selbstführung der Führungskraft in den Mittelpunkt stellen. Schon 1990 waren die US-Amerikaner Charles Mans und Henry Sims mit ihrem Buch *Superleadership: Leading Others to lead themselves* in Erscheinung getreten. Die deutsche Übersetzung *Führung durch Selbstführung* wurde von Günter F. Müller geprägt, der als Professor für Psychologie an der Universität Koblenz/Landau tätig war.

Kontrolle sichern

Traditionelle Führungsansätze setzen auf Kontrolle und Gehorsam – und deren Vertreter können sich auch nichts anderes vorstellen, um sich selbst zu behaupten. Wenn ein Mitarbeiter den Anweisungen des Chefs nicht folgt, erlebt dieser das als Kontroll- und Autoritätsverlust. Oder er entwickelt die Fantasie, dass dies drohen könne, wenn er nicht „sofort durchgreift". Jedes infrage stellen des eigenen Führungsverhaltens seitens der Mitarbeiter wird als Recht auf Vergeltung interpretiert.

Deshalb schränkt eine Führungskraft alter Schule im Sinne einer vorweggenommenen Konsequenz die Autonomie seiner Mitarbeiter kontinuierlich ein, zum Beispiel durch Kontrollstrukturen. Oder sie verhängt sofort Sanktionen oder droht diese zumindest an.

Auf diese Weise versucht ein Vertreter der autoritären Führung, seine Autorität zu stärken. Tatsächlich aber löst er auf der Beziehungsebene bei den Mitarbeitern eher Ablehnung aus. Diese fühlen sich verunsichert und gehen auf Distanz. Dadurch gewinnt die Führungskraft weder Macht noch wird ihr Autorität verliehen. Vielmehr legt sie sich gewissermaßen selbst Fesseln an. Sie beschränkt sich auf die Position des strengen Anweisers und argwöhnischen Kontrolleurs ihrer Mitarbeiter, immer aus der Angst heraus, dass diese bei Nachlassen der Überwachung „sofort auf den Tischen tanzen".

> Männliche Führungskraft, Jahrgang 1956: „Ich hatte auch Chefs, die hatten mir gleich zu Anfang gesagt: Mein Grundprinzip ist Misstrauen. Du bekommst das Vertrauen, wenn du es dir verdient hast. Das hat bei mir dazu geführt, dass ich weiterhin meinen Job mit vollem Einsatz gemacht habe. Da war aber nicht Respekt für meinen Chef. Es war nur eine formale Arbeitsbeziehung, kein gegenseitiges Lernen."

Dazu wieder ein Beispiel aus der Praxis: Eine Führungskraft ist mit der Arbeitsleistung ihres Mitarbeiters nicht zufrieden. Sie zitiert ihn in ihr Büro.

> **Beispiel**
>
> **Führungskraft:** Was soll das? Schon wieder haben Sie die Absprache nicht eingehalten. Wir haben es doch schon mehrfach vereinbart. So geht das nicht weiter. Ab nächsten Montag treffen wir uns jede Woche für 20 min zur Rücksprache. In den Terminen belegen Sie mir, wie sie die Fälle entsprechend den Arbeitsanweisungen bearbeitet haben.
>
> **Mitarbeiter:** Aber ich …
>
> **Führungskraft (fällt dem Mitarbeiter ins Wort):** Das, was ich entschieden habe, gilt. Der nächste Rücksprache-Termin ist am Montag.

(Die Führungskraft verlässt den Raum.)

Starke Führungskräfte kontrollieren sich selbst

Die Vertreter einer Neuen Autorität in der Führung verzichten auf Kontrolle und Gehorsam. Stattdessen versuchen sie konsequent, nur über Selbstkontrolle zu führen. Dahinter steht die Überzeugung, dass das Verhalten eines Mitarbeiters nur irritiert und inspiriert, niemals jedoch wirksam kontrolliert werden kann. Die Führungskraft agiert aus der Verantwortung heraus, sowohl für den einzelnen Mitarbeiter als auch für das Gesamtunternehmen, also für die Gemeinschaft aller Mitarbeiter und die gemeinsamen Unternehmensziele. Sie kann deshalb nicht nur, sondern sie *muss* Entscheidungen treffen, Grenzen ziehen, Leistung einfordern – im Sinne der unternehmerischen Ziele. Von willkürlichen Entscheidungen kann dann nicht die Rede sein.

Sobald sich die Führungskraft auf ihre Verantwortung besinnt und ihr eigenes Verhalten hinterfragt, gewinnt sie Freiheit. Sie ist dann nicht mehr gefangen im Hin und Her zwischen Anordnen, Kontrollieren und Bestrafen. Stattdessen stößt sie Prozesse an, zeigt Notwendigkeiten auf und beharrt darauf, dass Leistung erbracht wird. All das geschieht nicht, um ihre Macht zu demonstrieren, sondern weil nur so der Erfolg des Unternehmens möglich wird. Jedes Unternehmen ist sofort produktiver, wenn Führungskräfte sich nicht auf ihre eigene Ehre, ihren Stolz und auf den Sieg über ihre Mitarbeiter fokussieren, sondern auf das, wofür sie bezahlt werden: Rahmenbedingungen schaffen, ermutigen und zulassen, dass Ziele erreicht werden.

Um auf diesen Kurs zu kommen und dort zu bleiben, braucht es ein hohes Maß an Impulskontrolle, an Selbstbeherrschung. Gleichzeitig kann der neue innere Bezugspunkt „Stärke" statt „Macht" auch viel Energie freisetzen. In der Praxis klingt der Führungston zwischen einem Vertreter der Neuen Autorität und seinem Mitarbeiter so:

> **Beispiel**
>
> **Führungskraft:** Sie haben sich zum wiederholten Mal nicht an die Absprachen im Team gehalten. Auch wenn dies zeigt, dass Sie viel Energie und

Beharrlichkeit haben, verursacht das immer wieder Störungen und Konflikte und schadet der Performance von allen – das Vertrauen in Sie und Ihre Aussagen sowie Absprachen sinkt immer mehr. Darüber hinaus vermiest Ihr Verhalten die Stimmung. Ich kann und will Ihr Verhalten nicht ändern. In der Verantwortung für das Gesamtergebnis und die Zufriedenheit aller kann und werde ich jedoch ihr Verhalten nicht länger akzeptieren.

Ich werde mich mit anderen Führungskollegen beraten, wie wir Sie unterstützen können, dass Sie sich wieder in das Team integrieren und Ihren Beitrag zum Gesamtergebnis leisten können.

Die Grenzen der Selbstführung

Mit Selbstführung assoziiere ich Weisheit und Meisterschaft, Achtsamkeit und Gelassenheit. Und doch sehe ich Situationen, in denen dieser Wesenszug in sein Gegenteil umschlagen und so auch Schaden anrichten kann:

- **Fehlende Kongruenz:** Wie glaubwürdig ist eine Führungskraft, die immer und überall die Selbstkontrolle behält, obwohl man spürt, dass es sie emotional mitnimmt? Wirkt ein emotionales Gewitter nicht auch klärend? Nimmt es nicht auch Druck von den Mitarbeitern, wenn sie erkennen „Der Chef ist auch nur ein Mensch!"? Intensive Gefühlskontrolle so weit zu treiben, dass es inkongruent wirkt (Sprache und Verhalten passen nicht zur emotionalen Wirkung), ist nicht das Ziel. Gleichzeitig halte ich es für wichtig, stark destruktiven Emotionen (physischer und psychischer Gewalt) keinen freien Lauf zu lassen.
- **Neue Entfremdung:** In einigen Branchen existieren genaue Vorschriften dazu, wie sich eine Führungskraft, vor allem aber ein Mitarbeiter während seiner Arbeitszeit zu fühlen hat. Das gilt zum Beispiel für Flugbegleiter und für Hotelpersonal. Diese Anforderung kann auf Dauer zu neuen Formen der Entfremdung führen. Arlie Russell Hochschild hat dies in seiner Studie „Das gekaufte Herz. Zur Kommerzialisierung der Gefühle" (2006) unter die Lupe genommen.
- **Neue Distanz:** Die Herausforderung für Führungskräfte besteht darin, dass sie sich aus der eigenen emotionalen Verstrickung herauslösen müssen, um ihre Selbstbeherrschung nicht zu verlieren. Andererseits müssen sie Gefühle wie Wut oder Verachtung, Bewunderung oder Zuneigung fühlen können, denn diese Gefühle geben einen wichtigen Hinweis auf den Zustand einer Beziehung. Wenn diese Balance aus dem Gleichgewicht gerät, wird eine stark selbstkontrollierte Führungskraft möglicherweise zu einem „bindungslosen Selbst" (Illouz 2011, S. 178), das wiederum Probleme mit Nähe und Präsenz entwickelt.

Element 3: Führungskoalition

Dieses Element ist in Organisationen am schwierigsten umzusetzen. Der Prozess ist auch sehr langwierig, denn vielerorts arbeiten Führungskräfte eher gegeneinander als miteinander.

Haim Omer und Arist von Schlippe beschreiben eindrucksvoll, dass in der Erziehung gerade die Einbeziehung der Öffentlichkeit und die Vernetzung zwischen Eltern, Schule, Jugendamt sowie Freunden dazu führen können, dass delinquente Jugendliche wieder in ihr Umfeld integriert werden. Dies setzt aber bei allen Unterstützern Wohlwollen und den Willen zur Kooperation mit und für die Jugendlichen voraus.

Genau diese Haltung gibt es jedoch in den typischen Unternehmen der westlichen Welt zumeist nicht. Viele Führungskräfte kooperieren gerade aus taktischen Gründen nicht miteinander, weil sie sich immer auch in einem Konkurrenzverhältnis zueinander sehen. Viele kämpfen schließlich täglich gegeneinander um Budgets, Personal und andere Ressourcen. Die Vertreter einer autoritären Führung lassen somit eine wichtige Ressource ungenutzt: den Schulterschluss mit anderen Führungskräften.

Status legitimiert Macht

In den Unternehmen, die sich intern stark auf Hierarchie und Machtdynamik fokussieren, gibt es tendenziell keine Koalitionen unter Führungskräften. Stattdessen greift die typische Führungskraft in Diskussionen immer auf die Macht *(potestas)* ihrer Position und auf ihren durch die nächsthöhere Position verliehenen Status als Mittel zur Durchsetzung zurück. Tauchen Probleme auf, handelt sie im Alleingang. Der Grund: Wer um Hilfe bittet, gilt in einer solchen Führungskultur als schwach.

In meiner Praxis erlebe ich es immer wieder, dass Koalitionen unter Führungskräften sogar von der Geschäftsleitung bewusst gestört und unterbunden werden. Der Grund dafür liegt auf der Hand: Solidarisch verbundene Führungskräfte können das hierarchische Machtgefüge in einem Unternehmen leicht aushebeln.

Als Konsequenz werden Führungskräfte nicht nur auf der mittleren Ebene regelmäßig ausgetauscht, nicht selten völlig unvorbereitet, wobei die Hintergründe der Personalentscheidungen vielfach intransparent bleiben. Diese Willkür erzeugt sowohl bei den Mitarbeitern an der Basis als auch bei den Führungskräften auf den mittleren Ebenen das Gefühl, der Macht der Unternehmensleitung hilflos ausgeliefert zu sein. Das Gleiche gilt aber auch eine Ebene höher für Vorstände und Aufsichts- beziehungsweise Verwaltungsräte.

Die Stärke der Kooperation

Unternehmen, deren Führungskräfte nach den Prinzipien der Neuen Autorität führen, agieren bewusst im Verbund mit anderen Führungskräften. Dazu Omer und Schlippe (2010b, S. 52):

> Im Gegensatz zur Autorität früherer Zeiten betrachtet sich die Vertreterin der neuen Autorität nicht mehr als einsame Führungskraft, die über ihre Untergebenen herrscht, sondern als Mitglied einer Arbeitsgemeinschaft, die Stärke und Legitimität aus der gegenseitigen Unterstützung schöpft.

Wer sich in einen Führungskreis eingebunden fühlt, dem fällt es viel leichter, bestimmte Werte und die Ausrichtung auf bestimmte Ziele gegenüber seinen Mitarbeitern einzufordern. Kollegialität, der Schulterschluss mit Gleichgesinnten schafft Sicherheit und ein Gefühl der Rückendeckung. Ist *potestas* nur eine leblose Amtsgewalt, die sich aus einer bürokratischen Struktur ergibt, so verbindet sich in einer Führungskoalition die innere Verpflichtung und die persönliche Involviertheit jeder einzelnen Führungskraft zu einer enormen Stärke – zu echter, zu neuer Autorität, die in ihrer Wirkung meilenweit über die zuweilen sinn- und herzlose *potestas* hinausreicht.

In einem solchen Gefüge müssen Mitarbeiter nicht mehr gezwungen werden, sich einer Amtsperson unterzuordnen. Sie fügen sich vielmehr freiwillig in die Gemeinschaft ein, folgen den gemeinsamen Regeln und Zielen – aus Überzeugung. Diesen Zusammenhang hatte schon Hegel erkannt, als er formulierte: „Freiheit ist die Einsicht in die Notwendigkeit."

Im Idealfall führen solidarische Führungskräfte ohne Kalkül und ohne bewusste Willkür. Entscheidungen werden in Bezug zum jeweiligen Ziel transparent gemacht.

Die Grenzen der Führungskoalition

Vielleicht kennen sie den berühmten Satz von Theodor W. Adorno: „Es gibt kein richtiges Leben im falschen." So können wir heute auch vermuten: „Es gibt keine neue Führung unter den Rahmenbedingungen eines autoritären Systems." Tatsächlich dürfte es schwierig sein, sich als Führungskraft beispielsweise auf der mittleren Ebene um Führungskoalitionen zu bemühen, die von der Geschäftsführung oder von den eigenen Kollegen torpediert werden. Solange die alten Machtverhältnisse wirksam sind, lässt sich eine neue Stärke von unten nicht leicht etablieren.

Dennoch sehe ich Chancen, dass sich in puncto Führungskoalitionen einiges bewegt. Vor allem den Unternehmen im Mittelstand und Neugründungen eröffnet sich hier ein Wettbewerbsvorteil. Sind Führungskoalitionen erst einmal in einer Führungskultur verankert, muss niemand mehr fürchten, durch seine Offenheit für Kooperationen büropolitischen Suizid zu begehen. Potenziale können sich so auf allen Ebenen viel leichter entfalten.

Wer aber in alten, verkrusteten Hierarchien tätig ist, sollte seinen Mut (eine Tugend!) zu Solidarität in der Führung unbedingt koppeln mit Klugheit (eine weitere Tugend!). Denn nur in dieser Verbindung kann Tollkühnheit vermieden werden und intelligentes Neues entstehen.

Element 4: Wiedergutmachung

Eine neue Führung lehnt Sanktionen ab. Für viele Führungskräfte ist das schwer vorstellbar. Anfangs auch für mich, immerhin gehöre ich selbst noch zu einer Generation, in deren Kindheit Ohrfeigen, in der Ecke stehen und Stubenarrest zu den normalen Erziehungsmethoden zählten.

Omer/Schlippe sprechen sich konsequent dagegen aus und stellen an die Stelle der Sanktion die Wiedergutmachung. Ziel dieses Wesenszuges ist es, ineinander verbissene Kontrahenten voneinander zu lösen: „Versöhnungsgesten (…) dienen dazu, die verfestigten Erwartungen der Konfliktpartner, die als ‚feindselige Wahrnehmungsfelder' (…) in die Dynamik selbsterfüllender negativer Prophezeiungen hineinführen, aufzuweichen" (Omer und Schlippe 2009, S. 248).

Um Missverständnissen vorzubeugen: Die Gesten der Wiedergutmachung und Versöhnung sind nicht gleichbedeutend mit gewaltlosem Widerstand im Konfliktfall und ersetzen diesen auch nicht, „sondern wirken parallel zu ihm" (Omer und Schlippe 2010a, S. 257).

Doch Wiedergutmachung können auch Führungskräfte selbst leisten. Hier ein Beispiel, wo nicht ein Mitarbeitender, sondern eine Führungskraft Grenzen verletzt hat und auch das Element Wiedergutmachung anwendet.

Beispiel

Nach einer Neuorganisation zog sich ein Bereichsleiter aus der Moderation und Führung einer Shopfloor-Runde zurück. Zukünftig sollte das im Wechsel durch die Meister-Ebene erfolgen. Dies wurde auch allen Mitarbeitern kommuniziert.

Bei einem nächsten Termin moderierte ein Meister diese Runde. Der Bereichsleiter nahm teil und hielt sich zunächst wie verabredet zurück. Bei einem speziellen Thema nahm er dem Meister plötzlich das Wort weg und entschied, welcher Weg einzuschlagen sei. Das löste bei allen Beteiligen Irritationen und Schweigen aus, weil in der Woche zuvor etwas Anderes kommuniziert worden war.

Nach der Shopfloor-Runde gab es ein Nachgespräch, in dem wir mit dem Bereichsleiter, seinem Vorgesetzten und seinen Meistern reflektierten, was geschehen war. Durch das moderierte Feedback war es den Meistern möglich zu äußern, dass sie sich durch das „Durchregieren" abseits von Absprachen entmachtet gefühlt hatten. Das Verhalten des Bereichsleiters bedeutete für sie einen Gesichtsverlust und lief komplett dem Ziel entgegen, den Mitarbeitern zuzutrauen, selbst gute Lösungen zu finden. Dem Bereichsleiter wurde bewusst, dass er noch aus einem alten Muster heraus agiert hatte.

In einer der nächsten Shopfloor-Runden sprach er vor versammelter Mannschaft das Thema von sich aus an und bat um Verzeihung dafür, dass er die Absprache nicht eingehalten hatte.

Als Geste der Wiedergutmachung holte er selbst geschmierte Brötchenhälften heraus und äußerte die Bitte, mit den Meistern, entsprechend der vereinbarten Neuorganisation, zusammenzuarbeiten. In der Folge führte diese Geste der Wiedergutmachung zu einer sehr offenen und vertrauensvollen Zusammenarbeit zwischen allen Beteiligten. Auch der Vorgesetzte des Bereichsleiters war zufrieden. Über das Beispiel wird in der Firma heute noch berichtet.

Selbstverständlich illustriert dieses Beispiel mit den selbst geschmierten Brötchenhälften nur eine Möglichkeit, Wiedergutmachung zu demonstrieren. Doch es zeigt gleichwohl sehr gut auf, um was es geht: Eine *selbst erbrachte* und *nicht gekaufte* Leistung als Geste, sich wieder in die Gemeinschaft zu reintegrieren. Da Menschen und damit auch Gruppen sehr unterschiedlich sind, gilt es die Geste zu finden, die zu den Menschen und zur Kultur im Unternehmen passt. Und natürlich soll sie auch zur Persönlichkeit desjenigen passen, der die Wiedergutmachung leistet. Alles anders ist unglaubwürdig und erreicht nicht die gewünschte Wirkung.

Sanktionen demotivieren

In traditionell hierarchisch organisierten und autoritär geführten (aber kooperativ verpackt) Unternehmen werden Mitarbeiter – ich formuliere es absichtlich martialisch – öffentlich „an die Wand" gestellt. Im Normalfall holt die Führungskraft zu einem Vergeltungsschlag via Straf-Versetzung aus. Die Palette reicht vom Mobbing oder der Missachtung über öffentliche Demütigung bis zu einer internen Isolierung durch den Ausschluss aus informellen Zirkeln. Boni werden gestrichen, vielleicht folgt sogar eine Kündigung. In schweren Fällen hat der Betroffene einen solchen Gesichtsverlust erlitten, dass er sich intern wie extern nicht mehr rehabilitieren kann.

„Als alltägliche Form von Bestrafung hat das Schamgefühl in den westlichen Gesellschaften den Platz der Gewalt eingenommen", stellt Richard Sennett eine treffende Diagnose (Sennett 2008, S. 125). Beschämung ist im Sinne der autoritären Führung die stärkste und (indirekt) legitimierte Form der Bestrafung. Sind Mitarbeiter jedoch Beschämungen und Erniedrigungen wiederholt ausgesetzt, kann das Gefühl verloren gehen, überhaupt noch eine eigene Würde zu haben (Vgl. Baer und Frick-Baer 2008). Der Mitarbeiter fühlt sich klein, die Führungskraft wirkt dadurch größer und mächtiger. Die Folge: Die Beziehungsebene wird gestört oder sogar nachhaltig beschädigt.

In einem autoritären System ist die Führungskraft der Vollstrecker von Konsequenzen. Es gibt keine (öffentlichen) Anzeichen von Versöhnung von seiner Seite. Manchmal sogar das Gegenteil: Fehlverhalten wird noch Jahre später „aufgewärmt", zum Beispiel über Einträge in Personalakten.

Versöhnung setzt Energien frei

Ganz anders sieht es in Unternehmen aus, die nach den Prinzipien der Neuen Autorität geführt werden. Auch wenn einem Mitarbeiter ein Fehler unterläuft – sei es bewusst oder versehentlich – wird dieser nicht sanktioniert, nicht ausgegrenzt. Vielmehr erhält er die Chance, den entstandenen Schaden „wieder gutzumachen" und sich auf diese Weise in der Gemeinschaft zu rehabilitieren. Das heißt: Auch wenn das Fehlverhalten nicht toleriert wird, bleibt die Beziehung zum Mitarbeiter positiv. Die Führungskraft ist nur Begleiter und Unterstützer des Mitarbeiters in der Wiedergutmachungsphase. Sie zeigt auch öffentlich Gesten der Wertschätzung, um die Beziehung zu stärken und behält damit ihre Position als Repräsentant des Unternehmens und wohlwollender „Hüter" der Gemeinschaft sowie der Unternehmensziele. In dieser Position der Stärke hat sie es nicht nötig, vergangene Fehler immer wieder zu thematisieren. Ihre Aufgabe liegt vielmehr darin, die blockierten Energien der Mitarbeiter freizusetzen.

Die Grenzen der Wiedergutmachung

In meiner Praxis zeigt sich, dass Wiedergutmachungsaktionen für Führungskräfte, für Mitarbeiter und für die Beziehung zwischen allen in Unternehmen agierenden Personen sehr wertvoll sein können. Es kommt aber darauf an, wie sie umgesetzt werden. Bei einer schlecht durchgeführten Aktion kann sich doch wieder sehr schnell das Gefühl der öffentlichen Demütigung bei demjenigen, der „Buße tut", einschleichen. Hier ist also Fingerspitzengefühl gefragt.

Sind Vergeltungsschläge nach Art der autoritären Führung erst einmal geschehen und haben Mitarbeiter einen schweren Gesichtsverlust erlitten, lässt sich dieses einschneidende Erlebnis auch durch Wiedergutmachungsaktionen oftmals nicht mehr komplett ausradieren. Einen Versuch ist es dennoch immer Wert.

Element 5: Transparenz

In einer Unternehmenskultur, in der das Aufdecken von Fehlern anderer ein Karrierebeschleuniger ist, kann der Wunsch nach Transparenz nicht Wirklichkeit werden. Das Gleiche gilt für Strukturen, in denen sogenannte „Abteilungssilos" einen Vorteil daraus ziehen, Informationen vor anderen Abteilungen zurückzuhalten. Etwa weil ein Informationsvorsprung zu einem höheren Budget im Folgejahr führt oder weniger Mitarbeiter abgebaut werden müssen. Oder sei es nur, weil der „Silo-Chef" durch den Informationsvorsprung seinen Vertrag verlängert bekommt …

Mangelnde Transparenz liegt häufig auch in der starken tayloristischen Fragmentierung der Organisation begründet, die die Menschen seit der Industrialisierung sozialisiert hat. Sie wurden darauf gepolt, nur auf ihren unmittelbaren Arbeitsbereich zu schauen. Und wessen Fehler durch Transparenz erzeugende Systeme aufgedeckt wurde, sah sich früher oder später damit konfrontiert, mit einer „Ersatzinvestition durch eine nachfolgende Humanressource" ersetzt zu werden.

Im Zeitalter der digitalen Transformation, wo alles miteinander vernetzt wird, was vernetzt werden kann, gelten die Regeln von vernetzter Software: Unter anderem braucht jedes Systemelement zu jeder Zeit transparenten Zugriff auf alle Informationen. Sonst funktionieren sich selbst steuernde und lernende Systeme nicht.

Durch die Vernetzung von „Maschine" und Mensch werden die Regeln der Software auch zu sozialen Regeln. Erst dann ist das Gesamtsystem wirksam. Das bedeutet für Transparenz: Alle Informationen müssen für alle Beteiligten verfügbar sein. Dass das keine theoretische Überlegung ist weiß jeder, der schon erfolgreich mit agilen Arbeitsformen wie Scrum, Kanban oder Design Thinking gearbeitet hat. Denn eines der zentralen Erfolgskriterien dieser Methodiken ist schnelles Lernen aus Fehlern – durch Transparenz.

Fehler vertuschen als Zeichen der Angst

In autoritär geführten Unternehmen gehört es zum Alltag, dass Führungskräfte alle Fehler, eigene oder diejenigen von Mitarbeitern, eilig vertuschen. Denn sind die Missstände erst einmal bekannt, muss nach der alten Führungslogik ein Schuldiger ausfindig gemacht und abgestraft werden.

Wer jedoch öffentlich sanktioniert wurde, verliert in diesem System seine Autorität. Darüber hinaus steigt der Druck auf die Führungskräfte, wenn ihre Wertschätzung ausschließlich über ihr Fachwissen definiert wird. Jede falsch bestellte Schraube führt dann unweigerlich zu einem gefühlten Autoritätsverlust. Dieser Druck wird in der Wissensgesellschaft künftig weiter steigen, da Führungskräfte längst keinen Wissensvorsprung mehr vor ihren Mitarbeitern haben. Eine Wertschätzung, die nur dem größten Fachwissen gezollt wird, ist nur ein Aspekt von Autorität und wird für Führungskräfte in Zukunft einerseits immer mühsamer zu erringen sein, andererseits verliert sie an Relevanz.

Beispiel

In einem Geschäftsbereich eines Unternehmens entstand durch Fehler in der Kalkulation ein Millionenschaden. Das verantwortliche Vorstandsmitglied erfuhr davon erst vier Monate später von seinen unterstellten Führungskräften. Jedoch zunächst nur, dass es sich um finanzielle Verluste durch eine Fehlkalkulation handelte. Die genauen Zahlen sei man noch am Erarbeiten, so die Manager. Durch die Verzögerung wurde der Verlust größer und größer. Weitere zwei Monate später war endlich der ganze Schaden sichtbar. Das Vorstandsmitglied informierte den Vorstandssprecher darüber. In einer moderierten Sondersitzung des Vorstands wurde der Fehler transparent gemacht. Der Vorstandssprecher sprach dem Vorstandmitglied sein Misstrauen aus, weil er und damit der gesamte Vorstand erst nach sechs Monaten vollumfänglich über den Fehler und die Konsequenzen informiert worden war.

In einer ausführlichen Einheit leitete ich an, so viele Detailinformationen wie möglich rund um den Fehler herauszuarbeiten – auf Sachebene, emotionaler Ebene und Beziehungsebene. So war es möglich, nicht nur den Fehler zu verstehen, sondern die schwierige Situation des verantwortlichen Vorstandsmitglieds und die emotionalen Wechselwirkungen bei allen Vorstandsmitgliedern. Gerade die wahrhaftig geäußerten Emotionen wie Enttäuschung, Unsicherheit, Beschämung oder Ratlosigkeit führten zu einer Ernüchterung und Betroffenheit. Doch gerade diese Transparenz über die entstandenen Emotionen ermöglichte es, wieder konstruktiv in die Zukunft zu blicken.

Der Vorstandssprecher machte schließlich deutlich, dass er grundsätzlich schon an der weiteren Zusammenarbeit mit dem verantwortlichen Vorstand interessiert sei. Er wusste jedoch nicht, wie sich wieder Vertrauen aufbauen könnte. Hier brachte ich neben anderen Punkten das Element Wiedergutmachung mit in die Diskussion ein. Das war für alle überraschend bis irritierend. Jedoch entstand großes Interesse, diesen neuen Weg zu gehen, um neben der Fehlerkorrektur auch durch die Wiedergutmachung die Beziehungsebene wieder zu befrieden. Die Sitzung endete mit Zusicherung des verantwortlichen Vorstandsmitglieds, sich zu überlegen, wie er gegenüber seinen Vorstandskollegen eine Wiedergutmachung (nicht finanziell) leisten könnte, um sich wieder in den Kreis des Vorstands zu reintegrieren.

Das Beispiel zeigt, wie wichtig Transparenz auf verschiedenen Ebenen ist: Auf der Sachebene hilft sie, den Schaden von Fehlern durch rechtzeitiges Eingreifen zu minimieren – auf der persönlichen, emotionalen Ebene schafft Transparenz die Basis für Wiedergutmachung und für eine Wiederaufnahme der Zusammenarbeit.

Transparenz als Zeichen gemeinsamer Verantwortung
Fehler werden unter der Führung einer Neuen Autorität als Chancen verstanden, gemeinsam weiter zu lernen. Es unterbleibt die Schuldsuche oder die Beschämung. Genau das verleiht Führungskräften jedoch Autorität: Wer auch in schwierigen Situationen bereit ist, Präsenz zu zeigen, wer Verantwortung übernimmt und dabei das Gewicht seiner ethischen Verpflichtung wie auch seiner persönlichen Involviertheit voll in die Waagschale wirft, der verfügt mit hoher Wahrscheinlichkeit in den Augen seiner Mitarbeiter über Stärke.

Weil (Fach-)Wissen in einem solchen System nur noch als eine mögliche Quelle der Wertschätzung gilt, relativiert sich dessen Bedeutung. Eine fachliche Fehleinschätzung führt nicht gleich zum Verlust der Autorität. Im Gegenteil, wer offen mit seinen Fehlern umgeht, stärkt sie sogar.

Unternehmen, die Transparenz auf allen Ebenen leben, kommen nicht nur mit Fehlentwicklungen auf der Sachebene besser zurecht. Sie wissen auch, mit Herausforderungen im zwischenmenschlichen Bereich erfolgreich umzugehen. Bringt etwa ein Mitarbeiter kontinuierlich nicht die erwartete Leistung, wird dieser nicht auf einem unbedeutenden Posten in der eignen Abteilung eingeparkt und dort quasi versteckt. Das Gleiche gilt für unterforderte Mitarbeiter. Sie werden nicht mehr auf ihren Positionen beschwichtigt und auf bessere Zeiten vertröstet. Führungskräfte, die sich für Transparenz stark machen, haben keine Angst, ihre Probleme sowohl mit *Underachievern* als auch mit *Overachievern* offenzulegen. Darin liegt eine große Chance für alle Beteiligten. So finden im Idealfall alle eine Position, auf der sie ihre Potenziale besser zum Wohle des Unternehmens und ihrer Entwicklung ausschöpfen können.

Der wichtigste Aspekt der Transparenz liegt allerdings darin, dass Mitarbeiter ihren eigenen Beitrag zum Ganzen verstehen und somit Motivation durch Sinn entsteht. Ruth Seliger hat dies pointiert ausgedrückt (Köttritsch 2014, S. K2):

Sinn entsteht durch ein Bewusstsein, Teil eines größeren Ganzen zu sein. Für Menschen in einer Organisation ist ein großes Bild vom Gesamtprozess und der Gesamtaufgabe wichtig. Es macht auch die blödeste Arbeit sinnvoll.

Die Grenzen der Transparenz

Aus meiner Sicht muss Transparenz immer zusammen mit dem Konzept der Relevanz gedacht werden. Nicht jeder muss alles wissen. Eine Führungskraft zum Beispiel muss sich nicht zu jedem kleinen Fauxpas der Abteilung öffentlich bekennen. Es gilt, klug auszuwählen, bei welchen Fach- oder Personalproblemen man die kollektive Intelligenz dazu schaltet und bei welchen dies schlicht und ergreifend Zeitverschwendung für alle wäre. Die Kernfrage ist: Ist es hilfreich für die Erreichung unserer Ziele?

Element 6: Beharrlichkeit und Deeskalation

Wer aus dem Teufelskreis der Machtkämpfe aussteigen will, findet meiner Erfahrung nach einen echten Rettungsanker in den Prinzipien der Beharrlichkeit und der Deeskalation.

Dahinter steht ein kompletter Perspektivenwechsel: Statt nach einem Fehltritt eines Mitarbeiters sofort zum Vergeltungsschlag auszuholen, tut die Führungskraft erst einmal gar nichts Dramatisches. Sie bekräftigt lediglich ihre Position der Stärke („Ich kann und will dieses Verhalten nicht akzeptieren und werde mich beraten und komme wieder auf Sie zu.") und bleibt auf der Beziehungsebene präsent und im Kontakt mit ihrem Gegenüber (hierbei wird deutlich, wie die einzelnen Elemente ineinander wirken).

Im Sinne der Selbstführung konzentriert sich das Verhalten der Führungskraft (vgl. Omer und Schlippe 2010a, S. 71)

- nicht auf den Mitarbeiter („Sie müssen sich verändern!"),
- sondern auf sich selbst („Ich bin nicht bereit, das länger hinzunehmen."),
- außerdem nicht auf das Resultat der Intervention („Sie werden sich verändern!"),
- sondern auf die Intervention selbst („Es ist meine Pflicht als Führungskraft, mich Ihrem Verhalten zu widersetzen.").

Verzögertes Handeln als Zeichen von Schwäche

Nach den Vorstellungen der alten Autorität operiert Führung auf der Zeitschiene nach dem Postulat der Dringlichkeit: „Unbotmäßigkeit und Provokation sind auf der Stelle zu vergelten. Verzögerung gilt als Schwäche" (Omer und Schlippe 2009, S. 250).

Dies führt zu Stress bei Führungskräften und damit meist zu überzogenen Reaktionen, bedingt durch starke Affekte. Im akuten Streit kommt es sogar dazu, dass die angedrohten Sanktionen im Sekundentakt verschärft werden: „Ich streiche Ihnen nicht nur X, sondern auch Y, und wenn Sie jetzt nicht sofort tun, was ich sage, dann streiche ich Ihnen auch noch Z."

In dieser Dynamik geht es nur noch darum, wer als „Sieger" aus dem Streit geht. Tatsächlich erleiden in einem solchen Machtkampf regelmäßig beide Kontrahenten einen Gesichtsverlust – und die Beziehungsebene zwischen beiden wird erheblich gestört, wenn nicht sogar zerstört.

Ziele erreichen mit Beharrlichkeit und Deeskalation

Omer/Schlippe empfehlen, ein heißes Eisen nicht zu schmieden, sondern vielmehr erst abzuwarten, bis die Emotionen wieder auf einem normalen Level angekommen sind und man wieder vernünftig miteinander sprechen kann: „Abwarten ist wichtig, impulsive Reaktionen können verwunden werden; das Streben nach Sieg wird durch die Haltung einer Präsenz mit langem Atem ersetzt …" (Omer und Schlippe 2010b, S. 250).

Häufig wird hierbei das Bild gebraucht: Das Eisen schmieden, wenn es kalt ist, oder zumindest lauwarm, würde ich hinzufügen. Mit dieser Haltung kann sich die Führungskraft in Ruhe und mit Blick auf die gemeinsamen Ziele die betroffenen Personen involvieren sowie sich auf ihre ethische Verpflichtung als Führungskraft besinnen. Außerdem positioniert sie sich (auch wenn das im Konzept der Neuen Autorität nicht mehr an erster Stelle steht) auf diese Weise als sicherer Repräsentant des Hierarchiesystems (also in Bezug auf ihre *potestas*), wenn das in einer Organisationsstruktur und Kultur noch notwendig ist.

Statt in einen Machtkampf einzusteigen, unterstreicht die Führungskraft also lediglich, dass ein bestimmtes Verhalten nicht toleriert wird – von ihr nicht und auch von der Führungskoalition sowie dem gesamten Team nicht. So markiert eine Führungskraft beharrlich und unbeirrt die gemeinsam definierten Grenzen. Und so können alle Beteiligten ihr Gesicht wahren.

Die Führungskraft bleibt mit dieser Haltung in Führung und stützt ihre eigene Stärke, indem sie die kollegiale Beratung ankündigt. Mithilfe des verzögerten Handelns erhält die Führungskraft Zeit für angemessene und umsichtige Lösungen – die Wahlmöglichkeiten steigen, der Stress sinkt. Zeit wird zu einer Quelle der Stärke.

Die Grenzen der Beharrlichkeit

Beharrlichkeit kann auch zu einer Form der Eskalation führen – und zwar wenn das Gegenüber mit seinen Provokationen nicht die gewünschte Wirkung erzielt. Häufig führt das zunächst erst einmal zu noch heftigeren Provokationen, mindestens jedoch zu starken Emotionen. Diese Eskalationsdynamik ist dann zwar nicht auf Sanktionen oder Beschämungen ausgelegt, aber sie erhöht doch die Betriebstemperatur in der Kommunikation, und zwar ganz erheblich. Die Herausforderung für die Führungskraft besteht darin, sich von den heftigen Emotionen nicht anstecken zu lassen und weiter beharrlich zu bleiben.

Element 7: Reflexion

Dieser Aspekt ist im ursprünglichen Konzept von Omer/Schlippe nicht vorgesehen. Meine Erfahrung in der Praxis zeigt jedoch, dass er im Rahmen von Entwicklung unverzichtbar ist.

Autorität entwickelt sich in einer Beziehung zwischen Menschen immer durch einen permanenten, nie endenden Verhandlungsprozess über Führung und Gefolgschaft. Eine solche Entwicklung kann jederzeit zum Stillstand kommen und sich verhärten, wenn sie nicht gezielt im Fluss gehalten wird. Insbesondere Unternehmensspitzen neigen gerne dazu, bestimmte Vorstellungen über Autorität in Beton zu gießen (Stichwort „Corporate Architecture") oder in Ritualen zu verfestigen. Im Kern soll dies dazu beitragen, nicht immer wieder neu über die Art der Führung verhandeln zu müssen, sondern langfristig sicherstellen zu können, dass der aktuelle Stil der Führung der Zielerreichung dient. Doch eine fehlende Reflexion von aktuellen Führungsmustern und -verhaltensweisen kann schnell zum Nachteil für das Unternehmen werden. Bedingungen sowie Ziele wandeln sich ständig und erfordern oft ein ganz neues Führungsverhalten. Unbewegliche Vorgesetzte, die Führung nicht regelmäßig reflektieren, werden dann nicht nur zu einer autoritären Instanz, deren Werte „der Geschichte und der Zeit [...] trotzen" sollen (Sennett 2008, S. 24), sondern auch zum Bremsklotz der Unternehmensentwicklung.

> Männliche Führungskraft, Jahrgang 1960: „Ich habe eine These, natürlich nicht empirisch untersucht: Je länger einer eine oberste Führungsposition innehat, desto größer ist die Gefahr, dass auch eine wohlgemeinte, kooperative Autorität allmählich einen anderen Führungsstil entwickelt. Es gibt Persönlichkeiten, die werden sich sicher nicht verändern. Aber es gibt latent die Gefahr, dass sich mit zunehmender Machtfülle und Verantwortung, Tendenzen entwickeln können – ich sag nicht, dass es muss –, die dann doch etwas Dominierendes haben, im Sinne von: Es gibt keine Reflexion, kein Korrektiv (mehr). Bei so manchen Dax-Konzernen erleben Sie das: einmal CEO, immer CEO. Und wenn das nicht mehr geht, dann Aufsichtsratsvorsitzender. Das kann eigentlich nicht sein. Jemand, der anders geprägt ist, der an dem Fortkommen der Menschen, dem Unternehmen, der Sicherung der Arbeitsplätze interessiert ist, der muss doch mal reflektieren, dass er sich zu Lebzeiten einen Nachfolger aufbaut und dass er auch mal zur Seite treten kann."

Autorität muss jedoch ein ständiger Such- und Verhandlungsprozess bleiben, auch wenn es Energie kostet. Nur so ist sie mit den jeweiligen Herausforderungen der globalen Wirtschaft, des lokalen Markts und der konkreten Mitarbeiter immer wieder neu in Einklang zu bringen. Das gilt auch für das Konzept der Neuen Autorität als Ganzes. Im Moment mag es hilfreich und passend sein. In ein oder zwei Dekaden ist es vielleicht schon wieder weniger hilfreich, weil sich radikal vernetzte Mitarbeiter ganz anders organisieren, als wir uns das heute vorstellen können. Aus den Erfahrungen mit „antiautoritären" Konzepten in den 1970er Jahren wissen wir jedenfalls, dass sich nicht jede neue Idee zum Thema Autorität bewährt. Eine kritische Begleitung und Reflexion neuer Experimente ist also jederzeit ratsam.

Gerade vor dem Hintergrund der Geschichte Deutschlands ist es elementar wichtig, dass Führungskräfte ihre eigenen Erfahrungen mit Autorität reflektieren. Wer heute mit Mitte 40 auf dem Höhepunkt seiner Karriere steht, hat womöglich in seiner Kindheit beides erlebt: Auf der einen Seite stand ein negativer Umgang mit Autorität durch seine eigenen, noch von der Ära der autoritären Persönlichkeiten geprägten Eltern und Großeltern. Demgegenüber wurde zeitgleich ein ebenfalls wenig hilfreicher Umgang mit Autorität durch Freunde der Eltern, Lehrer oder Erzieher praktiziert, die von radikal antiautoritären Konzepten überzeugt waren. Es liegt auf der Hand, dass eine Führungskraft mit einer solchen Vergangenheit Reflexionsbedarf rund um das Thema Autorität hat.

Das Prinzip des „Weiter so"

Ein großes Problem der autoritären Führung besteht darin, dass deren Vertreter sich schwertun, die eigene Haltung zu reflektieren und überhaupt infrage zu stellen. Es wird so geführt, wie „schon immer" geführt wurde.

Dabei bleiben eigene Auffälligkeiten durch eine autoritäre Erziehung unerkannt – und so kann es unbewusst zu ungünstigen Dynamiken kommen. Entweder prägen Kämpfe um Macht und Dominanz mit den Mitarbeitern den Alltag, wobei sich die Führungskraft in eine starre Position des „Immer-siegen-Müssens" manövrieren kann und dadurch ihre Effektivität erheblich einschränkt. Oder es kommt zu Dominanzversuchen von der Basis aus. Mit immer neuen Forderungen wird die Führungskraft zum Dienstleister der eigenen Mitarbeiter gemacht – und bemerkt dies nicht einmal, weil der verspürte Zwang gewohnt ist und nicht als solcher wahrgenommen wird. Die Befehle kommen diesmal allerdings nicht durch einen autoritären Vater, sondern von ähnlich gestrickten Mitarbeitern.

Führungskräfte der alten Schule sind sich auch nicht der Auswirkungen ihrer Haltung auf die Beziehung zu ihren Mitarbeitern bewusst. Wenn Probleme auftauchen, richtet sich die Kritik ausschließlich an den Mitarbeiter. Die Führungskraft blendet eigene Anteile an der Gesamtsituation aus.

In einem solchen Umfeld ist Führung an sich deshalb niemals Gesprächsthema. Fragen nach Emotionen in Bezug auf Nähe oder Distanz, Ängsten oder Unsicherheiten im Umgang mit der Führungskraft, nach Hoffnungen und Erwartungen der Mitarbeiter werden als absurd abgetan („Psychogeschwätz für Weicheier"), bagatellisiert oder im Keim erstickt.

Ehrliche Reflexion verleiht Autorität

Im Idealfall reflektieren Führungskräfte ihren eigenen Umgang mit Autorität und die damit verbundene innere Haltung. Außerdem stellen sie auch ihr eigenes Verhalten in den Beziehungen zu ihren Mitarbeitern infrage.

Männliche Führungskraft, Jahrgang 1953: „Über sein eigenes Tun und Handeln selbst zu reflektieren, verschafft Klarheit, auch wenn es einem manchmal peinlich ist. Aber da kann man ja dann auch dazu stehen."

Wenn Probleme oder Konflikte mit Mitarbeitern in Bezug auf Arbeitsaufträge auftauchen, geht es für sie nicht mehr um die „Schuldfrage". Stattdessen reflektiert die Führungskraft das eigene Vorgehen, die aktuelle Beziehung und sie sucht den Dialog mit ihrem Mitarbeiter (um mehr über dessen Haltung und die Gründe für dessen Verhalten zu erfahren). Mit dieser Einstellung werden Mitarbeitergespräche weniger genutzt, um formalistisch Gesprächsbögen abzuarbeiten und auszufüllen, sondern vor allem dazu, um gemeinsam mit dem Mitarbeiter die Qualität der Führungsbeziehung zu reflektieren. Beispielhafte Fragen für beide Seiten könnten sein: „Wovon sollte es mehr geben?", „Wovon sollte es weniger geben?", „Was soll so bleiben?". Und wie im richtigen Leben: Nicht jeder Wunsch geht in Erfüllung. Er ist ein Ausgangspunkt für einen gemeinsamen Dialog zwischen Führungskraft und Mitarbeiter.

Nicht zuletzt stärkt die regelmäßige Reflexion der eigenen Autorität genau das, was laut Omer/Schlippe den wichtigsten Baustein der Neuen Autorität darstellt: die Präsenz. (Crone et al. 2010, S. 51:):

> Kontinuierliche Reflexion der eigenen Erfahrungen, gelernter Regeln und bewährter Muster bilden die Grundlage innerer Präsenz, die es ermöglicht, kongruente Positionen zu vertreten und authentische Beziehungsangebote zu machen.

Die Elemente im Führungsalltag verankern

Vielleicht fragen Sie sich jetzt: Wie kann ich in meinem Führungsalltag die sieben Elemente konkret nutzen? Vermutlich ahnen Sie bereits, dass es keinen allgemeingültigen Tipp gibt, wie das für jede Persönlichkeit in jedem Umfeld gelingt. Zu unterschiedlich sind nicht nur die an Führung mitwirkenden Menschen: Die Führungskräfte selbst, die Mitarbeiter und manchmal auch noch die „Zuschauer", deren Beobachtung ebenfalls mit einwirkt. Auch das Umfeld, die Struktur und Kultur des Unternehmens haben großen Einfluss auf Verhalten. Das lesen Sie noch im nächsten Abschnitt.

Was sich in der Praxis immer als wirkungsvoll erwiesen hat – bei mir persönlich und auch bei meinen Klienten, die ich als Coach begleitet habe –, ist, sich Fragen zu stellen. Fragen bewirken einen inneren Suchprozess, der Erkenntnisse hervorbringt, die zu dem Menschen passen, der sich diese Fragen gestellt hat. Im Kern ist es eine Art Selbstberatung. Wer, außer man selbst, kennt sich selbst am besten?

Sie könnten sich in der Anwendung der einzelnen Elemente in Ihrem Führungsalltag beispielsweise folgende Fragen stellen:

- Welche der sieben Elemente haben mich besonders angesprochen?
- Welche Elemente würde ich am liebsten gleich anwenden?
- Worauf hätte ich Lust, was würde mir Spaß machen?

Mit diesen Fragen können Sie die Elemente in der Haltung zu Autorität priorisieren, die aktuell für Sie und Ihre Führungssituation am relevantesten sind. Falls Sie mehr als ein Element anwenden wollen: Wählen Sie zunächst nur das eine Element aus, das Sie am meisten anspricht. Diese Priorisierung nach dem „Lust-Prinzip" bewirkt die höchste intrinsische Motivation und damit Durchhaltevermögen und Beharrlichkeit. Denn das brauchen Sie. Neue Autorität in der Führung zu etablieren ist ein Langstreckenlauf, kein Sprint.

Eine neue Führung etablieren

Das Konzept der Neuen Autorität ist ein Paradigmenwechsel, eine deutliche Veränderung der Unternehmenskultur. Jeder, der schon einmal Kulturveränderungsprozesse aktiv miterlebt beziehungsweise mitgestaltet hat, weiß, dass dies ein längerfristiger Prozess ist, der Marathonqualitäten von allen erfordert.[1]

Was braucht es aber darüber hinaus, damit Führungskräfte in der Lage sind, diese neue Führung dauerhaft zu leben? Im Kern erfordert es ein offizielles Projekt zur Weiterentwicklung der Führungskultur, das vom gesamten Unternehmen getragen wird und welches an drei Punkten ansetzt:

- an der individuellen Ebene,
- an der kulturellen Ebene,
- an der strukturelle Ebene.

Die individuelle Ebene: Die Macht des Einzelnen zur Veränderung

Wenn es darum geht, abseits von Tools und Techniken, die eigene Haltung zu Autorität in der Führung zu reflektieren und weiterzuentwickeln, stellt sich die Frage: Kann man das überhaupt? Die Einstellung beziehungsweise Haltung ändern?

Ja, das geht. Wenn ein Mensch in vergleichbaren Situationen ähnliche Erfahrungen sammelt, die für ihn auch eine emotionale Bedeutung haben, so entwickelt sich aus der Summe der Erfahrungen eine innere Haltung zu dieser Situation. Das bedeutet aber auch, dass sich die eigene Sichtweise auf eine Situation durch neue Erfahrungen ändern kann. Voraussetzung dafür ist jedoch, dass eine Führungskraft

- (emotional) bereit ist, sich anders zu verhalten und dadurch neue Erfahrungen sammelt,
- frei ist von sogenannten nicht hilfreichen/einschränkenden/destruktiv wirkenden Loyalitäten.

---

[1]Hier verweise ich auf die umfangreiche Literatur zum Thema Change-Prozesse. Es ist fast alles beschrieben und entwickelt.

Element der Neuen Autorität	Kompetenzen, die für die Ausübung des Elements insbesondere hilfreich sind
Präsenz	Reflektierte Persönlichkeitsmerkmale, Emotionale Intelligenz, Konfliktkompetenz, reflektierte Biografie
Selbstführung	Reflektierte Persönlichkeitsmerkmale und Werte, Emotionale Intelligenz, Konfliktkompetenz, reflektierte Biografie
Führungskoalition	Werte, Emotionale Intelligenz, Konfliktkompetenz
Wiedergutmachung	Reflektierte Persönlichkeitsmerkmale und Werte, Emotionale Intelligenz, Konfliktkompetenz, reflektierte Biografie
Transparenz	Werte, Konfliktkompetenz, reflektierte Biografie
Beharrlichkeit und Deeskalation	Reflektierte Persönlichkeitsmerkmale und Werte, Emotionale Intelligenz, Konfliktkompetenz, reflektierte Biografie
Reflexion	Werte, Emotionale Intelligenz, reflektierte Biografie

Abb. 5.3 Elemente der Neuen Autorität und wichtige Kompetenzen

Um eine neue Haltung zu Autorität in der Führung zu entwickeln und im Unternehmensalltag anzuwenden, sind bestimmte Kompetenzen hilfreich. Die Abb. 5.3 zeigt, welche Kompetenzen die sieben Elemente konkret betreffen. Die Tabelle stellt damit eine Art „Speiseplan" dar, aus der Sie wählen können, wenn Sie sich auf der individuellen Ebene entwickeln möchten.

Für jede Führungskraft gibt es vier zentrale Entwicklungsfelder, um die Haltung der Neuen Autorität dauerhaft authentisch zu etablieren. In diesen vier Entwicklungsfeldern gilt es, neue Erfahrungen zu sammeln. Entscheidend ist dabei, dass diese veränderte Haltung verinnerlicht wird. Nur so kann sie ein angemessenes Verhalten hervorbringen, das nicht angelernt, aufgesetzt oder kopiert wirkt. Spätestens in Konflikten würde diese Verkleidung zum Nachteil aller demaskiert. Die vier Entwicklungsfelder im Überblick:

- Entwicklungsfeld 1: Persönlichkeit und Werte
- Entwicklungsfeld 2: Emotionale Intelligenz
- Entwicklungsfeld 3: Konfliktkompetenz
- Entwicklungsfeld 4: Persönliche Quellen von Autorität

Entwicklungsfeld 1: Persönlichkeit und Werte

Viele zwischenmenschliche Irritationen entstehen aus der Unkenntnis heraus, dass Menschen ganz unterschiedliche Persönlichkeitstypen repräsentieren und auf der Basis verschiedener Wertmaßstäbe handeln. Verhält sich jemand auf eine unerwartete Weise, wird dies in der Regel, gerade in unsicheren Beziehungen, von anderen als persönlicher Angriff gewertet. Oft wird sogar der Vorsatz unterstellt, die Person tue dies aus einem ablehnenden Motiv heraus. Ohne dieses Wissen über menschliches Verhalten, um Persönlichkeits- und Werteunterschiede lassen sich andere Menschen und ihre Handlungen nicht einschätzen und verstehen. Erst durch diese Auseinandersetzung entsteht eine Toleranz für unterschiedliche Persönlichkeiten sowie Wertehierarchien und im besten Fall sogar eine Freude daran, diese Unterschiede für die gemeinsamen Ziele zu nutzen.

Der Wandel zu einer neuen Führung ist gleichbedeutend mit einer Weiterentwicklung der Persönlichkeit. Ziel dieses Prozesses ist es, dass sich Führungskräfte der Ausprägung ihrer Persönlichkeit bewusst werden und verstehen, wie sie mit anderen Menschen „kommunizieren". Dies führt in der Regel zu einer klareren Sicht, was einem im unternehmerischen Kontext wirklich wichtig ist und welche Verhaltensweisen das in Bezug zu den Mitarbeitern erfordert. Im Zentrum von Persönlichkeitsanalyse-Modellen steht also das Thema Beziehungsorientierung an erster Stelle.

So legen beispielsweise eher sachlich-logische Persönlichkeitstypen oft keinen Fokus auf die Beziehungsebene. Im Umgang mit stärker beziehungsorientierten Persönlichkeitstypen kann dies leicht zu Missverständnissen, Irritationen und verletzten Gefühlen auf beiden Seiten führen. Beziehungsorientierte Menschen wiederum nehmen sachlichlogische Persönlichkeiten eher distanziert, kühl und berechnend war. Dieses Gefühl wird verstärkt, wenn sachlich-logisch geprägte Führungskräfte auch noch der autoritären Führung nahestehen.

Bezogen auf das Element Deeskalation scheinen sachlich-logische Menschen damit vordergründig, Konflikte besser bewältigen zu können. Durch ihre Distanz fällt es ihnen leichter, nachzuvollziehen, dass es zielführender ist, eine Situation nicht eskalieren zu lassen. Wenn sie sich allerdings ihrer Neigung zu Distanz nicht bewusst sind, bewirken sie damit häufig das Gegenteil, da sie sich dann den Themen auf der Beziehungsebene gar nicht erst stellen. Ein eher beziehungsorientierter Mensch wird sich dagegen schwertun, aus einem akuten Konflikt emotional auszusteigen. Dies liegt unter anderem daran, dass es ihn unter Druck setzt, wenn Störungen auf der Beziehungsebene nicht sofort geklärt werden. Erkennt er jedoch diese Gefahr, kann er seine Fähigkeit, Nähe zu anderen Menschen aufzubauen, dafür einsetzen, die Potenziale im gesamten Unternehmen zu wecken.

Diese Beispiele machen deutlich, dass es nicht die richtige oder falsche Persönlichkeit für eine neue Führungshaltung gibt. Entscheidend ist, wie bewusst sich eine Führungskraft ihrer Persönlichkeitsaspekte ist und wie sie damit umgeht. Letztlich beeinflusst der Persönlichkeitstyp das Verhalten immer in Verbindung mit den Werten, die eine Person lebt. Nach Viktor Frankl sind dabei vor allem die schöpferischen und die Einstellungswerte relevant. Hofstede (2010) bezeichnet Werte auch als „Software of the mind". Damit will er zum Ausdruck bringen, dass Werte unsere Wahrnehmung sowie unser Handeln maßgeblich prägen.

Autoritäre Führung basiert traditionell unter anderem auf der Erwartungshaltung, dass Chefs in jedem Fall Anerkennung, mindestens jedoch Respekt gebührt. Das Ausbleiben dieses Wertes, zum Beispiel weil Anweisungen nicht befolgt werden, legitimiert dann häufig den sogenannten Sanktions- und Vergeltungsdruck. Grundsätzlich löst jede Verletzung von Werten Stress und starke Emotionen aus. Denn es sind die Werte, über die sich Menschen identifizieren, die sozusagen „zu uns gehören" und dadurch mit anderen als nicht verhandelbar gelten. „Man gibt sich nicht auf" und kämpft daher um seine Werte, sein „Gesicht". Doch diese unreflektierte Sichtweise führt schnell zu emotionaler Eskalation, die noch weitere wichtige Werte verletzen können, wie zum Beispiel Gerechtigkeit, Fairness, Gesehenwerden und so weiter.

Damit Menschen sich nicht in diesem Teufelskreis verlieren, bedarf es nicht nur der Kenntnis der eigenen Persönlichkeit, sondern auch des eigenen Wertegerüsts. Wichtige Fragen sind dabei beispielsweise: Was ist mir wichtig im Leben? Bei welchen Themen gehe ich schnell an die Decke beziehungsweise implodiere ich? Und welche meiner Werte werden in diesen Fällen mit Füßen getreten beziehungsweise verletzt? Eine Führungskraft, die nach dem Konzept der Neuen Autorität arbeitet, ist nicht nur bestrebt, sich zu verstehen. Sie weiß, dass Menschen ganz unterschiedliche Persönlichkeiten und Werte haben und sich dementsprechend toleranter verhalten. Und sie ist sich bewusst, dass unterschiedliche Verhaltensweisen noch nichts darüber aussagen, ob Menschen sich gegenseitig respektieren oder nicht.

Entwicklungsfeld 2: Emotionale Intelligenz

Menschenführung bedeutet im Kern vor allem den Umgang mit eigenen und fremden Gefühlen, neben den sachlichen und inhaltlichen Aspekten der Zusammenarbeit. Kein Mensch agiert ohne Gefühle. Selbst Menschen, die sich als sachliche und logische Persönlichkeiten einschätzen, werden von Emotionen geleitet. Nur sehen ihre entsprechenden Verhaltensweisen anders aus als bei einem Menschen, der seine Gefühle stärker nach außen zeigt. Gedanken und Gefühle lassen sich nicht voneinander trennen, sie bedingen sich gegenseitig. Eine Führungskraft im Sinne des Konzepts der Neuen Autorität kommt deshalb nicht umhin, sich damit auseinanderzusetzen, wie sie Gefühle wahrnimmt, wie sie darauf reagiert und welche Gefühle mit welchen Gedanken verbunden sind.

Die Gefühle anderer Menschen lassen sich nur dann verstehen, wenn die eigenen Emotionen ernst genommen werden. Der eigene Körper spielt dabei eine entscheidende Rolle. Denn erst wenn Führungskräfte realisieren, wie sich Empfindungen in bestimmten Situationen in ihrem Körper ausdrücken und wie sich das anfühlt, können sie das auch bei ihren Mitarbeitern erkennen und darauf eingehen. Ein wesentliches Wissen der neuen Führung ist die Tatsache, dass Körper und Geist in einer permanenten Wechselbeziehung stehen, die sich in Verhaltensweisen und Handlungen jederzeit widerspiegelt.

Eine Kernkompetenz, die Führungskräfte heute brauchen, ist daher die sogenannte Emotionale Intelligenz. Der Begriff wurde 1990 von den beiden Wissenschaftlern Salovey & Mayer geprägt und 1995 durch Daniel Goleman bekannt gemacht (Steinmayr 2011). Der damit verbundene Ansatz besteht aus fünf ineinandergreifenden Faktoren:

1. Selbstwahrnehmung: Eigene Gefühle erkennen und benennen
2. Selbstregulierung: Mit den eigenen Gefühlen umgehen
3. Selbstmotivation: Impulse in die Tat umsetzen
4. Empathie: Gefühle anderer erkennen und benennen
5. Soziale Kompetenzen: Gefühle anderer einbeziehen

Wer seine Emotionale Intelligenz stärkt, wird in der Lage sein, Mehrdeutigkeiten, Widersprüche sowie Unsicherheiten bei sich und dem gesamten Arbeitsumfeld leichter wahrzunehmen. Vor allem aber werden Führungskräfte mit dieser Kompetenz die damit verbundenen emotionalen Spannungen nicht nur aushalten, sondern auch konstruktiv dazu beitragen, sie aufzulösen, statt diesen Zustand zu bekämpfen.

Wie schwer es ist, sich mit widersprüchlichen Unterschieden in einem Team auseinanderzusetzen, hat wahrscheinlich jeder schon einmal erfahren. Noch schwieriger ist es aber, in solchen Fällen eine persönliche Haltung einzunehmen, die die eigenen Werte weder über die des anderen stellt noch sie verdrängt. Hierfür braucht es die Fähigkeit der Selbstführung im Sinne der Emotionalen Intelligenz. Ein Beispiel aus der Praxis:

Beispiel

Der Deutschland-Geschäftsführer eines international tätigen Unternehmens in der Modebranche sah sich plötzlich mit heftigen Angriffen, auch gegen seine Person, konfrontiert. Die Auseinandersetzung mit allen Mitgliedern des oberen und obersten Führungskreises brach bezeichnenderweise im Modul Konfliktmanagement im Rahmen einer zwei Jahre laufenden Führungskräfte-Entwicklungsmaßnahme aus. Auslöser war eine Veränderung der Führungsstruktur, die der Geschäftsführer ein paar Wochen zuvor umgesetzt hatte. Jeder im Raum nahm wahr, dass ihr Chef zunächst überrascht und ungläubig, dann verärgert und schließlich wütend wurde. Die Situation war so angespannt, dass der Versuch einer Aussprache unter den Führungskräfte aus dem Ruder zu laufen drohte. Als begleitendes Berater-Team entschieden wir, die Parteien zu trennen, um eine Eskalation mit Verlierern auf allen Seiten zu vermeiden. Nicht nur die Führungskräfte-Entwicklung wäre damit sofort zu Ende gewesen, auch das Vertrauensverhältnis zwischen den Führungskräften wäre schwer gestört worden. Zwei Berater arbeiteten in Folge mit dem oberen Führungskreis weiter und ich übernahm das Coaching mit dem Geschäftsführer, dem Vertriebschef sowie dem Personalleiter. Es war offensichtlich, dass die Geschäftsleitung ihren Ärger der Gruppe der oberen Führungskräfte kommunizieren musste. Allerdings konnte die Aussprache nur angemessen emotional und zielgerichtet erfolgen, wenn das Vertrauen nicht nachhaltig zerstört werden sollte. Nach etwa einer Stunde Arbeit mit den drei obersten Führungskräften des Unternehmens waren diese in der Lage, ihren Ärger nüchtern auf den Punkt zu bringen.

In dem Coaching-Gespräch zeigte sich, dass der Geschäftsführer und seine beiden Kollegen in der Geschäftsleitung kein Problem damit hatten, sich der emotional geäußerten Kritik ihrer Führungskräfte zu stellen. Was jedoch alle in ihren Werten verletzte und ihren starken Ärger auslöste, war der „Angriff" der gesamten Gruppe, ohne dass deren Mitglieder zuvor schon einmal ein Wort darüber verloren hatten. Dabei hatte die Geschäftsführung nach der Strukturveränderung Gespräche angeboten und in vielen Einzelterminen gearbeitet. Der andere Punkt, der die Geschäftsleitung erzürnte, war der Vorwurf, „Leute kalt abzuservieren", obwohl es unter dem aktuellen Geschäftsführer bislang noch keinen solchen Fall gab.

Im Anschluss an die getrennten Sitzungen konnte der Führungskreis seine Kritik angemessen emotional der Geschäftsleitung vortragen. Den drei Männern fiel es allerdings extrem schwer, ihre Gefühle zu beherrschen und zunächst nur zuzuhören. Danach äußerte der Geschäftsführer, stellvertretend für seine beiden Kollegen, wie die Geschäftsleitung die Situation wahrnahm und er erläuterte den Ärger über die Kritik des Führungskreises.

Diese Offenheit war ein Novum in dem Unternehmen und erzielte eine entsprechende Wirkung – unter den über 30 oberen Führungskräften trat eine große Betroffenheit ein. Etliche entschuldigten sich persönlich bei den drei Mitgliedern der Geschäftsleitung für die ihnen erst durch die Aussprache bewusst gewordene Grenzverletzung. Die offene Konfliktbewältigung verbesserte sofort die Beziehungs- und Vertrauensebene – mit bis heute anhaltender Wirkung.

Der Fall zeigt, dass es eine zentrale Führungskompetenz ist, Ärger wahrzunehmen (Selbstwahrnehmung), seinen Auslöser zu reflektieren (Selbstregulierung) und schließlich einzuschätzen, welche Auswirkungen es für die Zusammenarbeit haben würde, wenn diese Emotion ungefiltert zum Ausdruck gebracht wird (Empathie). Sich einfach nur Luft zu machen, kann die Kommunikation schnell eskalieren lassen und in einem Machtkampf enden. Genauso kann ein In-sich-Hineinfressen von Unmut die Zusammenarbeit stark belasten. Eine Lösung im Sinne des gesamten Unternehmens ist in beiden Fällen unwahrscheinlich. Dies ist erst möglich, wenn die eigenen Emotionen verstanden sind und die erhitzten Gemüter sich abgekühlt haben. Dann sollte das gemeinsame Gespräch gesucht werden (Selbstmotivation), um das aufgetauchte Problem sowie die dadurch ausgelösten Gefühle aufzulösen und Verständnis füreinander zu schaffen (Soziale Kompetenz).

Die gute Nachricht ist: Nahezu alle Menschen sind in der Lage, das komplexe Wechselspiel der fünf Faktoren der Emotionalen Intelligenz leben zu können. In der Praxis findet der Ansatz bislang nur deshalb wenig Beachtung, weil die Denkmuster der autoritären Führung noch immer die Offenheit für Emotionen in Beziehungen blockieren.

Intellektualisieren funktioniert nicht mehr

Vielen Führungskräften ist die Notwendigkeit der Emotionalen Intelligenz bewusst – allerdings haben sie diesen Aspekt oft nur gedanklich durchdrungen. Wenn es darauf ankommt, ziehen sie es fast automatisch vor, die psychischen und physischen Empfindungen zu intellektualisieren, statt sie unmittelbar wahrzunehmen. Oft steckt dahinter die unbewusste Annahme, eine Situation so leichter bewältigen zu können. Doch das ist ein Trugschluss. Diese Art der Problembewältigung wird im Englischen *Workaround* genannt, was „um etwas herumarbeiten" bedeutet. Der Begriff wird überwiegend im technischen Umfeld verwendet, wo er eine Art Bypass-Methode beschreibt, mit der die eigentlichen Probleme nicht behoben, sondern die mit ihnen einhergehenden Symptome umgangen werden. Erfahrungsgemäß bedeutet dies immer mehr Aufwand, Stress und weitere Probleme.

Empathie für sich und andere ist also notwendig, wenn Herausforderungen erfolgreich bewältigt werden sollen. Doch das will gelernt sein! Denn traditionell trainiert unsere Gesellschaft uns Menschen, insbesondere Männern, das Fühlen eher ab (Süfke 2014, S. 44 f.), indem sie die Fähigkeiten des Intellekts einseitig fördert. Das Nachdenken darüber, wie man selbst empfindet oder andere Menschen empfinden, ist jedoch nicht Empathie, sondern eine *Projektion*. Das gilt besonders, wenn mit den Emotionen eigene Wünsche, Bedürfnisse oder Erwartungen an andere verknüpft und damit gleichzeitig aus der eigenen Lebenswirklichkeit Rückschlüsse auf andere gezogen werden.

Der Versuch, Gefühlen über den Intellekt auszuweichen, verstärkt sich zudem, wenn Menschen unter Stress stehen. In solchen Situationen wird der Verstand noch intensiver bemüht, um eine Lösung zu finden. Das Ergebnis ist jedoch fast immer ein Verschärfen der Probleme. Denn wenn den Beteiligten in einer Arbeitsbeziehung nicht klar ist, was sie fühlen, werden sie auch nicht wahrnehmen, wie es anderen geht. Die Folge sind Unsicherheit und Distanz – die typischen Muster der autoritären Führung.

Beispiel

Steht in einem Konfliktgespräch mit einem Mitarbeiter, Kollegen oder gar dem Chef einer der Teilnehmer stark unter Stress, sodass das Intellektualisieren der Gefühle keine Erleichterung verschafft, löst dies weitere unangenehme Emotionen wie Überforderung oder Hilflosigkeit aus. Der Versuch, dies nicht wahrzunehmen und die innere Unsicherheit nach außen zu kaschieren, stellt einen inneren Konflikt dar, der dann meist zu Ärger, Wut und Aggression führt. Die versuchte Verschleierung von Emotionen ist meist auch deshalb nicht erfolgreich, da sie für die übrigen Gesprächsteilnehmer in Körperreaktionen wahrnehmbar (häufig jedoch unbewusst) ist. Führungskräfte reagieren daraufhin oft mit Drohungen, Einschüchterung oder Willkür, um die Kontrolle über das Gespräch zurückzugewinnen. Im ersten Moment wird zwar auf diese Weise der Blick von der eigenen Hilflosigkeit und Überforderung abgezogen und auf den Gesprächspartner gelenkt. Gleichzeitig reagiert dieser aber in der Regel mit Distanz. Die Folge sind eine gestörte Arbeitsbeziehung und ungelöste Herausforderungen.

Fazit Wer heute und in Zukunft in der Lage ist, Emotionen in Arbeitsbeziehungen nicht mehr zu verdrängen, sondern sie produktiv zu nutzen, wird klar im Vorteil sein. Nicht nur die jüngeren Generationen erleben das Fehlen von Empathie als nicht authentisch. Eine neue Führung zeichnet sich aber gerade erst durch authentisches Handeln aus, vor allem in Konfliktsituationen. Und das umfasst die Fähigkeit, mit eigenen und fremden Emotionen angemessen umzugehen.

Im Folgenden präsentiere ich einige Möglichkeiten, wie sich die einzelnen Faktoren der Emotionalen Intelligenz fördern lassen. Diese praxiserprobten Anregungen sind natürlich nicht vollständig und auch nicht für jeden gleichermaßen passend. Sie sollen zum Experimentieren anregen, den eigenen Weg zu finden. Schließlich ist das Konzept der Neuen Autorität eine Reise, bei der der Weg auch Teil des Ziel ist!

1. Selbstwahrnehmung

- Ein effektiver Weg, seine Gefühle wahrzunehmen, ist das Führen eines sogenannten Logbuchs. Darin schreiben Sie über einen bestimmten Zeitraum hinein, idealerweise am Abend, was sie am Tag an wichtigen Ereignissen erlebt haben und welche emotionalen Höhen und Tiefen damit verbunden waren. Sie können auch eine Kurve der täglichen Emotionen zeichnen.
- Wenden Sie die Methode „Boxenstopp" an. Nehmen Sie sich mindestens zwei Mal pro Tag 5 min nur für sich Zeit und spüren Sie, wie Sie sich gerade fühlen und was Sie an und in Ihrem Körper wahrnehmen können. Neben den Emotionen wie Freude, Unsicherheit oder Zorn umfasst das zum Beispiel auch Verspannungen im Nacken, Kopfschmerzen, Rückenbeschwerden, Magenreizungen et cetera.
- Haben Sie den Mut, darüber zu sprechen, was sie fühlen, statt nur darüber zu reden, was sie denken.
- Bitten Sie vertraute Menschen darum, Ihre momentane Gefühlssituation einzuschätzen und vergleichen Sie die Aussage mit Ihrer eigenen Wahrnehmung.

2. Selbstregulierung

- Reflektieren Sie von Zeit zu Zeit die Einträge in Ihrem Logbuch (siehe Tipp zu Selbstwahrnehmung) und untersuchen Sie, am besten im Gespräch mit einer vertrauten Person, welche Auslöser (Trigger) zu den Gefühlsäußerungen geführt haben.
- Lernen Sie Ihren Persönlichkeitstyp kennen, zum Beispiel nach den Modellen MBTI oder Insights. Jeder Persönlichkeitstyp hat seine eigene Art, mit Gefühlen umzugehen.
- Lernen Sie anhand von unterschiedlichen Atemtechniken, Ihren inneren Stresszustand und damit verbundene Emotionen wie Ärger oder Wut zu regulieren.

- Bereiten Sie sich auf eine vor Ihnen stehende, herausfordernde emotionale Situation mit einer Person Ihres Vertrauens vor. Analysieren sie gemeinsam, was mögliche Auslöser sein könnten, die Sie darin hindern, Ihre Emotionen zu zeigen oder zurückzuhalten.

3. Selbstmotivation

- Analysieren Sie, welche Werte für Sie in Ihrer aktuellen Lebensphase wichtig sind. Reflektieren Sie, ob Ihre Vorhaben zu ihren wichtigsten Werten passen oder Wertekonflikte auslösen.
- Teilen Sie sich ein großes Ziel in Teilziele auf, ähnlich wie beim Projektmanagement Meilensteine beziehungsweise Arbeitspakete definiert werden. Und gehen Sie dann von Meilenstein zu Meilenstein.
- Wenn Ziele für Sie zu konkret und dadurch nicht motivierend wirken, gestatten Sie sich (Tag-)Träume und malen Sie sich lebendig aus, wie Sie leben möchten, welche Wünsche, Träume, Visionen, Ziele, Zukunftsbilder et cetera Sie haben.
- Lernen Sie, hinter Ihre Ungeduld zu blicken. Vertrauen und trauen Sie sich.

4. Empathie

- Der Schlüssel zur Empathie für andere Menschen liegt in der Empathie für sich selbst!
- Halten Sie sich in Begegnungen mit anderen Menschen zunächst mit Ihrer Meinung zurück und versuchen Sie zu verstehen, warum andere Menschen so denken und fühlen, wie sie es tun.
- Wenden Sie die Methodik des aktiven Zuhörens an, um herauszufinden, ob Sie das Gefühl Ihres Gegenübers richtig wahrgenommen haben.
- Schauen Sie sich bewusst gemeinsam mit einer vertrauten Person Filme oder Theaterstücke unter dem Aspekt an, die emotionale Interaktion und Kommunikation zwischen den dargestellten Figuren wahrzunehmen. Tauschen Sie in einem anschließenden Gespräch ihre Beobachtungen aus.

5. Soziale Kompetenzen

- Gehen Sie nach einem Streitgespräch auf die beteiligten Menschen zu und übernehmen Sie damit die Verantwortung für die Aussöhnung.
- Fragen Sie Menschen nach deren Gefühlen und wägen Sie bewusst ab, welche Auswirkungen Ihre Entscheidungen auf diese Gefühle haben werden.
- Wenn Sie im Leben eher die Führung übernehmen, seien Sie auch mal bereit, sich führen zu lassen. Nehmen Sie dabei wahr, dass es viele Wege gibt, ein Ergebnis zu erzielen.

- Führen Sie Gespräche mit Menschen, die in die Tiefe gehen. Fragen Sie interessiert nach und erforschen Sie dadurch die Gefühlslage des anderen. Machen Sie neue Erfahrungen.

Entwicklungsfeld 3: Konfliktkompetenz

Die meisten Menschen haben sich noch nie damit befasst, ihre Konflikterfahrungen zu reflektieren. In der Auseinandersetzung mit der eigenen Geschichte erlebter Krisen und Konflikte von der Jugend bis in das Erwachsenensein liegt jedoch ein enormes Potenzial der Weiterentwicklung. Unterbleibt dieser Blick zurück, setzen sich erlernte Konfliktmuster und damit verbundene Verhaltensweisen leicht bis ins hohe Alter fort. Vor allem Führungskräfte werden dann nicht in der Lage sein, die zunehmend von Unternehmen gestellte Anforderung einer konstruktiven Konfliktbewältigung zu erfüllen.

Zentraler Aspekt einer effektiven Konfliktkompetenz ist ein Grundlagenwissen über das Entstehen und Managen von Konflikten. Nur auf dieser Basis lassen sich die im Alltag auftretenden unterschiedlichen Konfliktsituationen verstehen. Erklärungsmodelle lösen zwar eine Situation nicht sofort, auf der kognitiven Ebene schaffen sie aber eine Ordnung, die emotional zunächst beruhigend wirken kann. Ein möglicher Erklärungsansatz, um Konfliktsituationen aufzulösen, ist zum Beispiel die Sichtweise, dass jedes Verhalten von Menschen positiven Zielen dient, auch wenn es für Außenstehende erst einmal kaum oder gar nicht sichtbar ist. Ein anderes Argument lautet, dass Vorwürfe oder Beschuldigungen auf vielleicht eher unangemessenere Weise die Bedürfnisse des Anklagenden widerspiegeln. Über dieses Grundlagenwissen hinaus sollten Führungskräfte Kenntnisse über die Wechselwirkungen von Konflikten in Teams haben.

Konfliktkompetenz drückt sich allerdings nicht nur in dem vorhandenen Wissen rund um das Thema Streitkultur aus. Sie muss sich vor allem in der Handlungsfähigkeit zeigen, dieses Wissen konkret anzuwenden. Im Wesentlichen geht es dabei um die Fähigkeit, Konfliktgespräche vorzubereiten und durchzuführen. Sehr hilfreich sind hier unter anderem die Techniken der gewaltfreien Kommunikation nach Marshall B. Rosenberg (Vgl. Rosenberg und Junfermann 2012).

Viele Führungskräfte, meist Männer, glauben noch immer, dass ein gut ausgetragener Konflikt mit „kräftig Getöse", „auf den Tisch hauen" und „Klartext reden" einhergehen muss. So verhalten sie sich dann auch. Die Auswirkungen bekommen diese Führungskräfte jedoch meist nicht mit. Sehr häufig höre ich in Einzel-Coachings, dass insbesondere oberste Führungskräfte (Aufsichtsratsvorsitzende, Vorstände und Geschäftsführungen oder auch Bereichsdirektoren) die nachgeordnete Reihe so lautstark abwerten, auch vor versammelter Mannschaft, dass diese völlig verunsichert sind. Nicht selten wird dies von den Betroffenen und dritten Beobachtern als „Hinrichtung" wahrgenommen. Autorität lässt sich damit jedoch nicht erzeugen. Eine solch veraltete Form der Konfliktaustragung vergiftet vielmehr das Arbeitsverhältnis mit Distanz, Angst und Gefühlen der Vergeltung. In einem solchen Umfeld resignieren viele Mitarbeiter, passen sich an oder rebellieren auf stille Weise. Um das Geschäft weiter in Bewegung zu halten, sehen sich Führungskräfte daraufhin wiederum darin bestärkt, ein autoritäres Verhalten zu praktizieren. Ein Kreislauf, der sich selbst am Leben erhält.

In meiner Coaching-Praxis beobachte ich seit Jahren noch eine andere Form mangelnder Konfliktkompetenz. Es handelt sich um Führungskräfte, die sich Konflikten entziehen, sich wegducken. Die Mittel können dabei ganz unterschiedlich sein, wie Termine permanent verschieben, nicht antworten, sich in inhaltlichen Details verlieren, zu spät kommen, früher gehen, alles ins Lächerliche ziehen et cetera. Konflikte mit solchen Menschen können anfangs sehr verärgern und dann ermüden, weil alle Versuche, mit der Führungskraft in Kontakt zu kommen, scheitern. Auch hier resignieren Mitarbeiter mit der Zeit, gehen auf Distanz und äußern ihren Frust in Form von Sarkasmus oder Ironie.

Glücklicherweise erlebe ich in meiner Arbeit aber auch immer mehr Führungskräfte, die gelernt haben, Konflikte konstruktiv zu bearbeiten. Die positiven Wechselwirkungen auf sich selbst, die Mitarbeiter und das Unternehmen vereinfachen nicht nur das gemeinsame Arbeitsleben und führen zu mehr Effizienz sowie Lebendigkeit. Sie führen auch dazu, dass sich alle auf das Wesentliche ihres Geschäfts konzentrieren: den Kunden.

Grundsätzlich kann jeder Konfliktkompetenz erlernen. Doch was umfasst sie genau über das Grundlagenwissen hinaus? Der deutsche Psychologe Karl Berkel (Berkel 2010, S. 72) empfiehlt folgende Punkte, die ich mit meinen Erfahrungen aus der Praxis verbunden habe. Menschen (in Organisationen) sollten

1. sensibel und wahrnehmungsfähig sein für Konfliktsymptome und Konfliktmechanismen.
2. offen sein, um in der Gesprächsform des Dialogs zu kommunizieren.
3. fähig sein, Differenzen, Mehrdeutigkeiten und Gegensätze auszuhalten (Ambiguitätstoleranz) und dennoch entschieden sowie konsequent zu handeln.
4. bereit sein, sich Konfrontationen zu stellen (Asservität).
5. Frust nicht verdrängen, sondern gezielt bewältigen (Frustrationstoleranz).
6. flexibel in puncto Zielerreichung sein. Sie sollten sich auf andere Menschen und Situationen einstellen und dennoch die eigenen Ziele nicht aus den Augen verlieren.
7. den Unterschied erkennen, ob Konflikte eine Folge von Beziehungen oder der Organisationsstruktur sind.
8. realisieren, dass sie fehlbar sind und sich Kritik stellen sowie diese wahrhaftig auf Relevanz prüfen.
9. innere Autonomie entwickeln, sich also innerlich unabhängiger von Meinungen oder Bedingungen machen. Gleichzeitig sollten sie einer Idee dienen und sich für andere engagieren.
10. sich und anderen vertrauen und dennoch mit Enttäuschungen leben lernen.
11. sich an eigenen Werten orientieren und dennoch Werte anderer respektieren.

Wie bei den Aspekten der Emotionalen Intelligenz kommt mir bei dieser Auflistung unweigerlich der Gedanke: „Wie soll das ein Mensch alles auf einmal leisten können?" Aus meiner eigenen Biografie, meinem Entwicklungsweg und der Begleitung vieler

Menschen zu diesem Thema weiß ich, dass die Ausbildung dieser Konfliktkompetenz seine Zeit braucht, aber definitiv möglich ist – gleich in welchem Alter man damit startet. Unser menschliches Gehirn ist dazu in der Lage, denn wie die Wissenschaft seit etwas mehr als einem Jahrzehnt entdeckt hat, ist das Netzwerk unserer grauen Zellen viel flexibler als gedacht. Dessen große Fähigkeit zur Veränderung und das damit verbundene Lernen bis zum Tod wird in der Fachsprache neuronale Plastizität genannt. Und die verlangt nicht, mit allem gleichzeitig zu beginnen, sondern sich Punkt für Punkt anzueignen, im eigenen Rhythmus. Im Folgenden stelle ich einige beispielhafte Tipps vor, wie sich Konfliktkompetenz schrittweise entwickeln und verfeinern lässt.

1. Sensibilität steigern

Konflikte und Konfliktdynamiken sind sehr gut erforscht. Es gibt eine Fülle von guter Literatur darüber. Darin wird beschrieben, an welchen Symptomen man Konflikte erkennt, nach welchen Mechanismen sie funktionieren und wie sie sich entwickeln können.

Konfliktsymptome können beispielsweise sein: Beleidigungen, Vorwürfe, „Killerphrasen", „Ja-aber"-Argumente, Sarkasmus und Ironie, Herumblödeln, distanzierte Höflichkeit, Drohungen, Ausgrenzung („die kalte Schulter zeigen"), Sabotage – oder auch Schweigen, sturer Formalismus, Krankheit, vorweggenommener Gehorsam.

▶   Eine umfangreiche Liste finden Sie unter www.bnaf.autoritum.de.

Aus der Erkenntnis entsteht eine Wahlmöglichkeit, den Konflikt zu klären – das Lösen ist leider nicht immer möglich – oder aus guten Gründen dem Konflikt (zunächst) aus dem Weg zu gehen. Sich ein solches Wissen zu Funktionsweisen von Konflikten anzueignen, ist vergleichbar mit dem Lesen einer Landkarte. Einmal im tatsächlichen Gelände beziehungsweise Konflikt angelangt, lassen sich Täler schneller erkennen, und es besteht die Wahl, das Tal zu durchschreiten oder eine andere Route zu wählen.

2. Offen kommunizieren

Der US-amerikanische Psychologe Carl Rogers hat bereits in den 1960er Jahren die Methode des aktiven Zuhörens entwickelt. Dieser Ansatz beschreibt im Wesentlichen eine Haltung des ehrlichen Interesses an einem Gesprächspartner. Darüber hinaus liefert die Methode Techniken, wie aus einem reinen Zuhörer ein Dialogpartner wird. Hilfreich ist z. B. die Frage „Was wurde gemeint, aber nicht gesagt?". Die Antwort fasst man dann mit eigenen Worten zusammen und gibt die Aussage in Form einer Frage zurück, beispielsweise „Heißt das, dass ich nun selbst entscheiden soll?". Ein bekanntes, nützliches Modell der Kommunikation liefert der deutsche Psychologe Friedmann Schulz von Thun mit seinen vier Seiten einer Nachricht: Selbstkundgabe, Beziehungsebene, Appellebene und Sachebene. Durch das Training beider Ansätze und der dazugehörigen Techniken kann es gelingen, offen zu kommunizieren und mit anderen in einen Dialog zu treten.

3. Ambiguitätstoleranz

Grundlage dieser Fähigkeit ist es, die geistige und emotionale Flexibilität zu fördern. Viele erwachsene Menschen gehen davon aus, die eigene Sicht der Dinge sei die einzig wahre. Abweichende, unterschiedliche Meinungen zu einzelnen Themen sind daher die logische Konsequenz. Sich dies klar zu machen und insbesondere emotional zu verinnerlichen, statt auf seinem Recht oder seiner Wahrheit zu beharren, ist gleichbedeutend mit Ambiguitätstoleranz. Unterschiedliche Sichtweisen ziehen zwangsläufig unterschiedliche, für andere nicht vorhersehbare Verhaltensweisen nach sich. Konflikte lassen sich leicht vermeiden oder entschärfen, wenn die Beteiligten unerwartete Reaktionen als Überraschung, interessante Neuigkeit oder auch Lernmöglichkeit begreifen. Ein Training der Ambiguitätstoleranz konfrontiert Menschen daher vor allem mit neuen, unbekannten Situationen, die unvorhersagbare Reaktionen auslösen. Probieren Sie es einmal aus, indem Sie sich zum Beispiel mit Dingen beschäftigen, die Sie unter „normalen" Umständen wohl nicht machen würden: Theater spielen, Bildhauerei, Dichten, Tanzen, Singen, Lesen, Yoga, Mannschaftssportarten, für eine Gruppe oder in einer Gruppe kochen, ehrenamtliche Tätigkeiten, Kopfrechnen, … und beobachten sich selbst dabei: Was denke ich? Was fühle ich? Was stört mich? Was mag ich?

4. Asservität

Vielen Menschen fällt es schwer, Konflikte offen und vor allem konstruktiv anzusprechen. Das ist nicht verwunderlich, da in unserer Gesellschaft diese Fähigkeit zur Asservität nicht gelehrt wird. Hinter dem Phänomen, Konflikte nicht anzusprechen, steht oft die Befürchtung, das Gegenüber mit der Kritik zu verletzen oder ihm zu unterliegen. Viele Menschen haben aber auch das Gefühl, kein Recht zu haben, etwas einzufordern beziehungsweise sich abzugrenzen. Für Führungskräfte ist diese Einstellung fatal. Bei aller Kooperationsbereitschaft ist es in jedem Unternehmen wichtig, Grenzen zu ziehen oder sich vor seine Mitarbeiter zu stellen, wenn es ungerechtfertigte Kritik von anderer Seite gibt. Asservatives Denken und Verhalten ist also eine Voraussetzung für exzellente Führung. Ein erster Entwicklungsschritt zu dieser Fähigkeit ist es, seine eigene Haltung bezüglich des Einforderns von Rechten mit den psychologischen Grundrechten aller Menschen abzugleichen und die noch nicht gelebten Aspekte in die eigene Persönlichkeit zu integrieren. Zum Beispiel das Recht, „Nein" zu sagen, ohne das Nein zu begründen.

▶   Eine umfangreichere Liste finden Sie unter www.bnaf.autoritum.de.

5. Frustration gezielt bewältigen

Frustration bedeutet, dass Wünsche beziehungsweise Erwartungen, die unbedingt erfüllt werden sollen, nicht bedient werden. Die meisten Menschen entwickeln in diesem Falle eine Mischung aus Ärger und Enttäuschung. Die Fähigkeit, Frustration gezielt zu bewältigen, versetzt Menschen in die Lage, den Auslöser der Unzufriedenheit zu verändern, das heißt zum Beispiel, sich von nicht erfüllbaren Erwartungen zu verabschieden.

Oder sie stellen diese gar nicht erst. Frustrationstoleranz bedeutet außerdem, Gefühlen wie Ärger oder Enttäuschung nicht auszuweichen oder sie zu verdrängen, sondern sich ihnen zu stellen. Menschen, die über diese Fähigkeit verfügen, erfüllen schließlich ihre Wünsche an einem anderen Ort, zu einer anderen Zeit oder auch mit anderen Menschen. Generell führt Frustrationstoleranz dazu, Verantwortung für sich selbst zu übernehmen.

6. Flexibilität steigern

Ein zentraler Entwicklungsschritt für Führungskräfte ist es, unterschiedliche Formen von Zielorientierung kennen und akzeptieren zu lernen, die sich u. a. aufgrund von Persönlichkeitsunterschieden ergeben. Persönlichkeitsmodelle wie beispielsweise der MBTI, Insights und so weiter vermitteln – bei aller berechtigter Kritik an diesen Modellen – eine Idee, auf welche Arten Menschen Ziele verfolgen. Das kann beispielsweise geradlinig, gut organisiert, schnell oder eher flexibel, langsam, vielfältig erfolgen. Keine Herangehensweise an ein Ziel ist besser oder schlechter. Jeder kann auf seine Weise am gleichen Endpunkt angelangen. Dieses Wissen darum kann zu Toleranz und Flexibilität im Umgang mit Menschen führen.

Die eigenen Ziele dabei nicht aus dem Fokus zu verlieren, gelingt allerdings erst dann, wenn man sich selbst darüber klar ist, wohin man (nicht) will. Eine gute Hilfe dabei ist die Vorstellung, was nach der Zielerreichung ganz konkret anders sein soll als in der aktuellen Situation. Aus den Antworten lässt sich ein guter Zielsatz formulieren, der dann möglichst laufend präsent ist, zum Beispiel auf einer Karte auf dem Schreibtisch, auf Charts, auf Postern, als Begrüßungstext auf Mobiltelefonen, Tablets, Computern und so weiter.

7. Konflikte unterscheiden lernen

Insbesondere in Matrixorganisation füllen Führungskräfte mehrere Rollen aus. Zum Beispiel sind sie innerhalb ihres Teams disziplinarische Führungskraft und in Bezug auf ein bestimmtes Thema nur inhaltlich weisungsbefugt. Bei einem anderen Thema sind sie möglicherweise gleichzeitig auch noch Projektleiter. Mitarbeiter weisen häufig noch mehr unterschiedliche Rollen auf. Diese gleichzeitig zugewiesenen unterschiedlichen Positionen stellen an alle sehr hohe Anforderungen in puncto Kommunikation und Kooperation. Für jeden Gesprächspartner ist es eine enorme Herausforderung zu erkennen, in welcher Rolle der andere sich befindet, und diese Rollenunterschiede auch zu akzeptieren. Gerade bei emotional aufgeladenen Themen, bei denen die Betroffenen unter Stress stehen, ist das schwierig. In der Regel enden die auftretenden Missverständnisse leicht in Form von persönlichen Vorwürfen und Konflikten auf der Beziehungsebene, obwohl es sich vielleicht um Rollenkonflikte handelt, die durch die Matrixstruktur bedingt sind. Konfliktkompetenz bedeutet, dass Führungskräfte diese Unterschiede in den Auseinandersetzungen frühzeitig erkennen und entsprechend handeln.

Lernen Sie Konfliktarten unterscheiden, wie beispielsweise Rollenkonflikte, Zielkonflikte, Wertekonflikte, Bewertungskonflikte usw., indem Sie sich in die umfassende

Konfliktmanagement-Literatur einlesen und sich in Fortbildungen weiter qualifizieren. Fortbildungen sind übrigens auch eine gute Möglichkeit, Ambiguitätstoleranz (vgl. Punkt 3) zu trainieren.

8. Die eigene Fehlbarkeit realisieren

Es gibt viele Gründe, warum es Menschen schwerfällt, Fehler einzugestehen. So kann es sein, dass in der Kindheit Anerkennung und Zuneigung nur gegen Perfektion gewährt wurde. Fehler wurden dagegen mit Ablehnung oder sogar Schlägen geahndet. Wenn Erwachsene diese Zusammenhänge nicht reflektiert haben, wirken eigene Fehler als Bedrohung des Selbstwertes und werden verdeckt oder bei Hinweis durch andere (aggressiv) abgewehrt. Der zentrale Entwicklungsschritt liegt in diesem Fall darin, zum Beispiel den Antreiber „Sei perfekt!" zu erkennen und diesen emotional von Anerkennung, Nähe oder dem Selbstwert zu entkoppeln. Beschäftigen Sie sich mit der Transaktionsanalyse und dort mit dem Konzept sogenannten der *Antreiber* („Mach's allen recht") und *Erlauber* („Du darfst so sein, wie Du bist").

9. Innere Autonomie entwickeln

Der Psychiater Dr. Michael Bohne hat in seiner Arbeit fünf Selbstwertblockaden ermittelt (Bohne 2008, S. 64 ff.), die Menschen unter anderem daran hindern, innere Unabhängigkeit zu erlangen. Diese lauten:

1. Selbstvorwürfe,
2. Vorwürfe gegen andere,
3. Erwartungen an andere, die diese nicht erfüllen können oder nicht kennen,
4. sich kleiner oder jünger fühlen als das eigene gegenwärtig tatsächliche Alter,
5. Loyalitätsverstrickungen.

Wenn eine oder mehrere dieser Selbstwertblockaden vorliegen, fällt es Menschen in Konflikten schwer, ihre eigenen Gefühle und Meinungen konstruktiv zum Ausdruck zu bringen. Stattdessen reagieren sie bei Kritik schnell aggressiv, zum Beispiel um die eigene Unsicherheit und Unzufriedenheit zu verdecken. Durch das Auflösen einer oder mehrerer dieser Selbstwertblockaden können Menschen die Fähigkeit erlangen, eine innere Ruhe zu bewahren bei gleichzeitiger Offenheit für Kritik. Es versetzt sie außerdem in die Lage, sich leichter für andere Menschen einzusetzen beziehungsweise klar zu entscheiden, dies nicht tun zu wollen – ohne ein sogenanntes „schlechtes Gewissen" zu haben (Abgrenzung).

Wir alle werden in Beziehungssysteme wie die Herkunftsfamilie hineingeboren und denken und fühlen in diesen. Je nachdem, wie nah uns die uns umgebenden Menschen sind und welche Bedeutung wir den Beziehungen zu diesen Menschen beimessen, ist dies mit Loyalität verbunden. Wenn wir uns verändern, so wandeln sich aus systemischer Sicht auch immer die (Bedeutungen von) Beziehungen zu anderen Menschen. Loyalität ist ein Bindungsmittel in Beziehungen. Sie kann Beziehungen und deren Dynamiken bewahren, was Sicherheit und Vertrauen erzeugen sowie zu einem Gefühl der Stärke führen kann.

Loyalität kann aber auch Ausdruck (meist unbewusst) davon sein, dass Menschen sich nicht mehr verändern wollen. Hier liegt die Befürchtung zugrunde, dass andere Menschen eigene Veränderungen als Bruch der Beziehung verstehen und sich abwenden könnten. Um diese mögliche Distanz in der Beziehung zu verhindern, torpedieren Menschen unbewusst ihre Veränderungsabsichten, obgleich es vielleicht notwendig für sie ist.

Im Rahmen des Konzepts der Neuen Autorität ist die Auseinandersetzung mit diesem Thema deshalb so wichtig, weil Loyalität zu bestimmten Bezugspersonen die Nachhaltigkeit einer neuen Haltung zu Autorität oft unbewusst verhindert. Die Kenntnis über die eigenen Loyalitätsbeziehungen in der Vergangenheit und der Gegenwart gehören daher genauso auf den Prüfstand wie das eigene Verständnis von Führung oder der Umgang mit Konflikten. Führungskräfte, die an sich oder bei ihren Mitarbeitern eine Entwicklung blockierende Haltung der Loyalität wahrnehmen, sollten sich zudem umfassend mit der effektiven Übung zu diesem Thema auseinandersetzen, die hilft, Wahrnehmungsfilter zu erkennen und zu verändern.

▶ Diese Übung („Wahrnehmungsfilter erkennen") können Sie unter www.bnaf. autoritum.de herunterladen.

10. Sich vertrauen und trauen

Dieses Lernfeld ist eng verbunden mit dem Lernfeld Selbstwahrnehmung aus der Emotionalen Intelligenz. Hier geht es vor allem darum, inneren Impulsen und Gefühlen als Hinweisgeber zu vertrauen, um daraus das eigene Handeln abzuleiten. Als Training eignen sich alle privaten wie beruflichen Situationen, in denen ein Mensch mit Neuem, Ungewohntem konfrontiert wird und sich überwiegend auf seine inneren Impulse, seine Intuition, seine Erfahrung verlassen muss. Die daraus folgende Erkenntnis, solch ungewohnte Herausforderungen zu bewältigen, selbst etwas zu bewirken, schafft Vertrauen in die eigenen Kompetenzen. Viele Menschen hören, ohne dass es ihnen bewusst ist, in vielen Situationen auf ihr „Bauchgefühl". Vertrauen zu sich selbst ist der zentrale Hebel, um den nächsten Schritt zu gehen: anderen Menschen zu vertrauen. Für Führungskräfte bedeutet das auch, sich selbst, aber insbesondere den Mitarbeitern etwas zuzutrauen. Gleichwohl wird es auch weiterhin immer Situationen geben, wo Vertrauen nicht gerechtfertigt war beziehungsweise dieses enttäuscht wird. Diese Enttäuschung als Teil des Lebens und der menschlichen Existenz anzuerkennen und damit in einer erwachsenen Art und Weise umzugehen, bleibt für jeden eine lebenslange Aufgabe.

Erste Ideen zur Umsetzung lesen Sie im Entwicklungsfeld „Emotionale Intelligenz".

11. Werte als Leitfaden

Dies ist ein zentraler Schritt in der Entwicklung von Konfliktkompetenz. Er umfasst das Reflektieren der eigenen Werte in größeren zeitlichen Abständen. Denn wie schon einmal formuliert führt das Gefühl der Verletzung eigener Werte schnell zu starken Emotionen oder anders formuliert: Wenn Konflikte stark oder schnell emotional werden, ist die Wahrscheinlichkeit sehr groß, dass sich Menschen in ihren Wertehaltungen angegriffen fühlen und Kommunikation als auch Kooperation blockiert wird. In hierarchischen Strukturen löst das – gerade unter Druck – schnell wieder autoritäres Verhalten aus. In einem hohen Erregungsgrad zu versuchen, Konflikte zu klären, ist wenig zielführend, insbesondere, wenn man sich – wie in Unternehmen hoffentlich üblich – über ein Sachthema streitet. Das Element der Neuen Autorität „Deeskalation" setzt ja genau da an. Wenn man sich auf den Weg macht, in Konflikten weniger stark emotional zu agieren (das heißt *nicht*, keine Emotionen zu zeigen, sondern emotional handlungsfähig zu bleiben), braucht es einen Prozess der Reflexion. Es braucht einen „Schalter", um den emotionalen Autopiloten auszuschalten. Der Prozess der Reflexion kann dabei wie folgt ablaufen: Zunächst werden Werte gesammelt, die Menschen haben können. Daraus erfolgt dann eine persönliche Priorisierung mit der Frage „Welche Werte mir im Leben wichtig sind?". Anschließend werden maximal zehn Werte nach ihrer persönlichen Wichtigkeit geordnet.

▶   Eine Sammlung von Werten können Sie sich gerne herunterladen unter: www.
      bnaf.autoritum.de.

In Konflikten werden meist einer oder mehrere dieser Werte von Menschen verletzt beziehungsweise angegriffen, was starke emotionale Reaktionen auslösen kann. Um dennoch im Gespräch zu bleiben und gemeinsam Lösungen in den Sachthemen zu finden, ist es hilfreich, sich zu vergegenwärtigen, welche der zehn Werte angegriffen werden beziehungsweise wurden. Das gibt unter anderem die Chance

- im akuten Konflikt mit ein wenig Übung und Selbstkontrolle die Emotionen etwas abzukühlen. Denn wenn man sich über Werteunterschiede mit dem Ziel unterhält, den anderen zu verstehen beziehungsweise einen Weg des gemeinsamen Umgangs mit den Unterschieden zu finden, wird es schwer, gleichzeitig stark emotional zu bleiben. Erst dann lassen sich Lösungen auf der Sachebene finden.
- zu erkennen, welche Bedürfnisse sich über die Werteverletzung gemeldet haben, die bei dem Konflikt nicht berücksichtigt wurden. Diese Erkenntnis kann in weiteren Gesprächen dazu genutzt werden, neben der Sachebene auch das Thema Bedürfnisse zu klären. Das ist dann wiederum gleichzeitig eine Vorbereitung für neue Konfliktgespräche. Man achtet viel früher auf eigene sowie fremde Bedürfnisse und versucht nicht mit viel Krampf, einfach nur das Sachthema zu lösen.
- mit dem Konfliktpartner mehr als nur ein Sachthema zu klären. Mit der Zeit führt das zu mehr Sensibilität, Toleranz und Respekt gegenüber eigenen als auch fremden Werten, da man erkennt: Dem anderen geht es genau so wie mir, nur mit anderen Themen.

Entwicklungsfeld 4: Autorität in der persönlichen Biografie

Grundsätzlich noch einmal zur Erinnerung: Autorität entsteht nur in und durch Beziehungen zwischen Menschen innerhalb eines bestimmten Umfelds. Alle hier aufgeführten Impulse können zu Quellen persönlicher Autorität werden. Ob die Quelle aber auch genutzt wird, entscheidet sich dann in der jeweiligen Beziehung und dem gegebenen Kontext. Und: Dieser Prozess ist immer wieder neu. Autorität muss sich immer wieder legitimieren.

Im Folgenden habe ich Themen ausgewählt, die meiner Einschätzung nach wichtig für die Reflexion der persönlichen Haltung zu Autorität sind. Da ich auch weiterhin zum Thema Autorität „handlungsforschend", wenn auch nicht empirisch, unterwegs bleibe, werden sich diese Themen weiterentwickeln.

Hier geht es wie bei der Konfliktkompetenz darum, seine eigene Biografie zu dem Thema Führung, Macht und elterlicher Präsenz zu betrachten, um Muster abzuleiten, die heutiges Verhalten prägen. Doch das ist der zweite Schritt.

1. Wille zur Führung

Wer andere Menschen leiten, Projekte im Team gestalten oder sogar ein Unternehmen führen will, muss sich zunächst seiner eigenen grundsätzlichen Einstellung gegenüber Führung bewusst sein. Die entscheidende Frage sollte positiv beantwortet sein, so einfach sie auch klingt: Will ich wirklich führen und Verantwortung für das Zusammenwirken von Menschen zu einem Ziel übernehmen?

Wer diese Frage nicht mit „ja, ich will" beantwortet, sollte sich die nächste Frage stellen: Wieso bin ich überhaupt in einer Führungsposition oder will in diese? Denn ohne den inneren Willen fehlt die Energie (und damit auch die innere Präsenz), an der Führungskompetenz zu arbeiten und diese auch zu nutzen. In diesem Fall ist es klarer und ehrlicher sich für eine Arbeit ohne Führungsverantwortung zu entscheiden.

> Männliche Führungskraft, Jahrgang 1960: „Autorität hat für mich eine Vorbildkomponente: Wenn sie wertschätzend ist, dann ist sie gut."

2. Reflexion der persönlichen Haltung zu Autorität

Wie schon beschrieben geht es nach dieser ersten grundlegenden Entscheidung darum, die eigene Biografie zum Thema Autorität zu reflektieren. Ziel dieser Reflexion ist es, die Menschen zu entdecken, die für die eigene Haltung zu Autorität prägend waren, und sich zu fragen: Welche Haltung beziehungsweise Verhaltensweisen zu Autorität habe ich übernommen und ist diese Haltung und die daraus entstandenen Verhaltensweisen heute noch passend für mich und meine Führungsarbeit? Wenn nein, wie mache ich den Weg frei für meine eigene, veränderte Haltung (Stichwort unter anderem: Loyalitäten)?

▶   Eine Anleitung zur Reflexion Ihrer Biografie zu Autorität finden Sie zum Down-
         load unter: www.bnaf.autoritum.de.

3. Muster erkennen

Neben der grundsätzlichen Entscheidung, Verantwortung für Menschen in Bezug auf
ein Ziel zu übernehmen und der Reflexion der eigenen Autoritätsbiografie gilt es, sich
mit Themen auseinanderzusetzen, die immer wieder in Führungssituationen auftauchen und den Menschen in dieser Funktion und Rolle persönlich fordern. Das Spektrum
reicht dabei von den offensichtlichen Themen Macht, Sicherheit, Grenzen von Kompetenz, Konkurrenz und Kooperation bis zur persönlichen Betroffenheit wie Hilflosigkeit,
Überforderung, Würde oder Scham. Je bewusster die erlernten Muster wahrgenommen
werden, desto weniger überrascht ist man, wenn zum Beispiel Kommunikation oder
Kooperation (noch) nicht gelingt.

    Die beiden Berater und NLP-Trainer, der Ire Joseph O'Connor und der Engländer
John Seymour, haben vier Stufen des Lernens entwickelt (Daniel 2008, S. 122 f.). Dabei
unterscheiden sie sowohl zwischen Kompetenz und Inkompetenz als auch zwischen
bewusstem und unbewusstem Wahrnehmen. Aus ihrer Sicht beginnt der Prozess des Lernens mit der unbewussten Inkompetenz, dem Nichtwissen, was man nicht weiß. Darauf
folgt die bewusste Inkompetenz, dann die bewusste Kompetenz und das Lernen schließt
mit der unbewussten Kompetenz ab. Dies ist dann der Fall, wenn das erlangte Wissen
automatisch, also unbewusst, genutzt wird. Nach dem Modell setzt die Reflexion immer
auf der zweiten Stufe (bewusste Inkompetenz) des Lernens an und zieht in der Regel die
dritte Stufe, bewusste Kompetenz, nach sich. Auf der Basis der auf diese Weise gewonnenen Erkenntnisse können Führungskräfte einen anderen, hilfreicheren Weg einschlagen und sich in daraus folgenden Situationen anders verhalten. Doch das braucht Zeit.
Neue Verhaltensweisen lassen sich nicht einfach durch eine erste Erkenntnis und zwei,
drei bewusst veränderte einzelne Handlungen nachhaltig in das persönliche Verhaltensrepertoire integrieren. Dafür braucht es auch hier Beharrlichkeit, Ausdauer bei der Wieder-
holung und Frustrationstoleranz.

4. Überforderung vernichtet Präsenz

Führungskräfte sind nicht allmächtig. Überforderung, auch wenn es selten bis nie so aus-
gesprochen wird, ist Teil ihrer Arbeit. So sehen sich Führungskräfte immer wieder Situationen ausgesetzt, in denen sie keine Antwort wissen und es keine Möglichkeit gibt, sich
eine zu beschaffen, etwa weil es in der Unternehmenskultur ein Tabu ist, Schwächen zu
zeigen. Gleichzeitig brauchen das Team und der einzelne Mitarbeiter aber eine Antwort,
um weiterarbeiten zu können.

    Bei dem Thema Überforderung fällt es jedoch den meisten Menschen nicht leicht,
diese wahrzunehmen oder gar anzuerkennen, da das häufig das Selbstbild bedroht beziehungsweise nicht zu den aktuellen gesellschaftlichen Strömungen passt. Dies illustriert
ganz gut ein bekannter Werbeslogan: „Sind sie zu stark, bist du zu schwach."

Für Führungskräfte ist das jedoch gleichermaßen eine Herausforderung als auch eine Chance: eine Herausforderung, weil in den meisten Führungskreisen und Führungskulturen Überforderung gleichgesetzt wird mit Inkompetenz oder Schwäche – eine Riesenchance, weil sich aus dem Konzept der Neuen Autorität die Logik ableitet, dass keine Führungskraft allein führen muss. Die Führungskraft repräsentiert das gesamte Führungssystem und bedient mit ihrem Handeln „ordnungspolitische Aspekte". Die Führungskraft als Stellvertreter des Führungssystems und der Unternehmensziele wirkt dadurch präsent. Überforderung – vor dem Hintergrund, „allein auf weiter Flur" zu agieren – wandelt sich dann in Stärke.

5. Systemisches Denken bringt Gelassenheit

Die Weiterentwicklung der Führungskompetenz und der Wandel in der Haltung zu Autorität sollte mit einem veränderten Blick auf die „Funktionsweise" von Organisationen abgerundet werden. Das bedeutet heute insbesondere, ein grundlegendes Verständnis davon zu haben, dass sich soziale Systeme und Menschen nicht direkt steuern lassen. Gerade dieses systemische Wissen ist für die meisten Führungskräfte, die in ihrer Sozialisation vor allem das lineare und technische Denken erfahren und gelernt haben, jedoch ein Paradigmenwechsel. Kurz gefasst sei hierfür die klassische Metapher des Mobiles beschrieben. Wenn man ein Mobile an irgendeiner Stelle antippt, kommt das gesamte Mobile(-System) in Bewegung und verändert sich, bleibt jedoch innerhalb der Veränderung als Ganzes in einer Balance (es sei denn, der Veränderungsimpuls ist zu stark, dann entsteht Chaos). Was voraussagbar ist: Das Mobile wird sich verändern. Was nicht voraussagbar ist: an welchen Stellen, in welcher Reihenfolge und wie stark. Genauso verhält es sich mit Organisationssystemen. Systemtheorie kann trocken sein. In dem Buch *Radikale Marktwirtschaft* hat der Psychiater Prof. Dr. Fritz B. Simon es geschafft, systemisches Denken mit Begriffen und Beispielen aus der Wirtschaft augenzwinkernd zu erklären – eine erfrischende Einführung beziehungsweise Weiterführung für Interessierte.

Dieses Wissen und die daraus entstehende Erkenntnis werden dazu beitragen, sich von der Idee zu verabschieden, dass man Menschen und Unternehmen wirklich (linear) steuern und kontrollieren kann. Das führt zu Gelassenheit bei der Zielverfolgung.

6. Sich lösen von Kontrolle und Angst

Sich auf der kognitiven, gedanklichen Ebene mit der Abgabe von Kontrolle und mit dem Pendant Vertrauen zu beschäftigen, ist nur die eine Seite der (Kontroll-)Medaille. Die andere Seite davon ist das Auflösen, mindestens jedoch der konstruktive, erwachsene Umgang mit einer Emotion, die, wie bereits weiter oben beschrieben, in unserer Gesellschaft gemieden und tabuisiert wird: Angst.

Es wirkt auffällig, dass gerade in Deutschland beim Thema Autorität oder besser autoritärer Führung das Thema Angst tabu ist. Dabei ist sie einer der zentralen (Kontroll-)Hebel. Kontrolle aufzugeben und Mitarbeitern zu vertrauen bedeutet emotional, sich mit seinen Ängsten zu beschäftigen – vor allem der Angst vor Einflusslosigkeit, wenn die Ergebnisse nicht so ausfallen wie erwartet. Darunter liegt meist noch eine tiefere Ebene der Angst, nämlich die Furcht, im Falle eines Scheiterns nicht mehr dazu-zugehören (gekündigt/strafversetzt), nicht mehr (sozial) anerkannt zu werden (auch und gerade von Familienmitgliedern, Kollegen, Nachbarn). Das umfasst auch die Angst, nicht mehr gesehen zu werden, nicht mehr wichtig zu sein. Insbesondere in unserer Gesellschaft, wo Menschen nahezu ausschließlich über bezahlte Arbeit ihren Selbst-wert generieren. Alle diese Punkte höre nicht nur ich immer wieder unter vier Augen in Einzel-Coachings. Auch Coach-Kollegen erhalten diese Antworten auf die Frage: Was ist Ihre größte Befürchtung, wenn Sie in den Konflikt mit Ihrem Chef gehen? Im Kern geht es dabei um das Gefühl der Unsicherheit in der Arbeitsbeziehung.

Die kulturelle Ebene: Der Unternehmenskompass

Innere Haltung ist das Ergebnis unseres Denkens und unserer Erfahrungen. Gleichzeitig formt sie wiederum unsere Denk- und Verhaltensweisen. Kommen Menschen zusammen, um gemeinsam an einem Thema zu arbeiten, bildet das Wechselspiel der verschiedenen inneren Haltungen und der daraus folgenden Verhaltensweisen die gemeinsame Kultur.

Jede Unternehmenskultur ist wie eine Art Kompass (Abb. 5.4): Sie erleichtert die Kommunikation und die Entscheidungsfindung, indem sie vorab bewertet, was (un-) wichtig ist. Dadurch ist sie eine Art „Autopilot", der für die Menschen viele Fragen der Zusammenarbeit beantwortet. Zudem beeinflusst die Kultur ihrerseits die Haltungen und Verhaltensweisen der in ihr zusammenkommenden Menschen. Und diese, von der obers-ten Hierarchie-Ebene über die Führungskräfte bis zu allen Mitarbeiter, halten die Kultur aufrecht, in dem sie sich den unausgesprochenen Verhaltensregeln anpassen. Das kann einerseits Effizienz bewirken, anderseits aber auch Veränderungen hemmen.

Wie sehr diese soziale Wechselwirkung von Kultur, innerer Haltung und Verhaltens-weisen für die Zusammenarbeit in Unternehmen unterschätzt wird, zeigt ein Blick auf

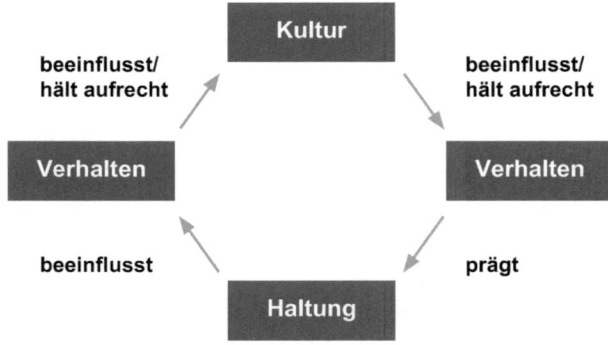

Abb. 5.4 Kultur prägt Verhalten prägt Kultur

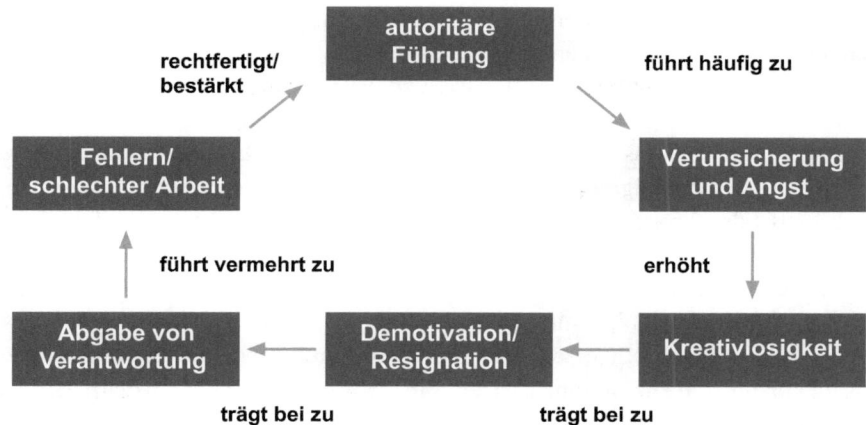

Abb. 5.5 Autoritäre Führung und Kreativität

die auch heute noch häufig zu beobachtenden Auswirkungen autoritärer Führung auf Kreativität, Fehler und gute Arbeit (Abb. 5.5).

Jedem dürfte klar sein, dass ein Unternehmen mit solch einer Kultur auf lange Sicht nur sehr schwer am Markt bestehen kann, selbst wenn es mehrere Jahrzehnte dauert, bis die Konsequenzen sichtbar werden. Die ehemalige Drogeriekette Schlecker, die Rechtsbrüche der Deutschen Bank oder „Dieselgate" von VW seien nur als einige Beispiele in der jüngeren Vergangenheit genannt.

▶   Auf meiner Internetseite www.baumann-habersack.de finden Sie auch einen Kommentar von mir zum Dieselskandal von VW aus Perspektive der Neuen Autorität in der Führung mit dem Fokus auf das Element Wiedergutmachung.

Anders dagegen wirkt die Neue Autorität in der Führung auf Kreativität, Arbeitsverhalten und die Qualität der Arbeit (Abb. 5.6).

Wie wichtig es also ist, die eigene Kultur zu reflektieren und ein Umfeld zu schaffen, in dem Menschen von sich aus engagiert, offen und kreativ das gemeinsame Anliegen voranbringen möchten, verdeutlicht das folgende Beispiel.

Beispiel

Ein weltweit erfolgreiches Familienunternehmen hatte sich in zwei deutschen Werken mit rund 1000 Mitarbeitern für das sogenannte Industrie-4.0-Zeitalter fit gemacht und durch Lean Production, Kaizen, Kanban, Shopfloor-System bereits einige Produktivitätsfortschritte erzielt. Die alte, hierarchisch geprägte Kultur wirkte jedoch noch als Hemmschuh: Bereichsübergreifende Zusammenarbeit war kaum möglich, die Bereitschaft zur Verantwortungsübernahme war gerade für das mittlere Management nicht gewünscht und auch nicht vorhanden. Insgesamt verlor man den Blick auf die sich in Zeiten der Digitalisierung wandelnden Kundenbedürfnisse und -erwartungen:

Versprochene schnelle Liefertermine konnten nicht eingehalten werden, die Lieferzeiten waren im Vergleich zur Konkurrenz ohnehin zu lang. Die Folge war ein jährlich sinkender Marktanteil bei immer mehr Wettbewerbern. Vermeintliche Softfacts waren zu Hardfacts geworden.

Damit war klar, dass es nicht mit einer einfachen Reorganisation getan wäre (Anpassung des Organigramms und Mitarbeiter neu zuteilen). Oder mit vielen Teamworkshops oder Großgruppenkonferenzen. Denn die neuen Strukturen und Arbeitseinstellungen müssen von den Führungskräften und Mitarbeitern gelebt werden. Sonst werden sie zu Ruinen auf bunten Powerpoint-Folien, die eine Schattenorganisation in der Praxis ignoriert und so weitermacht wie immer.

Ich hatte im Unternehmen die Aufgabe, die kulturelle und strukturelle Transformation zu konzipieren und mit umzusetzen. Ein maßgeblicher Teil der Mitarbeiter wurde bereits in die Analysephase einbezogen, auch beim Entwickeln von Lösungsansätzen waren sie – mithilfe von Methoden wie Design Thinking oder Scrum – aktiv beteiligt. Dies führte dazu, dass Bedenken oder „Widerstände" nicht theoretisch diskutiert, sondern in der Praxis ausprobiert wurden. Ein wichtiger Punkt, denn nahezu immer lösten sich die im Vorfeld geäußerten Sorgen auf, weil sich befürchtete Probleme in der Praxis nicht zeigten oder berechtigte Bedenken in den Prozess mit einflossen. Wären die Mitarbeiter nicht von Anfang an beteiligt gewesen, wäre der Veränderungsprozess deutlich schwieriger geworden.

Ein Garant für den Erfolg war von Anfang an die sehr gute Zusammenarbeit auf Augenhöhe mit den Arbeitnehmervertretern, bei Wahrung dieser Rolle, sowie allen Führungskräften und Mitarbeitern.

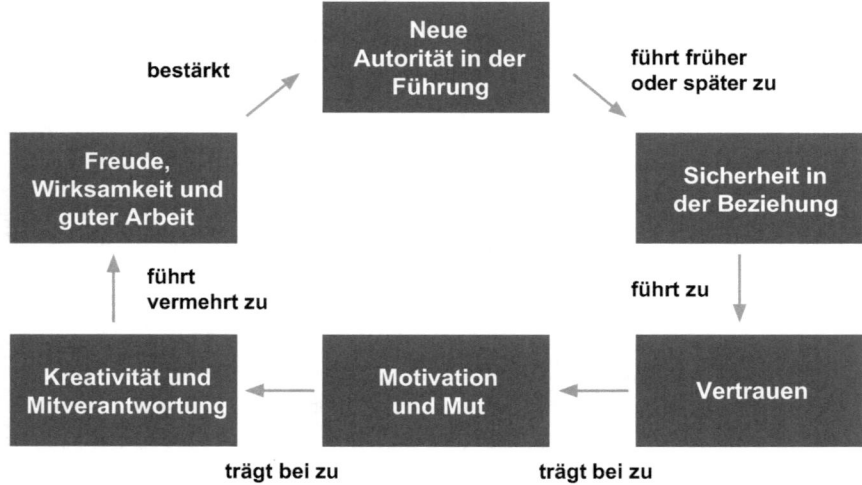

Abb. 5.6 Neue Autorität in der Führung und Kreativität

Am Beginn jeder Reflexion einer Unternehmenskultur sollte eine umfassende Analyse stehen, die transparent macht, wie in der Organisation Führung verstanden und gelebt wird. Das bedeutet zum Beispiel herauszufinden, ob Führungskräfte sich untereinander eher als Konkurrenz oder als Unterstützer sehen. Im letzteren Fall ist es wichtig, herauszuarbeiten, wie Anfragen um Unterstützung bewertet werden. Gelten sie eher als Eingeständnis von Schwäche und Inkompetenz oder als Zeichen von Vertrauen und Verantwortung für die Gesamtziele der Unternehmung. In der Reflexion ist auch die Frage sehr aufschlussreich, was man als Führungskraft in der Organisation machen muss, um nicht mehr dazuzugehören, sozusagen aus dem Führungskollegium „informell ausgestoßen" zu werden.

Die Analyse muss darüber hinaus auch die Sicht der Mitarbeiter in Bezug auf Änderungen in der Führungskultur erfassen. Bewerten sie einen Wandel im Führungsverhalten eher als Eingeständnis der Leitung, dass Führung nicht mehr führt und als Tor zur Anarchie oder ist es für sie eher ein Zeichen des Interesses, der Fürsorge beziehungsweise Stärke von Führungskräften. Weitere wichtige Punkte, die in der Kulturanalyse untersucht werden sollten, sind die gängige Reaktion auf nichtkooperatives Verhalten der Mitarbeiter oder der Umgang mit Würde und Respekt. Im ersten Fall gilt es zu erkennen, ob nichtkooperatives Verhalten zu Abmahnungen und Kündigungen oder zu bewusstem Mobbing führt. Von Interesse ist auch, ob mögliche Trennungen fair ablaufen. In puncto Würde sowie Respekt muss untersucht werden, ob im Unternehmen Menschenrechte und die Integrität des Einzelnen gewahrt werden. Dazu zählt es aufzudecken, ob Führungskräfte durch das Verhalten der obersten Leitung zu würdelosem oder herabsetzendem Verhalten angestachelt werden. Das kann zum Beispiel der Fall sein, wenn eine Führungskraft ihre „schlechten Zahlen" vor der Geschäftsführung oder dem Vorstand präsentieren muss und in diesem Gremium verhöhnt oder lächerlich gemacht wird.

Am Ende der (Führungs-)Kulturanalyse entsteht ein Bild der aktuellen Situation, das als Grundlage für den Übergang zu einer Führung nach dem Konzept der Neuen Autorität dient. Mithilfe dieser Orientierung lassen sich

a) die Anforderungen von Führung für das Umsetzen der Unternehmensstrategie und der gesteckten Unternehmensziele hinterfragen: Ist die aktuelle Führungskultur hilfreich und unterstützend für unsere Strategie und Ziele?
b) die Relevanz der Fundamente des Konzepts der Neuen Autorität für das Unternehmen prüfen: Welche Fundamente stehen in (Werte-)Konflikten mit Elementen unserer Führungskultur?

Aus den Abweichungen zwischen Soll- und Ist-Kultur ergeben sich die Handlungsfelder für einen Wandel der Führungskultur im Sinne des Konzepts der Neuen Autorität.

Unternehmenskultur, insbesondere die Führungskultur, entsteht und wird aufrechterhalten aus dem wechselwirkenden Verhalten zwischen Führungskräften und Mitarbeitern. Zwar können einzelne Führungskräfte auf mittlerer Ebene, die Arbeitnehmervertretung oder Mitarbeiter aus dem Personalbereich initiativ werden und für solch ein Projekt werben. Dennoch gehen die maßgeblichen kulturellen (Veränderungs-) Impulse von der obersten Führungsebene aus. Das heißt, dass eine aktive und zielgerichtete Veränderung der Führungskultur in Richtung des Konzepts der Neuen Autorität von der Geschäftsleitung beziehungsweise dem Vorstand initiiert und begleitet werden muss, um erfolgreich zu sein. In Familienunternehmen liegt die Verantwortung bei den Anteilseignern, die in der Regel Familienmitglieder sind, wenn diese zusätzlich auch noch eine Funktion in der operativen oder strategischen Unternehmensführung ausüben.

Die kulturelle Ebene: Ein Veränderungsansatz

Manche Menschen sind der Meinung, dass man Unternehmenskultur nicht aktiv verändern kann. Diese Perspektive ist weder hilfreich, noch ist sie korrekt. Denn wie ich bereits schrieb: Eine Kultur verfestigt sich durch das Zusammenwirken unserer Einstellungen und unseres Verhaltens, verstärkt durch Struktur und Umfeld des Unternehmens. Beginnen wir aber, unsere Einstellungen gemeinsam zu reflektieren und verändern wir in der Folge unser Verhalten, wird sich früher oder später auch die Kultur wandeln. Dies ist zwar kein linearer Prozess, der garantiert, dass bestimmte Verhaltensveränderungen zu einer bestimmten Kultur führen. Jedoch erhöht sich die Wahrscheinlichkeit, zu einem gewünschten Zielzustand zu gelangen. Vor allem im Vergleich dazu, wenn man sich gar nicht auf den Weg macht oder rein auf die Selbstorganisation vertraut.

Der belgische Berater Frederic Laloux hat im Herbst 2015 ein bemerkenswertes Buch veröffentlicht, das nicht nur bei Organisationsberatern weltweit für hohe Aufmerksamkeit gesorgt hat: *Reinventing Organizations*. In diesem Buch beschreibt er auf Basis seiner Forschungen und von reellen Beispielen von Unternehmen und Organisationen, die teilweise seit Jahrzehnten komplett anders organisiert sind. Neben alternativen Organisationsformen weisen sie noch zwei weitere Gemeinsamkeiten auf: Eine sehr partizipative bis absolut gleichberechtigte Kultur und wirtschaftlichen Erfolg.

Laloux hat ein Vier-Quadranten-Modell zur Kompetenzentwicklung für Mitarbeiter und Unternehmen vorgeschlagen (Laloux 2015, S. 233), welches auf den Ideen zu Spiral Dynamics des amerikanischen Autors Ken Wilber basiert. Betrachtet werden vier Perspektiven: die individuelle (links oben), die der Organisationsebene (rechts oben), die objektive „von Außen" (rechts unten) und die subjektive „von Innen" (links unten). Bei letzterer handelt es sich um die Organisations- und Führungskultur. Ich habe das Modell von Laloux mit der Perspektive der Neuen Autorität in der Führung weiterentwickelt (Abb. 5.7).

Die vier Quadranten stellen eine gute Orientierung dar, wenn Sie Ihre Unternehmens- und Führungskultur in Richtung der Neuen Autorität weiterentwickeln wollen. Arbeiten Sie im gleichen Maße in allen drei Quadranten, damit diese wechselwirkend Veränderungsimpulse auf die Organisations- und Führungskultur auslösen (vgl. Laloux 2015, S. 233):

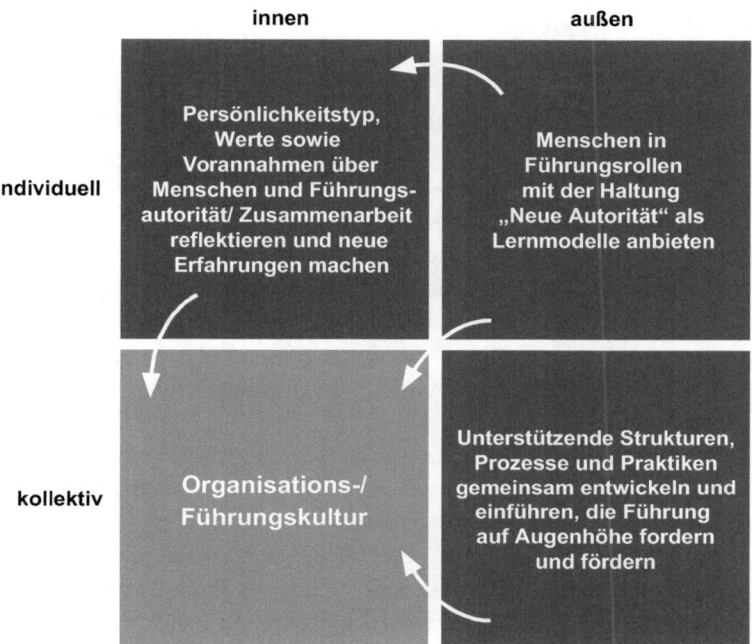

Abb. 5.7 Vier-Quadranten-Modell. (Adaption nach Laloux 2015, S. 233)

- Laden Sie Menschen dazu ein, ihre „Wahrnehmungsfilter" (vgl. Kap. 3) wohlwollend miteinander zu reflektieren (Quadrant individuell/innen) und zu diskutieren, welche hilfreich oder weniger hilfreich für eine (zukünftige) Zusammenarbeit sind.
- Laden Sie Menschen in das Unternehmen ein, oder versuchen Sie Menschen für eine Mitarbeit im Unternehmen zu gewinnen, die bereits eine neue Haltung zu Autorität einnehmen. Sie erinnern sich vielleicht noch an das „Lernen am Modell", welches ich in Kap. 3 beschrieben habe. Das ist eine der effektivsten Methoden, wie Menschen lernen.
- Untersuchen Sie gemeinsam systematisch Strukturen, Prozesse und Praktiken, die Menschen dazu bringen, sich am Ende doch autoritär verhalten zu müssen – und verändern Sie diese. Auch wenn Sie in einer regulierten Branche, etwa Banken oder Versicherungen, arbeiten, gibt es strukturelle Gestaltungsmöglichkeiten im Rahmen der gesetzlichen Vorgaben. So sind beispielsweise individuelle Zielvereinbarungen mit variabler Vergütung heute noch Common Sense. Sie sind jedoch alles andere als hilfreich für eine Haltung zu Neuer Autorität. Denn dabei handelt es sich um nichts anderes als ein Modell der Bestrafung: Die Führungskraft wird in die Rolle gebracht, über die Zurückhaltung (eines Teils) des Bonus zu bestrafen. Einige Unternehmen haben die negativen Auswirkungen auf Führung, Zusammenarbeit und Motivation schon erkannt und ziehen die Konsequenzen. So hat der Konzernchef von Bosch, Volkmar

Denner, schon im September 2015 verkündet, dass das Unternehmen individuelle Boni abschafft.

▶ Wenn Sie Fragen dazu haben oder mit mir Ihre Erfahrungen teilen möchten:
Ich freue mich über Ihre Nachricht an buch@baumann-habersack.de

Das könnten die nächsten Schritte sein

Ich empfehle Ihnen eine Koalition von Menschen aufzubauen, die die Bandbreite des Unternehmens (Stichwort: Diversität) und auch alle Führungsebenen gut repräsentieren – und die freiwillig an der Weiterentwicklung der Unternehmenskultur arbeiten möchten. Also nicht nur eine Führungskoalition. Diskutieren Sie mit dieser Gruppe die vier Quadranten und entwickeln Sie gemeinsam Ideen, was sich ändern sollte, damit das Unternehmen eine Zukunft hat.

Und falls sich keiner freiwillig findet: Seien Sie auch dafür dankbar – auch wenn das zunächst hart wirkt. Das ist eine wichtige Information, wie es aktuell um die Unternehmenskultur bestellt ist. Die gute Nachricht ist: Daran kann man arbeiten.

Einen Satz zum Schluss noch zum Thema Externe: Früher oder später werden Sie nicht umhinkommen, die Erkenntnisse und Fragen zu Ihrer Unternehmenskultur mit Externen zu diskutieren. Das können Organisationsberater sein oder auch wohlwollende Stakeholder Ihres Unternehmens. Denn nur durch einen Blick von „außen", den nur Externe haben können, ist es möglich, Ihre sogenannten blinden Flecken aufzudecken. Blinde Flecken können Kulturmerkmale sein, die die Organisationsmitglieder als „normal" empfinden, wie etwa eine Extra-Kantine für den Vorstand. Externe könnten dies als „befremdlich" oder „überholt" bewerten, wenn das Unternehmen das Ziel hätte, eine Kultur zu gestalten, die im Umgang miteinander von Augenhöhe geprägt ist, unabhängig von der Hierarchieebene.

Die kulturelle Ebene: Paternalistische Kulturen

Abschließend noch eine Bemerkung aus der Beratungserfahrung über autoritäre Führung in Familienunternehmen und den damit verbundenen Konflikten. Paternalistische Kulturen habe ich in meiner Beratungspraxis hin und wieder in Familienunternehmen angetroffen. Die von Unternehmenseigentümern oft gelebte authentische Fürsorge für die Arbeitsplätze ist in diesem Fall mit der unausgesprochenen Bedingung verknüpft, dass Mitarbeiter Anweisungen befolgen sowie grundsätzliche Regeln, die die Familie definiert hat, nicht hinterfragen sollen. Zudem wird für den Einsatz der Unternehmerfamilie Dankbarkeit erwartet. (Vgl. Sennett 2008, S. 108) Diese Fürsorge und Aufmerksamkeit für die Mitarbeiter wird aber nur so lange gewährt, wie das Unternehmen beziehungsweise die Eigentümerfamilie einen Nutzen davon trägt.

Es handelt sich hier also um eine Nähe mit zwei Ebenen, die nicht mit der Nähe des Konzepts der Neuen Autorität zu vergleichen ist. Unter den heutigen Marktbedingungen verlangen Firmenchefs von ihren Mitarbeitern unternehmerisches Denken. Sie sollen schnelle, kreative, individuelle oder einfache Lösungen entwickeln, um im Wettbewerb erfolgreich zu bestehen. Vor allem in Familienunternehmen mit patriarchaler oder paternalistischer Kultur ist das aber eine doppelte Botschaft an die Mitarbeiter. Einerseits sollen sie selbstverantwortlich handeln und mitdenken, andererseits sollen sie sich an eine autoritäre Führung anpassen, die Vorgaben ausspricht und Gehorsam fordert.

Dies muss in jedem Fall zu Problemen führen, denn was die Mitarbeiter auch tun, es wird falsch sein. Warten sie auf Anweisungen und lassen Regeln unhinterfragt, können sie nicht kreativ sein und schon gar nicht unternehmerisch denken. Letzteres verlangt ja geradezu das Hinterfragen und Übertreten von gewohnten Abläufen und vermeintlichen Gewissheiten. Folgen die Mitarbeiter dieser Erwartung und folgen nicht den Anweisungen ihrer Vorgesetzten, werden sie einen Konflikt mit den Führungskräften auslösen.

Gerade Familienunternehmen mit einer paternalistischen Kultur werden mehr und mehr gefordert sein, sich mit dem Konzept der Neuen Autorität auseinanderzusetzen, wenn sie auch in Zukunft attraktiv für innovative, kreative Köpfe sein wollen.

Eine paternalistische Kultur, die auf die Entscheidungen und Bedingungen der Unternehmerfamilie zugeschnitten ist, kann auch mit einem patriarchalen Entscheidungsmuster gekoppelt sein. Der ehemalige US-amerikanische Unternehmer George Pullmann und dessen Geschichte ist ein gutes Beispiel dafür (Sennet 2008, S. 82 ff.).

Ein patriarchales Muster bedeutet, dass meist nur der Inhaber als Einzelner – statt die Familie als Gruppe – die (zentralen) Entscheidungen anzieht beziehungsweise diese ihm auch von den Mitarbeitern zugeschoben werden. Das hilft den Mitarbeitern, mit ihrer Entscheidungsunsicherheit umzugehen und Verantwortung (zurück) zu delegieren. Andererseits führt das dann auch dazu, dass der Patriarch die Entscheidungen auch trifft und er darin auch immer wieder bestätigt wird, diese treffen zu müssen, solange ihm Autorität zugebilligt oder autoritäres Verhalten gestattet wird (von Schlippe 2014, S. 103 f.).

Eine patriarchale (Entscheidungs-)Kultur bedeutet aber nicht zwangsläufig auch eine paternalistische Kultur.

Die strukturelle Ebene

Organisationsstrukturen sind externalisierte mentale Modelle von Menschen, um Einfluss zu organisieren und Entscheidungen herbeizuführen.

Mentale Modelle, so die Kognitionspsychologen, sind Bilder, die wir uns von unserer Umwelt machen und wie wir diese bewerten. Erst diese Filterung, also eine Vereinfachung und Bewertung der Umweltreize, bringt uns in die Lage zu erkennen, was für uns wichtig ist. Wir nutzen natürlich nicht nur selbst konstruierte Modelle, sondern auch die durch unsere Sozialisation (Erziehung, Schule, Peer-Groups, Ausbildung, Universität ...) übernommene (vgl. Abb. 3.3). Bisweilen sind mentale Modelle so fest in uns verankert,

dass wir dadurch alternative Betrachtungsweisen von vornherein unbewusst ausschließen –
wir sind schlicht weg „blind" für diese Alternativen.

Insbesondere bei der Strukturierung von Organisationen ist es für viele bislang
kaum denkbar, ohne das *mentale Modell* der (autoritären) Hierarchie-Ordnung auszu-
kommen. Es handelt sich um ein Erbe aus der Feudalzeit, das sich im 20. Jahrhundert
zwar abgemildert hat, aber immer noch lebendig ist. Dass es in diesem Denkmodell
Oben und *Unten* geben muss, wird uns nach wie vor schon früh durch Bildungseinrichtungen beigebracht. Dabei gibt es etliche andere Ordnungsmodelle von sozialen Syste-
men wie Unternehmen, die ohne Über- und Unterordnung erfolgreich sind und nicht in
einem Chaos münden. Denn das ist eine der größten Befürchtungen der Vertreter autoritärer Hierarchie-Systeme, wenn es keine Oben-Unten-Hierarchiestruktur mehr gibt.
Wie immer gilt: Nur weil man etwas nicht kennt und noch nicht ausprobiert hat, heißt es
nicht, dass es das nicht gibt oder dass es nicht funktioniert. Die mentalen Modelle lassen
grüßen …

Interessanterweise zeigt die Stammesgeschichte der Menschen, dass sie überhaupt
„erst" vor etwa 15.000 Jahren das Konzept der Hierarchie etabliert hatten, damit sie in
der damaligen Umwelt überleben konnten (Schwarz 2016, S. 168). Zuvor existierten
andere nicht-hierarchische Organisationsstrukturen von Gruppen. Durch die Veränderung
unserer Umwelt durch den Klimawandel, die Verknappung von Ressourcen (Wasser, fos-
sile Brennstoffe usw.) als auch durch die immer weiter um sich greifende Vernetzung
aller mit allem durch die Digitalisierung durchleben wir gerade eine weitere fundamen-
tale gesellschaftliche Veränderung. Diese Veränderung stellt auch die klassisch hierarchischen, autoritären Organisationsmodelle komplett infrage.

Wenn Entscheider (und Mitarbeiter) nun eine Öffnung in ihren mentalen Modellen
zulassen, Mut aufbringen sowie sich wechselseitig vertrauen, sind auch andere Organisationsstrukturen möglich, die ihnen zunächst undenkbar schienen. Strukturen, die die
Führungshaltung der Neuen Autorität zu voller Kraft verhelfen. Denn wie Sie mittlerweile wissen, kommt die Neue Autorität ohne Unterordnung aus, ohne dabei Führung
aufzugeben.

Ob es reicht, nur die Führungshaltung zu Autorität zu wandeln ohne die Organisationsstruktur zu verändern, um das klassische, autoritäre Hierarchieprinzip zu „retten"?
Eher nicht. Vielleicht kann der Wandel in der Haltung zu Führungsautorität Organisationen noch etwas Luft verschaffen, um Zeit zu gewinnen, sich von der autoritären Struktur
in eine für sie und ihr digitales Marktumfeld geeignete Organisationsstruktur zu transformieren. Unter einer Bedingung: Dass die Marktveränderungen nicht schneller sind, als
der interne Strukturwandel Zeit benötigt.

Grundsätzlich sind vier Strukturmodelle von Organisationen (Abb. 5.8) denkbar (vgl.
Deeg 2008, S. 44 f.). Die sich daraus ergebenden möglichen Ausprägungen oder Misch-
formen sind vielfältig.

Aus dieser Matrix ergeben sich vier Hierarchietypen, die sich unterscheiden lassen in den Grad, wie die Mitarbeiter an Entscheidungen mitwirken dürfen (Partizipa-

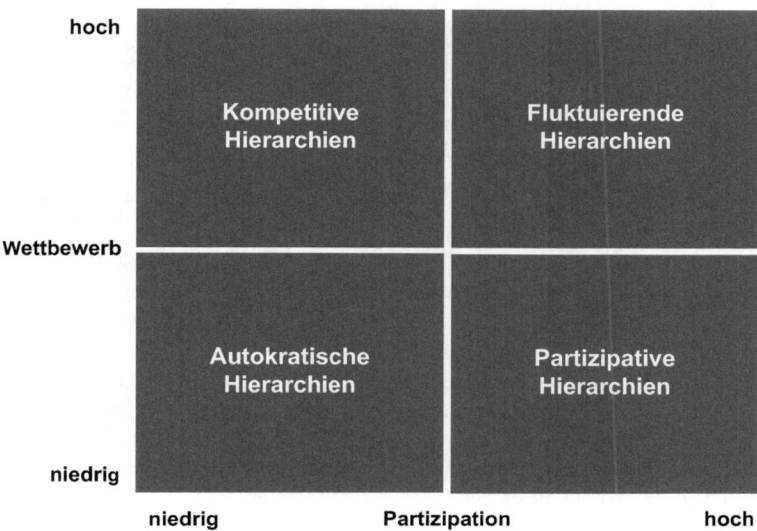

Abb. 5.8 Strukturmodelle von Organisationen. (Nach Deeg 2008)

tion) und den Grad, wie Führungsfunktionen beziehungsweise Rollen besetzt werden (Wettbewerb).

- „*Autokratische Hierarchien* entsprechen dabei der konventionellen Vorstellung von der Hierarchie als autoritäres und repressives Herrschaftsgefüge. Sie werden von Eliten geleitet, die ohne Zustimmung oder Mitwirkung ihrer Untergebenen Leitungsfunktionen unter sich verteilen und einnehmen" (Deeg 2008, S. 44). Alle Entscheidungen werden oben getroffen und top-down durchgesetzt. Mitarbeiter, besser: Untergebene, müssen sich absolut regelkonform verhalten. Ihr Verhalten wird überwacht und kontrolliert.
- *Kompetitive Hierarchien* sind zwar ähnlich autoritär wie autokratische Hierarchien. Anweisungen der leitenden Elite werden notfalls mithilfe von Zwangsmaßnahmen durchgesetzt.

Die Leitungspositionen werden aber – ähnlich wie Hierarchisierung in repräsentativen Demokratien – in einem freien Wettbewerb um die Unterstützung der Organisationsmitglieder und relevanter Anspruchsgruppen vergeben. Damit können die Untergebenen zwar nicht an den Entscheidungen selbst mitwirken, sind aber an der Auswahl und Bestellung der sie leitenden Personen beteiligt. Neben dieser beschränkten Partizipation besteht eine Organisationsverfassung, die eine Konkurrenz um Leitungspositionen vorsieht und so eine bessere Auswahl geeigneter Kandidaten ermöglicht (Deeg 2008, S. 44 f.).

- *Partizipative Hierarchien* fördern explizit die Beteiligung der Mitarbeiter an Entscheidungen. Die Leitung verzichtet zudem weitgehend auf direkte Anweisungen zugunsten einer Koordination durch Rahmenvorgaben (Kontextsteuerung). Die dadurch entstehenden Freiräume können durch ein höheres Maß an Selbstorganisation gefüllt werden und ermöglichen (kollektive) Lernprozesse (Deeg 2008, S. 45). Zwar bleibt die Selbstorganisation durch die Vorgaben fremdbestimmt, jedoch können einige Schwächen von autokratischen Strukturen abgemildert werden, etwa hinsichtlich der Motivation der Mitarbeiter oder strukturelle Hemmnisse.

- *Fluktuierende Hierarchien* (Heterarchien) sind komplementär zu starr hierarchischen Organisationsmodellen. Verantwortlichkeiten, Kompetenzen, Regeln und Rollen werden zwischen den Mitgliedern stets aufs Neue und gleichberechtigt untereinander ausgehandelt.

Das Prinzip der strengen Über- und Unterordnung wird durch eine „Nebenordnung" (Heterarchie) ersetzt, die eher polyzentrische und partizipative Ordnungsmuster fördert. Ebenso wird das Prinzip der autoritären Weisung durch das der horizontalen Koordination abgelöst, indem die relativ unabhängig voneinander agierenden Entscheidungsträger die Problemlösung durch Konsensfindung herbeiführen müssen. Damit hierfür aber nicht zu viel Zeit verbraucht wird bzw. bedrohliche Entscheidungsblockaden auftreten, müssen hierarchische Verhältnisse temporär zugelassen werden (Deeg 2008, S. 45).

Denkbar sind, in Ergänzung zu Heeg, auch andere effiziente Entscheidungsverfahren, beispielsweise aus der Soziokratie.

Strukturmodelle für die maximale Wirkung der Neuen Autorität in der Führung

Aus meiner Erfahrung und abgeleitet aus dem Modell von Deeg ergibt sich meine These: In Organisationsstrukturen, die bereits auf Gleichwertigkeit (nicht Gleichheit) als Ordnungsmuster setzen (Unternehmensdemokratie, Soziokratie, Scrum, Scaled Agile Framework, Viable System Model u. a.), sind Führungsrollen nur dann wirksam, wenn sie die Haltung der Neuen Autorität einnehmen und nicht in der alten Haltung zu Autorität verharren. Solche heterarchischen Organisationsstrukturen können ihr volles Potenzial hinsichtlich Wirkung, Agilität und Effizienz nur mit der neuen Haltung zu Autorität erreichen.

Wird in Unternehmen ein Wandelprozess angestoßen, dann kann es für eine Übergangszeit sicherlich sowohl hierarchisch als auch heterarchisch organisierte Strukturen geben. Für diese Sonderformen wird es ebenfalls unabdingbar sein, die Haltung der Neuen Autorität einzunehmen. Nicht nur weil Mehrdeutigkeiten und Konflikte entstehen, die mit dieser Haltung wirksam bearbeitet werden können, sondern weil auch in den (noch) hierarchisch-strukturierten Ordnungssystemen die Haltung der Gleichwertigkeit ohne Unterordnung (Neue Autorität) Autonomie, Wirksamkeit und Kreativität ermöglicht.

Herman Arnold, der Mitbegründer und derzeitige Verwaltungsratspräsident der haufeumantis AG, ein Software- und Beratungsunternehmen in der Schweiz, hat eine Landkarte entworfen (vgl. Arnold 2016, S. 56 ff.), wie Mitarbeiter und Organisation zusammenwirken. Interessanterweise zeigen sich viele Parallelen zum oben beschriebenen Modell von Deeg. Das Modell von Arnold, teilweise auch schon bekannt als

„Haufe-Quadrant" (vgl. Stoffel 2015), habe ich in Verbindung mit dem Modell von Deeg als Basis genommen um aufzuzeigen, welche Autoritätshaltung zu welchem grundsätzlichen Strukturmuster von Organisationen passt und in welchem Sektor die Haltung der Neuen Autorität maximale Wirkung erreicht (Abb. 5.9).

Die horizontale Achse stellt ein Kontinuum dar, welches zwei Perspektiven darstellt:

a) Die Rolle des Mitarbeitenden, wie er sich selbst sieht. An einem Ende des Pols als Befehlsempfänger, der nur Anweisungen erhält und ohne groß zu fragen ausführt. Am anderen Ende des Pols als Gestalter beziehungsweise auch Leiter, der Ziele selbst erarbeitet, daraus Aufgaben ableitet und diese im Zusammenwirken mit anderen bearbeitet.
b) Die Rolle des Mitarbeitenden, wie sie tendenziell von dem Strukturmuster der Organisation (vertikale Achse) vorgesehen ist.

Die vertikale Achse stellt ebenfalls ein Kontinuum dar. Es beschreibt, was von der Organisationsstruktur als Verhaltensmuster für die Menschen in der Organisation vorgesehen ist, wie eigenständig sie arbeiten und entscheiden können oder sollen.

1. **Fremdorganisiert, keinen Handlungsrahmen bietend:** Wie bei einem Bauplan mit einer Betriebsanleitung sind hier von Experten mit einer Außenperspektive auf die Organisation Strukturen vorgedacht, die bestimmen, wer mit wem zusammenzuarbeiten hat, in welcher Prozessreihenfolge dies geschieht und wie die Regeln für die Ausführung der Tätigkeiten aussehen – damit das vorgegebene Ergebnis eintritt. Untergebene beziehungsweise Mitarbeitende führen hier nur aus, sie haben keine eigene Gestaltungsmöglichkeiten. Änderungen des Hierarchiegefüges, der Prozesse oder der Art zu arbeiten können die Untergebenen beziehungsweise Mitarbeitenden nicht einbringen. Auch die Ziele und die Ausrichtung des Unternehmens sind für die Untergebenen nicht verhandelbar.
2. **Geführt/gesteuert, mit Handlungsrahmen:** Auch hier ist von Experten mit einer Außenperspektive vorgedacht, wer strukturell mit wem zusammenarbeitet. Teilweise existieren jedoch mehrere Prozessvarianten, in welcher Reihenfolge die Arbeit auszuführen ist. Es gibt häufig Empfehlungen, in welcher Art und Weise die Tätigkeiten erfolgen sollten. Bei dieser Beschreibung wird bereits deutlich, dass Mitarbeitenden ein Handlungsrahmen in den Bereichen Prozess und Regeln gewährt wird, in dessen Grenzen sie ihre Arbeit gestalten können. Die Organisationsstruktur ist nicht aktiv durch die Mitarbeitenden veränderbar. Die Prozesse und Regeln können meist durch Anträge oder Wünsche angepasst werden, wenn die Führung diesen zustimmt. Oder aber die Führung fragt aktiv nach Veränderungsvorschlägen, über die sie selbst dann wiederum befindet. Solche Veränderungen gelten jedoch weniger für die Struktur der Organisation und nahezu gar nicht für das Hierarchiegefüge. Die Ziele und die Ausrichtung der Organisation sind für die Mitarbeitenden nicht verhandelbar.

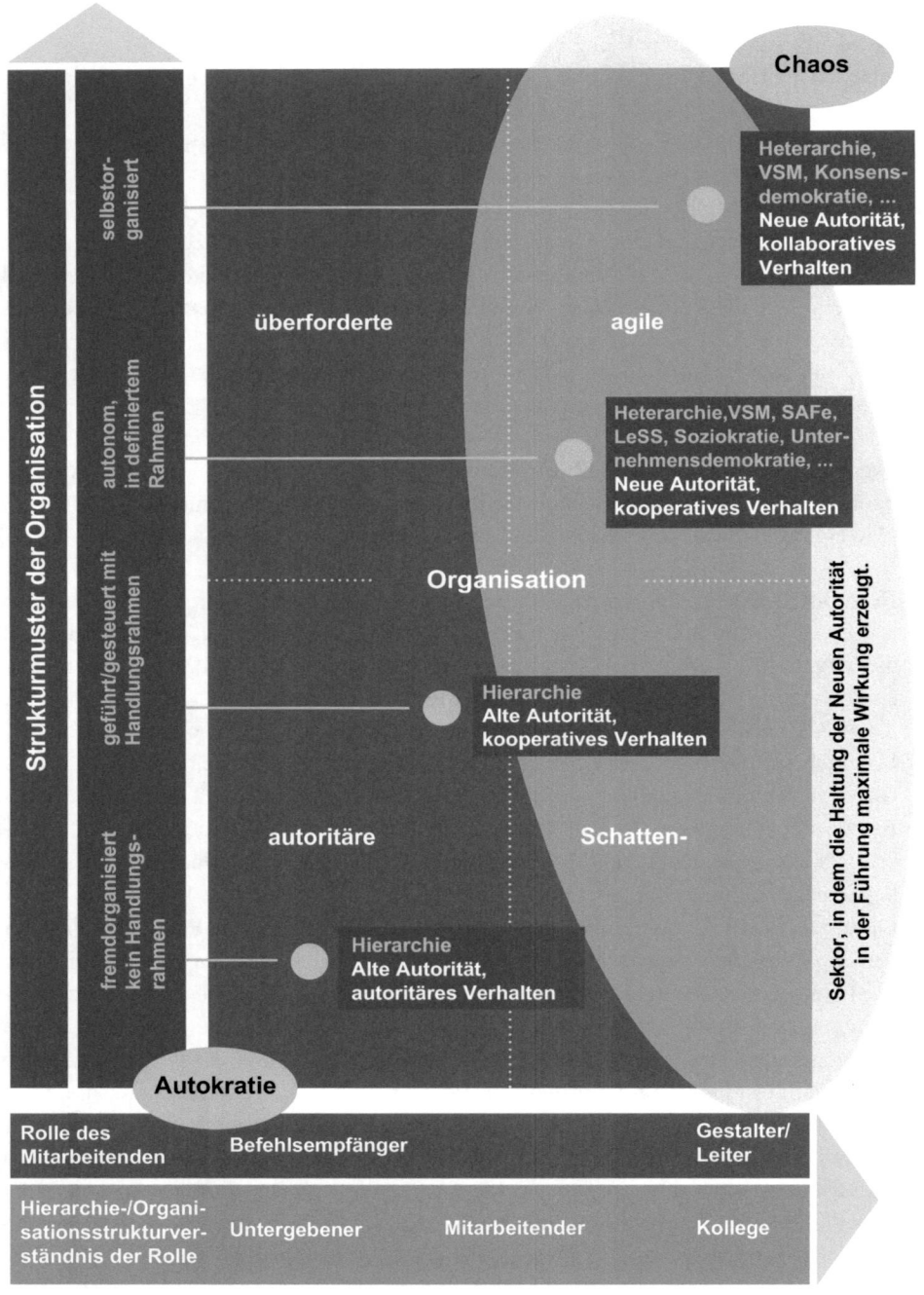

Abb. 5.9 Strukturmuster von Organisationen und die Haltung zu Autorität

3. **Autonom, mit Handlungsrahmen:** Bei diesem Strukturmuster kommen Mitarbeitende vielfach in die Gestalterrolle, da sie – meist ausgehend von einem heterarchischen Strukturmodell – gefordert sind, die Organisationsstruktur zu entwickeln, die für das spezifische Umfeld des Unternehmens und die Kundenbedürfnisse bestmöglich passt. Daraus leiten sich dann auch die Prozesse, deren Reihenfolge und die Art und Weise der Zusammenarbeit ab. Den Handlungsrahmen geben sich die Mitarbeitenden beziehungsweise Gestalter selbst. Dieser ist jederzeit nach bestimmten Regeln veränderbar. Meist gibt es schon eine bestehende Idee von (finanziellen) Zielen des Unternehmens und dessen Ausrichtung. Die Organisationsmitglieder können aber nach (von sich selbst) gegebenen Regeln jederzeit diese Ziele und die Ausrichtung ändern.

4. **Selbstorganisiert:** Bei diesem Strukturmuster, was inhärent eine Heterarchie ist, ist jeder in der Organisation Gestalter, Leiter und Mitarbeitender zugleich. Je nach Prozessschritt und Aufgabe oder persönlichen Präferenzen wechselt die Rolle. Die Organisationsmitglieder erarbeiten sich das heterarchische Organisationsmodell, welches bestmöglich für ihr Marktumfeld und die Bedürfnisse ihrer Kunden passt. Wer mit wem zusammen arbeitet, wie Führung etabliert wird und Entscheidungen zu treffen sind, besprechen und entscheiden die Organisationsmitglieder selbst. Das gilt insbesondere auch für die (finanziellen) Ziele und die Ausrichtung des Unternehmens.

Hieraus ergeben sich vier Quadranten, die bestimmte Organisationstypen darstellen. Die Grenzen zwischen den Quadranten sind fließend. Je nach Größe des Unternehmens ist es durchaus möglich, dass innerhalb eines Unternehmens mehrere Typen existieren.

Im dritten Quadranten (unten links) handelt es sich um eine autoritäre Organisationsstruktur mit einem autoritären Herrschaftsgefüge. Hier zeigt sich die klassische *alte Autorität,* mit autoritärem Verhalten. Eine autoritäre Haltung zu Autorität (vgl. dazu auch Abb. 5.5.) fußt unter anderem auch auf einem Bild des Menschen, welches sich auch in der bekannten Theorie X (es gibt auch noch Y und Z) des verstorbenen amerikanischen Professors für Management am Massachusetts Institute of Technology (MIT), Douglas McGregor, widerspiegelt. Die Theorie X sieht unter anderem Mitarbeiter beziehungsweise Untergebene als faul, verantwortungslos und nur auf ihren persönlichen Vorteil bedacht. Daher sind sie bei der Arbeit zu lenken, jeder Schritt ist ihnen vorzugeben, den sie dann auszuführen haben. Führungskräfte beziehungsweise in der X-Sprache besser Vorgesetzte kontrollieren die Einhaltung der Vorgaben. Wenn Untergebene sich nicht nach den Vorgaben richten, sind Strafen notwendig, um die Einhaltung sicherzustellen.

Auch wenn es solche Organisationskulturen und Strukturen immer noch gibt, haben viele Unternehmen sich schon in Richtung Schattenorganisation (Quadrant unten rechts) und agile Organisation (oben rechts) bewegt. Hier zeigen Führungskräfte bereits kooperatives Verhalten, ihre Einstellung ist aber tendenziell – meist unbewusst – immer noch in der alten Autoritätshaltung gebunden. Insbesondere die in diesem Quadranten existenten autoritären Strukturen und Prozesse „verführen" Führungskräfte immer dazu, wieder in die alten Denk- und Verhaltensmuster zurückzufallen.

Im vierten Quadranten (unten rechts) handelt es sich um eine autoritäre Organisationsstruktur, jedoch sehen sich die Mitarbeitenden als Gestalter oder müssen sich entsprechend so verhalten, da sonst kaum die Unternehmensziele erreicht werden können. Das offizielle Strukturmuster sieht die Menschen aber maximal als Mitarbeitende, eher noch als Umsetzer von Führungsentscheidungen, jedoch nicht mehr als Untergebene. Aus dieser Rollendiffusion zwischen vorgedachter Rolle und erlebter Rolle der Mitarbeiter resultieren viele nicht produktive Konflikte, da insbesondere auf unteren und mittleren Führungsebenen Bypässe („der kleine Dienstweg", informelles Netzwerk) nötig sind, um das Unternehmen am Laufen zu halten. Das alles erzeugt die sogenannte Schattenorganisation.

Im informellen Bereich finden sich meist schon unbewusst einzelne Elemente der neuen Haltung zu Autorität in der Führung. Die in diesem Quadranten auch noch existenten autoritären Strukturen und Prozesse (z. B. individuelle Zielvereinbarungen im Rahmen von Mitarbeiterbewertungen mit Bonus- und Malusregelungen) stören bzw. konterkarieren diese Haltung jedoch immer wieder.

Im Spannungsfeld zwischen autoritärer Struktur und kooperativer Führung kann ich stellenweise die Theorie Z von McGregor erkennen, die von dem amerikanischen Hochschulprofessor William Ouchi weiterentwickelt wurde. Diese Theorie setzt im Rahmen einer autoritären, industriell geprägten Struktur gleichwohl auf Mitspracherechte, auch bei der Entscheidungsfindung, und auf ein gutes Beziehungsgefüge im Gesamtunternehmen, selbst wenn es auf einem Herrschaftsverständnis der alten, autoritären Autorität beruht. Viele Organisationen befinden sich in diesem Quadranten, wenn sie sich nicht schon in den nächsten bewegt haben.

Der zweite Quadrant (oben links) beschreibt die überforderte Organisation. Etliche Unternehmen haben längt erkannt, dass sich in der industriell geprägten Organisationsstruktur, gerade in großen Organisationssystemen wie beispielsweise Konzernen oder großen Mittelständern mit internationaler Ausrichtung, trotz aller Reorganisationen immer nur wieder neue *Abteilungssilos* reproduzieren, die Kooperation und Kommunikation strukturell behindern. So ist es nicht erstaunlich, dass Unternehmensführungen Ideen aus der agilen Softwareentwicklung auf das gesamte Unternehmen übertragen, um die komplette Organisation „agiler zu machen". Abteilungsgrenzen werden dazu *eingerissen,* Widerstand *gebrochen* und alte Strukturen *aufgebrochen,* so der gängige Jargon, der diesen Vorgang in der Regel beschreibt. So titelte die Frankfurter Allgemeine im September 2016: „Der Vorstandsvorsitzende (von Daimler, Anm. des Autors) Dieter Zetsche bricht alte Strukturen auf" (FAZ 2016). Wie diese gewalttätige Sprache schon erkennen lässt, geht bei diesem Vorgehen auf menschlicher Ebene viel kaputt. Denn eine plötzliche Wegnahme von Strukturen und Rahmenvorgaben überfordert sehr häufig Menschen, wenn sie kaum oder nie gelernt haben, selbstverantwortlich und selbstorganisiert in einer Gruppe ohne Chef für ein Ziel zu arbeiten. Dafür braucht es intensive Qualifizierungen, insbesondere auf gruppendynamischer Ebene.

Verstärkt wird dieses Gefühl, weil die Menschen unsicher sind, ob sie *jetzt wirklich* so arbeiten *dürfen.* Zu häufig haben in der Vergangenheit Mitarbeiter erlebt, dass zwar

Programme und „Schulungen" für mehr Eigenverantwortlichkeit aufgelegt wurden. Auch an Appellen hat es nicht gemangelt. Doch an dem autoritären Grundmuster der Organisationsstruktur hatte sich nichts verändert. Es bleibt dann letztlich bei der Schattenorganisation, wie bereits im vierten Quadranten beschrieben. Das führte dann zu Erfahrungen wie der folgenden: Wenn Mitarbeiter eigenverantwortlich handelten, waren Führungskräfte durch die organisationalen Vorgaben, zum Beispiel durch Prozessvorgaben, dazu angehalten, andere Entscheidungen zu treffen als die der Mitarbeiter. Mitarbeiter lernten dann, die doppelte Botschaft zu erkennen: „Arbeitet wie ihr denkt, am Ende entscheide aber dennoch ich." Da dies in Unternehmen teilweise Jahrzehnte gängige Praxis war (und häufig immer noch ist), misstrauen Menschen mit solchen Erfahrungen den Veränderungen hin zu selbstorganisiertem Arbeiten. Aber auch Führungskräfte überfordert die Wegnahme der klassischen Führungsstruktur. Denn ihre Rolle ändert sich komplett: hin zu einem Ermutiger, Vernetzer, Begleiter, Sparringspartner, Moderator, Integrator – aber eben nicht mehr als Entscheider.

All dies führt dann zu einer überforderten Organisation, wenn im Eiltempo die Strukturen für agiles Arbeiten bereits verändert wurden, viele Führungskräfte jedoch immer noch im autoritären Autoritätsdenken verhaftet bleiben.

Der erste Quadrant (oben rechts) zeigt die agile Organisation auf, in der die strukturellen Rahmenbedingungen dafür geschaffen sind. Ebenfalls haben auch die Führungskräfte ihre Rolle vom „Vorgesetzten zum Kollegen" strukturell vollzogen und auch gleichzeitig die dazu passende und notwendige Autoritätshaltung eingenommen. In diesem Quadranten kommt die Theorie Y von McGregor zur Geltung die beschreibt, dass Menschen von Grund auf Interesse haben und motiviert sind, wenn die Rahmenbedingungen Selbstverantwortung und Selbstorganisation fordern. Das setzt auch voraus, dass Menschen sich mit den Zielen der Organisation identifizieren, oder, noch weitreichender, an der Zielauswahl und Definition mitwirken. Kontrolle von Führungskräften wird hier abgelöst durch Selbstkontrolle oder aber kollegiale Kontrolle.

Neben den etwas bekannteren Strukturmodellen *Scaled Agile Framework* (SAFe) und *Large-Scale Scrum* (LeSS) könnte man in diesem Quadranten auch das relativ unbekannte Modell des *Viable System Model* (VSM) nach Stafford Beer verorten (vgl. Lambertz 2015), wenn es bewusst für die Organisationsgestaltung eingesetzt wird.

In der Abb. 5.9 können Sie durch das Oval erkennen, in welchem Sektor die Haltung der Neuen Autorität in der Führung ihre volle Wirkung entfalten kann. Aus den ersten Projekten zur Transformation der Führungskultur hin zu Neuer Autorität kann ich berichten, dass gerade diese neue Autoritätshaltung hilfreich ist, um sich, aus welchem Quadranten auch immer, in Richtung einer agilen Organisation zu entwickeln. Doch allein die Haltung der Neuen Autorität in der Führung wird für eine agile Organisation nicht ausreichen. Und nur die Strukturen zu verändern, ohne die Haltung zu Führungsautorität zu wandeln, wird dauerhaft keine agile Organisation am Leben erhalten. Beides muss zusammenspielen.

Nach diesen grundsätzlichen Einordnungen stelle ich Ihnen nun beispielhaft drei Strukturmodelle aus der Praxis kurz vor, die sich bereits im ersten Quadranten (agile Organisation) befinden, um Ihnen Ideen zu geben, mit denen Sie weiterarbeiten können.

▶   Bei Fragen dazu schicken Sie mir einfach eine Mail buch@baumann-haber-sack.de oder beginnen Sie Ihre Recherche mit den angegebenen Quellen.

Aus meiner mittlerweile 20-jährigen Berufserfahrung mag ich Ihnen zuvor noch einen Gedanken anbieten: Bleiben Sie kritisch, wenn Ihnen – von wem auch immer – *das* Modell zur Organisationsstruktur vorgestellt beziehungsweise verkauft wird. Diese Vorstellung des *einen funktionierenden* Systems entspricht auch einer veralteten Industrielogik.

Sie kommen nicht umhin, *gemeinsam* mit allen relevanten Beteiligten in Ihrem Unternehmen (und Ihren Kunden) die passende Struktur zu *entwickeln*. Denn: Dieser kollektive Schaffensprozess einer neuen Unternehmensstruktur ist ein Kultur- und Sozialisationsprozess, der Menschen in (persönliche) Entwicklung bringt. Nur so füllen dann die Menschen in der Organisation die aus dem entstandenen Prozess entstandenen Strukturen mit Leben. Denn die nicht autoritären Strukturen erfordern mehr Menschen, die Mitverantwortung und stellenweise auch Co-Führung übernehmen und natürlich eine neue Haltung zu Führungsautorität besitzen.

Strukturmodell: Unternehmensdemokratie

Was ist Unternehmensdemokratie? Der Berater und Autor Dr. Andreas Zeuch hat in seinem Buch zu diesem Thema etliche Beispiele von Unternehmen aus Deutschland fundiert recherchiert und dokumentiert, die – bis auf eines – erfolgreich die Organisations- und Führungsstruktur auf eine jeweils für das Unternehmen passende Form von Unternehmensdemokratie umgestellt haben. Deutlich wird dabei, dass es nicht *die* Unternehmensdemokratie gibt.

Zeuch hat in der Folge versucht, eine Definition von Unternehmensdemokratie zu entwerfen (Zeuch 2016):

> Unternehmensdemokratie ist die Führung und Gestaltung von Organisationen durch alle interessierten Mitglieder, um den jeweiligen Organisationszweck zu verwirklichen. Sie ist verbindlich verfasste Selbstorganisation, die kein alleiniges Mittel zum Zweck der Gewinnmaximierung ist. Deshalb achten demokratische Organisationen bei der Erzeugung und dem Vertrieb ihrer Produkte und Dienstleistungen auf das Gemeinwohl aller Stakeholder.

Besonders hervorheben möchte ich ein Beispiel aus der Branche, in der ich viele Jahre gearbeitet habe: die Bankbranche. Gemeinhin ist zu hören, dass aufgrund von gesetzlichen Regelungen, Vorgaben und auch selbst auferlegten Compliance-Vorschriften Banken so strukturiert sein müssen, wie sie es eben sind – so das mentale Modell von vielen Entscheidern in den Instituten.

Die Volksbank Heilbronn, gegründet 1909, löste auf Basis eines im Jahr 2010 begonnenen Strategieprozesses im Januar 2011 alle Hierarchieebene unterhalb des Vorstands auf, änderte das Vergütungsmodell und passte die Strukturen an (vgl. Zeuch 2015, S. 73 ff.). Erfolgreich, trotz des Misstrauens in das Vorhaben bei einigen Mitarbeitern und vielen Wettbewerbern.

Die drei Kernmerkmale der Unternehmensdemokratie der Volksbank Heilbronn sind (vgl. Zeuch 2015, S. 75 f.):

- **Regelkreis:** Die Bank denkt von dem wichtigsten Bedürfnis seiner Kunden aus – die finanzielle Unabhängigkeit – die Geschäftsprozesse zurück in die Organisation. Herausgekommen ist ein Beratungsprozess, der das wichtigste Kundenbedürfnis bedient statt das, was die Bank braucht.
- **Prozessverantwortliche:** Mitarbeitende, die sich selbst melden oder vom Vorstand angesprochen werden, begleiten Teams auf einer fachlichen Ebene und nennen sich *Prozessverantwortliche*. Da es keine vom Vorstand definierten Ziele umzusetzen gilt, sondern die Mitarbeitenden gemeinsam erarbeitete Ziele verfolgen, brauchen die Prozessverantwortlichen auch keine disziplinarische Führung mehr übernehmen.
- **Vergütungsmodell:** Die an die hierarchischen Strukturen gebundene leistungsorientierte Vergütung wurde abgeschafft. Stattdessen orientiert sich nun das Gehalt an der Komplexität der Aufgabe. Sofern die Bank das finanzielle Gesamtunternehmensziel erreicht, können Mitarbeitende bis zu 14 Gehälter ausgezahlt bekommen. Dadurch wird die Teamleistung honoriert statt Einzelleistungen.

Strukturmodell: Konsensdemokratie. Eine Ausprägung von Unternehmensdemokratie

Ein Beispiel für ein anderes mentales Modell von Organisationsstruktur ist der Getränkehersteller Premium (u. a. *Premium Cola*) aus Hamburg, der nach der sogenannten Konsensdemokratie organisiert ist. Das Kollektiv um den Markeninhaber und zentralen Moderator Uwe Lübbermann ist durch ein sogenanntes *Betriebssystem* organisiert.

Die neun zentralen Elemente in der Haltung führen zu der besonderen Struktur des Betriebssystems (vgl. Lübbermann 2016).

- **Arbeiten in einem Ökosystem**
  Premium sieht sich als ein Element in einem gemeinsamen Ökosystem von Endkunden, Großhändlern, Lieferanten usw., die alle auf ihre Weise zum Produkt beitragen oder damit zu tun haben. Daher ist die Organisationsgrenze die Grenze des lebendigen Ökosystems. Das führt zu einer achtsamen, loyalen (Premium nennt das „Treue") und auf Gleichwertigkeit bedachten Arbeitsweise.
  Die Unternehmensentwicklung von Premium wird damit nicht alleine von – beispielsweise – dem zentralen Moderator erbracht, sondern von allen Beteiligten, die mit Premium im „Ökosystem" in wechselseitiger Beziehung stehen.

- **Gleichwertigkeit**

  Diese Haltung führt zu einer Heterarchie, die sich auf alle mit Premium in Kontakt befindlichen Menschen bezieht, also auch auf Lieferanten, Konsumenten usw. Die Gleichwertigkeit drückt sich intern u. a. auch dadurch aus, dass alle den gleichen Lohn erhalten. Menschen mit Kindern, mit Behinderung und solche, die Familienangehörige pflegen, erhalten etwas mehr. Ebenso die, die sich einen eigenen Arbeitsraum schaffen müssen und auf keine andere Infrastruktur zurückgreifen können.

- **Keine Firmenzentrale**

  Da Premium sich als ein Element in dem Ökosystem sieht und alle Unternehmensfunktionen wiederum durch das Ökosystem erhält, gibt es auch kein Firmengebäude. Premium ist eine virtuelle Organisation.

- **Gewinnverzicht**

  Da Premium nur Ist-Kosten sowie einen Rücklagen-Anteil pro Flasche berechnet und keinen zusätzlichen Gewinnanteil, ist es ausgeschlossen, durch eine Kostenreduktion das Gewinnverhältnis zu verbessern. Daraus ergibt sich die Haltung, Lieferanten auch auf finanzieller Ebene als gleichwertige Partner zu behandeln. Das verhindert die Störung der Beziehungsebene in einer Heterarchie.

- **Konsequenz**

  Die im Konsens herbeigeführten Entscheidungen werden eingehalten und das Handeln danach ausgerichtet, bis ein Änderungsantrag zu einer neuen Entscheidung führt oder unvorhergesehene Ereignisse eintreten. Da jeder jederzeit Änderungsanträge einbringen kann, die auch im Konsensprinzip entschieden werden, minimiert das den Grund inkonsequent zu sein – da man mit inkonsequentem Verhalten gegen die selbst mitgetragene Entscheidung handeln würde.

- **Vertrauen**

  Aussagen wird Glauben geschenkt, auch ohne Verträge. In den 15 Jahren des Bestehens von Premium gab es keinen einzigen Rechtsstreit.

  Dieses Vertrauen um den zentralen Moderator zieht immer weitere Kreise im Ökosystem, sodass Aussagen von Premium-Repräsentanten immer mehr so vertraut wird, als kämen sie von dem zentralen Moderator.

- **Transparenz**

  Alle im Kollektiv können auf fast alle Informationen als auch die Zusammenhänge zugreifen. Dadurch fallen Falschaussagen, Fehler, „Spielchen" oder ähnliches sehr zügig auf. Das führt paradoxerweise zu (sozialer) Kontrolle. Eingeschränkt ist die Haltung der Transparenz nur auf die Bereiche bzw. Themen persönlicher Datenschutz, rechtliche Sonderfälle, Schutz vor aggressiven Mitbewerbern sowie bei Fehlern Einzelner als Schutz vor Gesichtsverlust.

  Zu Transparenz gehört auch, alle Informationen zum Premium *Betriebssystem* unter einer Creative Common Urheberrecht-Lizenz (kostenfreie Nutzung und Weitergabe unter gleichen Bedingungen) auf der Internetseite zur Verfügung zu stellen, um über das Unternehmen zu informieren und um Gründer zu unterstützen, die in gleicher oder ähnlicher Form ihr Unternehmen strukturieren wollen.

- **Grenzen**

  Falls Premium sich von einem Mitwirkenden trennen und Grenzen setzen muss, kann jeder jeden für einen Ausschluss nominieren. Über diesen Antrag auf Ausschluss wird dann im Konsens abgestimmt, mit Vetorecht für jeden. Dem Nominierten steht in diesem speziellen Fall kein Vetorecht zu.

  In 15 Jahren Unternehmensgeschichte gab es bislang zwei Ausschlüsse, aufgrund von Bargelddiebstahl sowie Veruntreuung.

- **Pattsituation im Konsens**

  Im Konsensprinzip gibt es ein Entscheidungsrisiko in einer Pattsituation, wenn kein Konsens erzielt werden kann. Premium hat hierfür eine Not-Entscheidungsregel gesetzt. Der zentrale Moderator kann in einer für den laufenden Betrieb kritischen Pattsituation zum Wohle des Fortbestands des Unternehmens (und der Sicherstellung der Liquidität) entscheiden.

  Wenn durch die Entscheidung keine Schäden für andere drohen, kann im Patt auch durch Mehrheitsentscheid statt Konsens entschieden werden. Gleichzeitig ist festgelegt, dass der zentrale Moderator im Idealfall während der Entscheidung jedoch in jedem Fall danach seine Handlung durch das Kollektiv legitimieren muss und wieder zu dem normalen Konsensverfahren zurückkehrt.

Strukturmodell: Soziokratie/ Holokratie

Mit dem heterarchischen Organisationsmodell Soziokratie ist es Menschen möglich, Macht beziehungsweise Einfluss so in der Organisation fließend zu organisieren, dass die Menschen effektiv und effizient Entscheidungen herbeiführen.

Mit nur wenigen Grundregeln bildet die Soziokratie ein Gerüst für jede mögliche Organisation, nahezu unabhängig von Größe (Mittelstand bis Konzern), Branche oder Profit-/ Non-Profit-Ausrichtung. (vgl. Rüther 2010, S. 8 f.).

Mittlerweile ist auch der Begriff Holokratie/Holocracy zu lesen, der im Kern auf dem Konzept der Soziokratie beruht.

Die Grundwerte der Soziokratie:

- Gleichwertigkeit aller Beteiligten, partnerschaftlicher Umgang
- Selbstorganisation und Selbstverantwortung der Mitarbeitenden und Teams
- Transparenz und Feedback
- Effizienz, Effektivität und Pragmatismus
- Fairness, gerechter Ausgleich im Geben und Nehmen
- Empowerment und Wachstum

Diese Werte führen zu vier Grundprinzipien, die der Begründer der Soziokratie, der niederländische Unternehmer Prof. Dr. Ing. Gerard Endenburg Ende der 1960er Jahre aufstellte und die das Wesen der Soziokratie ausmachen (vgl. Rüther 2016, S. 18 ff.):

- Der KonsenT regiert die Beschlussfassung mit Expertise und Sachverstand, statt mit Position oder Titel.
  Diese Entscheidungsregel besagt, dass ein Vorschlag dann als beschlossen gilt, wenn es keine schwerwiegenden und begründeten Einwände gibt, die die gemeinsame Zielerreichung bedrohen. Dieses Prinzip beschleunigt Entscheidungen und führt zu einer erhöhten Mitverantwortung für diejenigen, die mit einem „Nein" stimmen. Denn das Nein muss mit einem schwerwiegenden Grund untermauert sein.
  Es sind jedoch auch andere Entscheidungsregeln möglich, wenn diese durch KonsenT verabschiedet wurden. Das könnte theoretisch bedeuten, dass auch wieder eine autoritäre Entscheidungsregel eingeführt werden kann und zeigt, wie zentral der Reife- und Reflexionsgrad (unter anderem auch zu Autorität) aller Mitwirkenden sein beziehungsweise entwickelt werden muss, damit dieses Organisationsmodell die maximale Wirkung erzielt.
- Die Organisation ist in Kreisen aufgebaut, die innerhalb ihrer Grenzen autonom ihre Grundsatzentscheidungen treffen. Ein Kreis ist ein halb-autonomes, selbstorganisiertes Team (in unterschiedlicher Zusammensetzung), das daran arbeitet, gemeinsam definierte Ziele zu erreichen. Jeder Kreis wählt Repräsentanten, die im nächsthöheren Kreis vertreten sind. Aus dem höheren Kreis wird wiederum der Leiter des unter ihm liegenden Kreis gewählt. Das führt zu dem soziokratischen Prinzip der sogenannten *doppelten Verknüpfung,* was heißt, dass jeweils ein Repräsentant eines Kreises auch an Treffen mit anderen vernetzten Kreisen teilnimmt und umgekehrt.
- Die Kreise wählen die Menschen für die Funktionen und Aufgaben für zwei Jahre, im KonsenT, nach offener Diskussion. Wie überhaupt in den Kreisen nach KonsenT entschieden wird. Alle Mitwirkenden haben im KonsenT-Prinzip die gleichen Rechte.

Unternehmen, die erfolgreich nach dem Konzept der Soziokratie/Holokratie operieren, gibt es schon eine längere Zeit. Z. B. Endenburg Elektrotechnik in den Niederlanden mit 125 Mitarbeitenden und circa 14 Mio. € Umsatz (dies ist das Unternehmen des Begründers der Soziokratie), das niederländische Carsharing Unternehmen mywheels.nl, und in Deutschland testet die Sparda-Bank München in einer Abteilung das Entscheidungsverfahren KonsenT. Das Software-Unternehmen freiheit.com aus Hamburg nutzt das auf soziokratischen Prinzipien ruhende Konzept der Holokratie (vgl. Dietze 2015). Interessanterweise hatte auch Shell in den Niederlanden im „Saftey Department" soziokratische Elemente eingesetzt. Nachdem ein neuer Leiter die Abteilung übernommen hatte, beendete dieser jedoch das Experiment (vgl. Rüther 2012, S. 1 ff.).

Am Ende dieses Abschnitts zu der strukturellen Ebene möchte ich Sie nochmals ermutigen, Ihre mentalen Modelle zu reflektieren und sich für bisher für nicht möglich gehaltenes zu öffnen.

Und wenn Ihnen jemand sagt, dass das nicht geht, denken Sie bitte daran: Das ist die Reflexion seiner Grenzen, nicht ihrer.

Management Summary

- In Zeiten der Digitalisierung verliert traditionelle Führung an Autorität.
- Erfolgreiche Führung benötigt eine neue Haltung zu Autorität – es reicht nicht, nur den Führungsstil zu verändern.
- Ziel ist eine Zusammenarbeit auf Augenhöhe, die ein gemeinsames Ziel verfolgt – und nicht Konkurrenz.
- Führung im Sinne des Konzepts der Neuen Autorität lehnt Macht und Kontrolle von Mitarbeitern durch Führungskräfte ab. Stattdessen überzeugen Führungskräfte durch Präsenz und Nähe zu den Mitarbeitern sowie die Bereitschaft aufeinander zuzugehen, den Dialog zu suchen und die Beziehung zu fördern. Eine solche Führungskraft ist in der Lage, die eigenen Emotionen zu kontrollieren. Alle diese Fähigkeiten zusammen machen die Stärke der neuen Führung aus.
- Die Autorität einer neuen Führung basiert sowohl auf einer neuen inneren Haltung, die die Bereitschaft zu Reflexion der eigenen Person umfasst, als auch einem neuen Verhalten, das sich in der Transparenz der eigenen Arbeit und dem Schulterschluss mit anderen Führungskräften zeigt.
- Das Fundament der neuen Haltung zu Autorität in der Führung basiert auf den sieben Elementen Präsenz, Selbstführung, Beharrlichkeit/Deeskalation, Reflexion, Wiedergutmachung, Transparenz und Führungskoalition.
- Voraussetzung für Präsenz und Nähe zu Mitarbeitern und Kollegen im Führungskreis sind eine ethische Verantwortung und persönliche Involviertheit.
- Die Autorität einer neuen Führung zeigt sich insbesondere auch in der Bereitschaft, mit anderen Führungskräften zu kooperieren.
- Neue Autorität lehnt Sanktionen ab und macht sich für Versöhnung stark, ohne Fehlverhalten zu tolerieren.
- Kern der Umsetzung des Konzepts einer Neuen Autorität im Unternehmen ist ein offizielles Projekt zur Weiterentwicklung der Führungskultur. Es setzt an drei Punkten an: der individuellen Ebene, der kulturellen Ebene und der strukturellen Ebene.
- Eine innere Haltung und damit Verhalten lassen sich ändern, wenn man dazu emotional bereit ist und sich von hemmenden Loyalitäten befreit.
- Ein Wandel im Führungsverhalten ist gleichbedeutend mit einer Weiterentwicklung der Persönlichkeit. Dies setzt voraus, dass sich Führungskräfte ihrer Persönlichkeit und Werte bewusst sind, sie ihre Emotionale Intelligenz ausbilden, Konfliktkompetenz erwerben und das Thema Autorität in Bezug auf die persönliche Biografie reflektieren.
- Die neue Haltung zu Autorität stellt sich der eigenen Überforderung und den eigenen Ängsten und entwickelt daraus Stärke.
- Die Umsetzung des Konzepts der Neuen Autorität braucht die Analyse der Unternehmenskultur sowie der Organisationsstruktur, denn eine neue Führung steht in einer Wechselbeziehung mit einer neuen Kultur und veränderten Strukturen.

- Unternehmenskultur kann sich nur dann wandeln, wenn alle Beteiligten am Veränderungsprozess teilhaben – von der Leitungsebene bis zum verantwortlichen Mitarbeiter. Das gilt insbesondere für Kulturen mit starker Hierarchieorientierung.
- Neue Organisationsstrukturen wie Unternehmensdemokratie, Soziokratie, Scrum, Agile usw. sind nur dann wirksam, wenn Führungskräfte die Haltung der Neuen Autorität einnehmen.

Literatur

Adorno, T.W.: Studien zum autoritären Charakter. Suhrkamp, Frankfurt a. M. (1973)

Adorno, T.W.: Minima Moralia. Reflexionen aus dem beschädigten Leben. Suhrkamp, Frankfurt a. M. (2012)

Arendt, H.: Macht und Gewalt. Piper, München (2013)

Arnold, H.: Wir sind Chef. Haufe, Freiburg (2016)

Asendorpf, J.: Psychologie der Persönlichkeit. Springer, Heidelberg (2012)

Baer, U., Frick-Baer, G.: Vom Schämen und Beschämtwerden. Beltz, Weinheim (2008)

Beck, U. (Hrsg.): Kinder der Freiheit 4. Aufl. Suhrkamp, Frankfurt a. M. (1998)

Berghoff, H.: Moderne Unternehmensgeschichte. Schöningh, Paderborn (2004)

Berkel, K.: Konflikttraining. 10. Aufl. Windmühle, Hamburg (2010)

Bohne, M.: Einführung in die Praxis der Energetischen Psychotherapie. Carl-Auer, Heidelberg (2008)

Bröckling, U.: Das unternehmerische Selbst. Soziologie einer Subjektivierungsform. Suhrkamp, Frankfurt a. M. (2007)

Bußmann, N.: „Belohnung ist genauso falsch wie Bestrafung". Gerald Hüther im Interview. managerSeminare. **159**, 44–47 (2011). (Hier S. 46)

Byung-Chul H.: Was ist Macht? Reclam, Stuttgart (2005)

Crone, I., Girolstein, P., Quistorp, S.: Führung in unsicheren Zeiten. Entschiedenes Plädoyer für ein neues Autoritätsverständnis. Systema. **1**, 43–55, (2010)

Daniel, K., Becker, W.: Managementprozesse und Performance. Gabler, Wiesbaden (2008)

Deeg, J.: Die Integration von Individuum und Organisation. VS Verlag, Wiesbaden (2008)

Dietze, C.: „So kommen Mitarbeiter aus der Hierarchie heraus." In: Zeit Online, 4. Dezember (2015). http://www.zeit.de/karriere/beruf/2015-12/mitarbeiterfuehrung-hierarchie-autoritaet. Zugegriffen: 6. Sept. 2016

Dornes, M.: Die Modernisierung der Seele. Psyche. Zeitschrift für Psychoanalyse. **11**(64), 995–1033 (2010)

Dornes, M.: Die Modernisierung der Seele. Kind – Familie – Gesellschaft. Fischer, Frankfurt a. M. (2012)

dpa: „Manager halten deutsche Führungskultur für überholt". In: DIE ZEIT. http://www.zeit.de/karriere/2014-09/manager-fuehrungsstil-umfrage. Zugegriffen: 30. Sept. 2014

Eckelt, W.: Kandidaten lesen. Wiesbaden: Springer Gabler 2015

Ehrenberg, A.: Das erschöpfte Selbst. Depression und Gesellschaft in der Gegenwart. Suhrkamp, Frankfurt a. M. (2008)

Eschenburg, T.: Über Autorität. Suhrkamp, Frankfurt a. M. (1969)

FAZ: „Daimler baut Konzern für die Digitalisierung um". Interview mit Dieter Zetsche. In: Frankfurter Allgemeinen Zeitung, 8. September (2016). http://www.faz.net/aktuell/wirtschaft/f-a-z-exklusiv-daimler-baut-konzern-fuer-die-digitalisierung-um-14424858.html. Zugegriffen: 8. Sept. 2016

Godin, S.: Tribes: We need you to lead us. Portfolio Verlag, London (2008)

Gorz, A.: Arbeit zwischen Misere und Utopie. Suhrkamp, Frankfurt a. M. (2000)

Gruen, A.: Wider den Gehorsam. Klett-Cotta, Stuttgart (2014)

Hanisch, R.: Das Ende des Projektmanagements. Wie die Digital Natives die Führung übernehmen und Unternehmen verändern. Linde, Wien (2013)

Herbert Q-S. (Hrsg.): Autorität heute. Neue Formen, andere Akteure? Herder, Freiburg (2011)

Hochschild, A.R.: Das gekaufte Herz: Die Kommerzialisierung der Gefühle. Campus-Verlag, Frankfurt a. M. (2006)

Hofstede, G.: Cultures and Organizations Cultures and Organizations – Software of the Mind: Intercultural Cooperation and Its Importance for Survival. 3. Aufl. Mcgraw-Hill Publ. Comp., New York City (2010)

Illouz, E.: Die Errettung der modernen Seele. Suhrkamp, Frankfurt a. M. (2011)

Köttritsch, M.: Normalität liegt Jahre hinter uns. In: *Die Presse* vom 7./8.12.2013, S. K4

Köttritsch, M.: Skepsis kostet zu viel Energie. In: *Die Presse* vom 29./30.3.2014, S. K2

KPMG., Salt, B.: Beyond the baby boomers. The rise of generation Y. KPMG, Melbourne (2007)

Laloux, F.: Reinventing Organizations. Ein Leitfaden zur Gestaltung sinnstiftender Formen der Zusammenarbeit. Vahlen, München (2015)

Lambertz, M.: Freiheit und Verantwortung für intelligente Organisationen. Das Modell für lebensfähige Systeme nach Stafford Beer. Verlag Mark Lambertz, Düsseldorf (2015)

Lübbermann, U.: http://wiki.premium-cola.de/betriebssystem (2016). Zugegriffen: 29. Aug. 2016. Sowie ein Telefonat und Korrespondenz mit Uwe Lübbermann am selben Tag.

Makarenko, A.S.: Ein pädagogisches Poem 20. Aufl. Aufbau-Verlag, Berlin (1976)

Odgen, P., Minton, K. (2000): Window of Tolerance. In: Hanswille, Reinert; Kissenbeck, Annette: *Systemische Traumatherapie*. Carl-Auer, Heidelberg (2008)

Omer, H., von S.: Arist: Stärke statt Macht. „Neue Autorität" als Rahmen für Bindung. Familiendynamik. 34(3), 246-254 (2009)

Omer, H., von Schlippe, A.: Autorität durch Beziehung. Die Praxis des gewaltlosen Widerstands in der Erziehung. Vandenhoeck & Rupprecht, Göttingen (2010a)

Omer, H.; von Schlippe, A.: Stärke statt Macht. Neue Autorität in Familie, Schule und Gemeinde. Vandenhoeck & Rupprecht, Göttingen (2010b)

Pfläging, N.: Organisation für Komplexität: Wie Arbeit wieder lebendig wird – und Höchstleistung entsteht. Redline Wirtschaft, München (2014)

Pörksen, B.; Schulz von T. F.: Wie gute Führung gelingen kann. In: *DIE ZEIT* vom 29.9.2014

Rosenberg, M.: Gewaltfreie Kommunikation: Eine Sprache des Lebens. 10. Aufl. Junfermann, Paderborn (2012)

Rüther, C.: „Soziokratie. Ein Organisationsmodell. Grundlagen, Methoden und Praxis". MasterThesis. http://soziokratie.org/wp-content/uploads/2011/06/soziokratie-skript2.7.pdf (2010). Zugegriffen: 4. Sept. 2016

Rüther, C.: „Soziokratische Organisationen". http://www.soziokratie.org/wp-content/uploads/2012/06/Soziokratische-Unternehmen.pdf (2012). Zugegriffen: 6. Sept. 2016

Rüther, C.: „Skript: Soziokratie, Holakratie, Frederic Laloux ‚Reinventing Organizations' und ....". Online: http://www.christianruether.com/wp-content/uploads/2016/04/skript-soziokratie-holakratie-laloux-und-mehr-201603.pdf (2016). Zugegriffen: 4. Sept. 2016

Schäfer, F.: Minimal Management: Von der Kunst, vernetzte Menschen zu führen. Midas, St. Gallen (2012)

von Schlippe, A.: Das kommt in den besten Familien vor.... Concordia, Stuttgart (2014)

Schütze, Y.: Zur Veränderung im Eltern-Kind-Verhältnis seit der Nachkriegszeit. In: Nave-Herz R. (Hrsg.) Wandel und Kontinuität der Familie in der Bundesrepublik Deutschland. Enke, Stuttgart (1988)

Schwarz, G.: „Zur Stammesgeschichte von Führung. Gruppendynamik und die ‚Heilige Ordnung der Männer'". In: von Au, C. (Hrsg.) Wirksame und nachhaltige Führungsansätze. Springer, Wiesbaden (2016)

Semler, R.: Das Semco-System: Management ohne Manager. Das neue revolutionäre Führungsmodell. Heyne, München (1996)

Sennett, R.: Autorität. Berlin Verlag, Berlin (2008)

Simon, W. (Hrsg.): Persönlichkeitsmodelle und Persönlichkeitstests. Gabal, Offenbach (2006)

Steinmayr, R. et al.: Mayer-Salovey-Caruso Test Manual zur Emotionalen Intelligenz. Verlag Hans Huber, Bern (2011)

Stoffel, M.: „Haufe-Quadrant: Unternehmensführung geht nicht nur vom Management aus". http://vision.haufe.de/blog/haufe-quadrant-unternehmensfuehrung-geht-nicht-nur-vom-management-aus (2015). Zugegriffen: 6. Sept. 2016

Süfke, B.: Männerseelen. Ein psychologischer Reiseführer. Patmos Verlag, Ostfildern (2014)

Trendbüro, bso: New work order. Wiesbaden, Hamburg (2012)

Zeuch, A.: Alle Macht für Niemand. Aufbruch der Unternehmensdemokraten. Murmann, Hamburg (2015)

Zeuch, A.: www.unternehmensdemokraten.de/unternehmensdemokratie-versuch-einer-definition (2016). Zugegriffen: 29. Aug. 2016

Ziegler, H.: Strukturen und Prozesse der Autorität in der Unternehmung. Ferdinand Enke Verlag, Stuttgart (1970)

Ausblick: In Zukunft führen

6

Zusammenfassung

Zwar ist die Zusammenarbeit in vielen Unternehmen noch durch mangelndes Vertrauen geprägt, doch längst brechen immer mehr Firmen aus der bestehenden Denkweise in puncto Führung aus und gehen ganz neue Wege des Miteinanders. Modelle der Selbstorganisation brauchen zwar nach wie vor Führung – eine neue Haltung zu Autorität ermöglicht es aber erst, diese in Wirksamkeit zu bringen.

Wenn bei den Machern von Premium-Cola Entscheidungen anstehen, läuft der Prozess anders als bei den meisten anderen Unternehmen. In dem selbst ernannten Kollektiv wird alles so lange offen und heftig diskutiert, bis alle im Boot sind. Denn Entscheidungen wie etwa der Verzicht auf Gewinn, die Ablehnung von Werbung oder die Begrenzung des Wachstums werden nur einstimmig getroffen. In der Regel finden solche Diskussionen im digitalen Raum statt, (halb-)jährlich findet ein Offline-Treffen statt. Was selbst liberalen Wirtschaftsdenkern völlig utopisch oder wie ein Rückfall in sozialistische Zeiten vorkommen muss, ist jedoch zuallererst ein Beleg für den Beginn eines tief greifenden Wandels in puncto Führung. Schließlich hat sich Premium-Cola in seiner über 13-Jährigen Geschichte längst als erfolgreicher Getränkeanbieter im Markt etabliert. Und gelungen ist das der in Hamburg gegründeten Initiative völlig ohne feste Angestellte, ohne jegliche Verträge und ohne einen einzigen Chef.

Sicherlich ist das ein ungewöhnliches Beispiel. Aber Premium-Cola zeigt, was in Sachen Neuer Autorität bereits möglich ist und wohin die Entwicklung geht. Denn die Notwendigkeit einer neuen Führung lässt sich nicht mehr aufhalten. „Die Demokratisierung der Unternehmen wird von drei Trends getrieben", sagt etwa der Unternehmensberater und Ex-Telekom-Personalvorstand Thomas Sattelberger, der seit Jahren ein Vorreiter in Sachen Neuer Führung ist. „Erstens erhöhen die neuen digitalen Technologien die Souveränität und den Freiheitsraum des Einzelnen, zweitens wächst die Macht der Talente

© Springer Fachmedien Wiesbaden GmbH 2017
F.H. Baumann-Habersack, *Mit neuer Autorität in Führung*,
DOI 10.1007/978-3-658-16498-0_6

unaufhaltsam und drittens besteht ein zunehmender Wunsch nach Teilhabe" (Sattelberger 2015). Wie im Privaten wollen die Menschen auch in unternehmerischen Fragen endlich umfassend mitreden.

Noch tief greifender beschreibt Jeremy Rifkin den sich gerade abzeichnenden Wandel. Der weltweit renommierte US-Soziologe und Ökonom sieht die globale Wirtschaft im Sprung begriffen zu einer dritten industriellen Revolution. Ausgelöst wird sie durch den Umstieg auf erneuerbare Energieressourcen, die Entwicklung effizienter Energiespeicher und ein internetbasiertes intelligentes Stromnetz, das Kapazitäten spart und kostengünstig verteilt. Wie jede Energiewende zuvor wird auch die dritte industrielle Revolution Wirtschaft und Gesellschaft massiv verändern. Rifkin spricht von einem Zeitalter der Netzwerke und dem gemeinsamen Wirtschaften, das die Macht alter hierarchischer Strukturen ablöst. Damit aber rücken Werte wie Vertrauen, Transparenz, Einfachheit, Nachhaltigkeit und direkte Kommunikation in den Mittelpunkt. Und genau das entspricht der Haltung einer Neuen Autorität.

Fehlendes Vertrauen

Machen wir uns allerdings nichts vor. Noch stehen wir erst am Anfang dieses neuen Zeitalters. Während wir in der Demokratie „nach Gleichberechtigung, Emanzipation, Freiheit, Transparenz und Schutz vor Manipulation" rufen, ist unsere Arbeitswelt vielerorts noch immer undemokratisch. „Die Wirtschaft ist quasi das Tollhaus der Antidemokratie", schreibt Alix Faßmann in ihrem Buch *Arbeit ist nicht unser Leben* (Faßmann 2014, S. 266). Bei aller Euphorie für den neuen Elan, den der Abbau von Hierarchien sowie die elektronische Vernetzung und nicht zuletzt das neue Denken der Generation Y mit sich gebracht haben, stecken wir in weiten Teilen der Wirtschaft noch tief in der Zeit der alten Autorität. Es wird gebrüllt und gekündigt, gemobbt und gebosst, um Macht gerungen und um Budgets, und reihenweise verabschieden sich Führungskräfte und Mitarbeiter aus dem Arbeitsmarkt, weil sie zu lange zu schnell in ihren Hamsterrädern gerannt und dabei ausgebrannt sind.

Laut einer bereits im Jahr 2012 durchgeführten Umfrage der vom Bundesministerium für Arbeit & Soziales getragen Initiative „Forum Gute Führung" unter 400 Managern, mahnen mehr als drei Viertel der Befragten eine neue Kultur in der Zusammenarbeit an. Wenn Führungspraxis und Führungsanforderungen der modernen Arbeitswelt nicht endlich in Einklang gebracht werden, verliere Deutschland im Kampf um die besten Talente international den Anschluss, so das Fazit. Am meisten macht den Führungskräften zu schaffen, dass es keine wirkliche Vertrauensebene mit den Kollegen gibt. Nicht selten folgt daraus das Gefühl der Einsamkeit, der Isolation. Denn hinter jedem Verhalten, hinter jeder Aussage, hinter jeder Nichthandlung vermuteten diese Führungskräfte mehr oder weniger Angriffe oder auch Benachteiligung durch ihre Kollegen – gespeist aus leidvollen Erfahrungen aus der Vergangenheit.

Gleichzeitig ist die Angst groß, sich allein für eine neue Kultur der Zusammenarbeit und des Vertrauens stark zu machen. Häufig wird befürchtet, dass dieser aufrechte Versuch einer Veränderung von den Kollegen nicht als solcher wahrgenommen, sondern als ein neuer Schritt bewertet wird, andere hinters Licht zu führen. Damit schlägt die bereits ausführlich beschriebene Systemfalle wieder zu und alles bleibt beim Alten. Statt Offenheit, Motivation und Kreativität machen sich Hilflosigkeit, Misstrauen und Überforderung breit. Welch eine Verschwendung von Innovation, Lebensqualität und Produktivität.

Dabei ist das An-einem-Strang-Ziehen, vor allem der Führungskräfte, für jedes Unternehmen wichtiger denn je. Schließlich bedeutet die moderne globale Wirtschaftswelt das Ende aller Gewissheiten. Managementtheoretiker fassen die neuen Rahmenbedingungen der Unternehmen längst unter dem Begriff „VUCA" zusammen. Die vier Buchstaben stehen für Volatilität, Unsicherheit, Komplexität und Vieldeutigkeit *(ambiguity)*. Um unter diesen Herausforderungen in einem Markt noch langfristig bestehen zu können, haben die in einem Unternehmen handelnden Menschen eigentlich längst keine Wahl mehr, als vertrauensvoll zusammenzuarbeiten. Sonst zerstören sie ihre Arbeitsgrundlage durch die anhaltenden Konflikte von innen. Aber dieses gemeinsame Wirtschaften, wie Jeremy Rifkin es nennt, ist nur mit einer neuen Führung, einer neuen Haltung zu Autorität möglich. Das wahre Potenzial für ein Unternehmen und für alle darin arbeitenden Menschen lässt sich nur entfalten, wenn eine neue Kultur der Offenheit, der Kollegialität, eher sogar der Freundschaft und des Vertrauens entsteht.

Das Auftauchen einer neuen Führungskultur am Unternehmenshorizont bedeutet jedoch nicht, dass Organisationen, die von der Denkweise eines alten Autoritätsverständnisses geprägt sind, schon bald verschwinden oder nicht noch einige Zeit gute Gewinne erzielen. Vor allem autoritäre Unternehmen mit großen Eigenkapitalpuffern oder lukrativen Margen können derzeit so effektiv arbeiten, dass sie nicht umdenken müssen. Doch wie lange können sie sich das noch erlauben?

Es ist offensichtlich, dass die alten Hierarchien, die Verhaltensweisen und die Haltung der alten Autorität nicht mehr recht in die Welt von heute passen. Durch die Fortschritte der Informationstechnologie ist es für Wissensarbeiter nicht mehr notwendig, zu bestimmten Zeiten an bestimmten Orten und unter der Aufsicht von bestimmten Vorgesetzten tätig zu werden. Arbeiten können sie heute immer und überall – selbst organisiert, freiwillig, mit minimalem Reisegepäck und maximalem Zugriff auf Informationen.

Mit Führungsmethoden aus dem 19. und 20. Jahrhundert lassen sich insbesondere die hoch qualifizierten, die kreativen Wissensarbeiter nicht mehr führen. Wer es versucht, lässt Innovation versiegen. Denn wirkliche Neuheiten lassen sich nicht mit Führungsmethoden und einer Führungshaltung aus dem Industriezeitalter „aus den Menschen herausholen". Das geht nur mit Führungskräften, die Arbeit anders denken können als nach dem Modell „Dienst nach Vorschrift". Das geht nur mit Freiraum, der Kreativität zulässt. Innovation braucht Freiheit.

Männliche Führungskraft, Jahrgang 1956: „Man muss einen Rahmen dafür schaffen, dass andere Menschen sich verändern können. Das braucht Geduld, was nicht unbedingt die Stärke in einem schnell laufenden Tagesbetrieb beziehungsweise unserer schnelllebigen heutigen Gesellschaft ist. Quartalsergebnisse, Leistung und Wachstum ohne Ende – das ist ein kontraproduktives Umfeld, wenn ich einem Zeit geben muss, sich auch tatsächlich zu wandeln und zu entwickeln."

Männliche Führungskraft, Jahrgang 1939: „Um eine positive Wirkung im Unternehmen zu erreichen, ist ein offenes Dialogklima erforderlich, das den Entscheidungsprozess konstruktiv beeinflusst."

Männliche Führungskraft, Jahrgang 1960: „Führungskräfte, das gilt für das Topmanagement ebenso, sind gut beraten, einen wohlgemeinten Wettstreit der Ideen zu produzieren. Das alte Bild, was manche haben: Wenn ich zu viele Freiheiten zulasse, dann könnte mich jemand überflügeln oder ich habe nicht die beste Idee gehabt, ich verliere mein Gesicht oder andere Dinge, die aus einem Gefühl des Verlust heraus motiviert sind, führt zu Verkrampfung und zu völlig falschen Reaktionen. Und dies führt zu einer missverstandenen Autorität, weil Autorität dann kippt."

Das Prinzip Selbstorganisation

Die Notwendigkeit von Freiräumen für alle Mitarbeiter ist eine zwangsläufige Folge der dritten industriellen Revolution. In der damit verbundenen Arbeitswelt wird angeleitete Arbeit mit klarer Vorgabe einzelner Schritte eher die Ausnahme sein. Im Zentrum künftiger Zusammenarbeit steht dagegen Selbstorganisation und Selbstoptimierung. Denn Unternehmen können sich nicht länger als ein von Kunden und Geschäftspartnern abgetrenntes Gebilde sehen, wenn sie flexibel bleiben wollen. In Zeiten sich immer schneller verändernder Rahmenbedingungen und Kundenwünsche wird jede Geschäftsbeziehung Teil eines großen Netzwerks, das insgesamt das gleiche Ziel verfolgt. Bei Premium-Cola zählt schon heute jede neue Verbindung, egal ob zu Kunden oder Lieferanten oder Abfüllern, als interne Beziehung, die es den Partnern erlaubt, mitzureden.

Dabei geht es aber nicht nur um Mitsprache, Anregungen und Ideen von außen. Erst wenn sich Unternehmen als Teil eines Netzwerks begreifen, werden sie künftig Kundenbedürfnisse flexibel und schnell bedienen können. Das erfordert jedoch gleichzeitig eine Abkehr von den alten Führungsprämissen des Kontrollierens und Planens. In einer Wirtschaft, die sich vor allem durch die technische Vernetzung immer komplexer, kaum noch vorhersagbar und zunehmend unsicherer gestaltet, können Prozesse nicht mehr gezielt geplant und kontrolliert werden. Niels Christiansen, Chef des dänischen Kältetechnikherstellers Danfoss hat sich daher vollständig vom Planen und Prognostizieren seines Geschäfts verabschiedet und fokussiert sein Unternehmen darauf, möglichst schnell auf das Unvorhergesehene zu reagieren.

Der süddeutsche Spezialist für Ladegut-Sicherung allsafe JUNGFALK arbeitet ebenfalls bereits nach dem Motto „Vertrauen und wenig Kontrolle". Damit das auch gelingt, gewährt die Geschäftsführung den Mitarbeitern große Freiräume. So können sie selbstständig Kundenanfragen wie Reparaturen, Bestellungen von Ersatzteilen oder Lieferungen erledigen, ohne bei Vorgesetzten die Zustimmung einholen zu müssen.

Das Prinzip Vertrauen und Selbstorganisation sehr weit getrieben hat Ricardo Semler, Inhaber der brasilianischen Semco-Gruppe, die unter anderem erfolgreich im industriellen Maschinenbau tätig ist. Semler übernahm 1983 die Firma seines Vaters ohne Ausbildung und feuerte an einem Tag 60 % des Managements. In den folgenden Jahrzehnten formte er das Unternehmen zu einer Organisation, in der er selbst und ein oberstes Management quasi überflüssig sind. So können die rund 3000 Mitarbeiter, die in kleinen Einheiten von 150 Leuten arbeiten, etwa ihre Vorgesetzten, neuen Kollegen, Arbeitszeiten oder Gehälter selbst festlegen. Auch über Budgets, Strategien oder neue Geschäftsfelder entscheiden die Teams in Eigenregie. Und damit sich Talente wirklich entfalten können, legte Semler von Anfang an Wert auf Job-Rotation oder Job-Enrichment und es werden sogar Mitarbeiter ohne feste Job-Beschreibungen eingestellt, die dann selbst ihren Platz im Unternehmen finden können.

Alle drei Beispiele und noch viele weitere unterstreichen den aktuellen Trend: Im Zuge der technologischen Revolution des Internets werden die Organisationsstrukturen so umgebaut, dass die Mitarbeiter mit ihren individuellen Fähigkeiten als Innovatoren im Zusammenwirken maximale Wirkung erzielen können. Unternehmen, die solch einen strukturellen Umbau durchlaufen, ändern automatisch die Beziehungen zu ihren Mitarbeitern und zwischen den Beschäftigungsgruppen, vor allem zwischen jung und alt. Führungsaufgaben werden neu definiert und das ohnehin überlebte Senioritätsprinzip verliert endgültig jegliche Berechtigung. Forciert wird diese Entwicklung durch die demografische Entwicklung, denn das Verschwinden von bis zu 6,5 Mio. heute noch arbeitenden Menschen aus dem Arbeitsmarkt wird zu einer Machtverschiebung zwischen Unternehmen und den in ihnen arbeitenden Menschen führen. Ohne Mitsprache werden Firmen für die besten Kräfte im Markt, egal auf welcher Ebene oder in welcher Funktion, nicht mehr attraktiv sein.

Führende Trendforscher wie Sven Gábor Jánszky und Professor Lothar Abicht prognostizieren zum Beispiel, dass rund 40 % der zukünftigen Belegschaften Projektarbeiter sein werden, die sich ihre Erwerbsbiografie selbst zusammenstellen, nach den folgenden Kriterien (Jánszky und Abicht 2013, S. 129):

- Ist das Projekt eine persönliche Herausforderung?
- Hat das Projekt größeren Sinn (für die Welt)?
- Arbeite ich im Projekt mit exzellenten Menschen zusammen?

Diese oft hoch qualifizierten Mitarbeiter werden als erste die Grundlogik des neuen Arbeitsmarktes durchschauen, da ihre Fähigkeiten und Qualitäten wie Intuition, Leidenschaft oder Motivationskraft Mangelware sein werden. Dadurch gewinnen sie an Macht und nehmen Einfluss auf die Unternehmen. Deren Überlebenschance wiederum hängt dann davon ab, wie sie mit den Bedürfnissen dieser Gruppe umgehen und die Jobs darauf zuschneiden.

Angesichts der zunehmenden Selbstorganisation der Menschen kristallisieren sich wahrscheinlich zwei grundsätzliche Organisationsformen für Unternehmen heraus (Jánsky und Abicht 2013, S. 130 ff.):

1. **Fluide Organisationsformen.** Unternehmen, die ihre Abläufe nach diesem Prinzip gestalten, kennen keine festen Grenzen und festen Mitarbeiter mehr. Ihre Arbeitsorganisation zielt auf das Zusammenwirken von Projektarbeitern ab. Unternehmen und Projektarbeiter stehen in gegenseitiger Abhängigkeit. Folglich bildet sich eine neue Arbeitskultur heraus, die geprägt ist durch ein hohes Maß an Transparenz und Zuverlässigkeit und die permanente Herausforderung für beide Seiten, die gemeinsam vereinbarten Spielregeln einzuhalten.

2. **Caring Companies.** Diese Unternehmen wollen sich im Markt behaupten, indem sie versuchen, Mitarbeiter stark an sich zu binden. Die Organisationskultur ist darauf ausgerichtet, den Menschen besondere Formen der individuellen Entwicklung zu bieten, etwa Weiterbildung, flexible Arbeitszeiten oder Sozialleistungen et cetera, die eine dauerhafte Bindung an das Unternehmen reizvoll erscheinen lassen. Arbeit und Freizeit sollen für die Mitarbeiter zu einem Corporate Life verschmelzen. Kern des Konzepts ist die Verbindung von klaren Leistungs- und Zielvorgaben mit langfristig angelegten Entwicklungs- und Förderplänen. Dies bezieht sich nicht nur auf Personalentwicklungspläne, sondern auch auf attraktive Angebote für Wohnen, Familienplanung, Freizeitgestaltung, Gesundheit und so weiter. Diese Unternehmen übernehmen damit eine größere Verantwortung für das soziale Wohlergehen ihrer Mitarbeiter.

Egal für welche Strategie Unternehmen sich entscheiden und welche Struktur sie entwickeln: Die wichtigste Herausforderung zur Veränderung liegt nicht (nur) im Management, sondern in den Köpfen der Mitarbeiter. Der permanente neue Zuschnitt von Jobprofilen – gerade auch für die mittleren und niedrig Qualifizierten, deren Anforderungen ebenfalls stetig steigen werden – erfordert von den arbeitenden Menschen künftig zunehmend, die bisherigen Aufgaben und Regeln zu vergessen und immer wieder „an neue Wahrheiten" zu glauben. Alle Mitarbeiter müssen lernen, aktiv zu vergessen, um Neues entstehen zu lassen.

Aber wie lässt sich das Vergessen als notwendige Kernkompetenz erlernen? Auf diese Frage gibt es bislang noch keine Antwort. Sicher ist nur, dass das bisherige Schulsystem voller Wissensvermittler und Kontrolleure keine Lösung dafür bietet. Denn vergessen bedeutet auch, sich aus eigenem Antrieb für Neues zu interessieren und zu motivieren. Genau darauf bereitet das Bildungssystem jedoch die Menschen nicht vor. Das ginge nur, wenn Lehrer in Zukunft ausschließlich als Begleiter fungieren, die bei Bedarf zur Verfügung stehen. Die Fähigkeit zu vergessen, geht darüber hinaus mit der Bereitschaft einher, sich auf Ungewissheiten einzulassen. Wie oben bereits erwähnt, steht die dritte industrielle Revolution für ein Zeitalter der Ungewissheit. Nicht zuletzt seit den Anschlägen auf die Zeitschrift *Charlie Hebdo* in Paris oder die seit Jahren schwelende Eurokrise ist das Gefährdungspotenzial in der Öffentlichkeit präsent. Nichts ist mehr sicher. Wer heute Sicherheit verspricht, selbst wenn es sich um etablierte Marken handelt, der lügt. Unsere neue Sicherheitslogik lautet vielmehr: Wenn wir schon wissen, dass etwas Unvorhergesehenes passieren kann, dann wollen wir vorbereitet sein, um schnell reagieren zu können. Die einzige Sicherheit, die Unternehmen uns Kunden bieten können, ist also ein Szenariodenken. Denn nur wer sich in unterschiedlichen Entwicklungsmöglichkeiten bewegen kann, verfügt über mehrere Handlungsoptionen, wenn wirklich etwas Unvorhergesehenes eintritt (Vgl. Jánsky und Abicht 2013, S. 195 ff.).

Unvorhergesehen werden aber auch die künftigen Beziehungen zwischen Führungskräften und Mitarbeitern sein. Noch nie in der Menschheitsgeschichte gab es wohl eine Epoche, in der die miteinander kooperierenden Gruppen (unterschiedliche Generationen, Migranten und so weiter) derart verschiedene Erfahrungswelten und Lebensentwürfe vorweisen, wie in den kommenden Jahren. Überall in der Gesellschaft werden diese Differenzen aufeinandertreffen, auch in Unternehmen. Diese Ungleichheiten in konstruktive Bahnen zu lenken, ist die Hauptaufgabe einer neuen Führung.

Die neue Genration Y zum Beispiel ist nicht mehr vordergründig an Karriere, sondern an Selbstverwirklichung interessiert. Vor allem Frauen (und zum Glück auch immer mehr Männer) fordern zunehmend, dass Beruf und Familie sowie Freizeit in Einklang gebracht werden können. Mitarbeiter aus unterschiedlichen Religionsgemeinschaften wünschen sich den Freiraum, um auch die Rituale ihrer Religionen leben zu können. Und generell achten Nachwuchskräfte darauf, dass Arbeitsatmosphäre und Unternehmenskultur gesundheitsfördernd und attraktiv sind.

Die Führungskraft der Zukunft versteht, dass sie dann am besten für ihr Unternehmen arbeitet, wenn sie sich in erster Priorität für die Mitarbeiter stark macht. Ihre Hauptaufgabe ist nicht das Exekutieren von Strategien, sondern die Mitarbeiter zu entwickeln. Nicht binden, sondern voranbringen. Kooperationsfähigkeit hat Vorrang vor alleiniger Renditefixierung. Damit erzeugen Führungskräfte jenes Vertrauen und jene Wertschätzung, die die Basis für intrinsisch motivierte Teams ist. Und das ist die Haltung einer Neuen Autorität. Doch Potenziale lassen sich erst gezielt entwickeln, wenn man sie kennt. Daher wird die Einschätzung von Kompetenzen der Mitarbeiter ein wesentliches Element von künftiger Führung sein.

Dieser Fokus auf die Beziehungen im Arbeitsalltag verleiht Autorität automatisch eine andere Bedeutung. Sie rechtfertigt sich künftig nicht mehr durch das größte Spezialwissen und die beste Expertise. Im Gegenteil: Modernen Führungskräften ist bewusst, dass sie nicht die Schlausten sind und sein dürfen. Denn erst dieses Bewusstsein befähigt sie, nach jenen Mitarbeitern zu suchen, die jeweils in einzelnen Spezialgebieten wirkliche Experten sind. Führung nach dem Konzept der Neuen Autorität moderiert, anstatt zu befehlen. Wenn also eine Führungskraft möglichst vielen exzellenten Mitarbeitern die Chance bietet, gemeinsam mit anderen exzellenten Menschen an etwas Herausforderndem zu arbeiten, was die Welt im Kleinen ein Stück besser macht, dann wird sie die besten Leute finden.

Agile Führung und Selbstorganisation – geht das einfach so?

Können Führungskräfte agile Führung, also u. a. die Organisation von Selbstorganisation, einfach so im Unternehmen einführen, weil es jetzt „in" ist? Weil jetzt Techniken und Tools von agilem Projektmanagement zum Beispiel auf Linienorganisationen übertragen werden? Weil man ein Buch liest oder eine Konferenz besucht? Weil die „Demokratisierung" von Unternehmen voranschreitet?

Fast immer, so meine Erfahrung, kommt es zu einen einem Verlust von Autorität, wenn Führungskräfte

- weiterhin (unbewusst) eine autoritäre Haltung haben, sich aber kooperativ verhalten (müssen),
- tatsächlich eine kooperative Haltung auf gleicher Augenhöhe mit Mitarbeitenden leben wollen, aber sie sich durch systembedingte Kontrollstrukturen (zum Beispiel individualisierte, monetäre Anreizsysteme, normierte Mitarbeiterbeurteilungen, rigide angewendete Qualitätsmanagementsysteme, …) zu autoritären Handlungen gezwungen sehen,
- sich in einer auf Konkurrenz getrimmten Führungskultur zu autoritärem Verhalten verführen lassen, da sie sonst die Zugehörigkeit zur Führungsclique „der harten Hunde" verlieren.

Die alte Haltung zu Autorität aus der Industriekultur ist das Gegenteil von Selbstorganisation, das Gegenteil von agiler Führung. Sie drückt sich am besten mit den Worten Intransparenz, Kontrolle, Misstrauen, Distanz, Eskalation, Willkür oder auch Vergeltung aus.

Agile Führung bedeutet einen Wandel in der Haltung zu Autorität

Für agile Führung braucht es daher zunächst erst einmal *in* einer Führungskraft einen Wandel in der Haltung zu Autorität. Hin zu einer Neuen Autorität, die auf Nahbarkeit, Vernetzung, Beharrlichkeit, Transparenz, Wiedergutmachung oder auch Deeskalation baut.

Erst aus einer veränderten Haltung folgt glaubwürdiges Führungsverhalten, was wiederum zu Neuer Autorität führt. Und diese neue Autoritätshaltung führt zu Berechenbarkeit und Sicherheit.

Dies sind die Bedingungen für eine neue Verteilung und Gestaltung von Macht – und somit die Basis von erfolgreicher Selbstorganisation, ohne schalen Beigeschmack.

Wahre Führung gelingt nur mit Autorität. Und zwar mit einer Autorität, die nicht durch eine Funktion oder einen Titel verliehen wird oder kooperativ verpackt ist, im Kern jedoch weiterhin autoritär daherkommt. Wahre Autorität entsteht nur durch tragfähige Beziehungen. Es gilt den entstandenen und immer noch wirksamen Schatten abzulegen, der durch die Industriekultur und den fatalen Autoritätsmissbrauch in Deutschland entstanden ist. Es braucht dringend eine neue Haltung zu Autorität in der Führung. Diese neue Form der Autorität unterscheidet sich fundamental von der alten. Diesem Wandel wird sich jede Führungskraft mehr oder weniger stellen müssen, wenn sie in Zukunft noch wirksam sein will. Gleich welchem Führungsstil sie auf Verhaltensebene folgt, wie beispielsweise transformative Führung, demokratische Führung, Management 3.0, …

Die Neue Autorität in der Führung ist damit die Basis in der Haltung, auf der alle neuen wirksamen agilen Organisationsformen und Führungsstile fußen.

Handlungsfreiheit gewinnen

Die Zukunftsfrage lautet: Wie können Unternehmen künftig auf der Basis von freiwilligem Commitment arbeiten und am Ende trotzdem mit Effektivität und Erfolg rechnen? Das ist das Spannungsfeld zwischen Freiheit und Druck. Zwischen freier Kreativität und ökonomischer Notwendigkeit. Dieses Spannungsfeld lässt sich nicht auflösen – auch von der Generation Y nicht und auch nicht allein durch eine Neue Autorität.

- **Neue Autorität** positioniert sich lediglich auf der einen Seite des Spannungsfelds. Sie verlässt sich auf die freiwillige ethische Verpflichtung der Führungskräfte gegenüber der übernommenen Aufgabe und auf deren persönliche Involviertheit. Führung erfolgt über Präsenz in der Beziehung, Erfolg über Beharrlichkeit.
- **Alte Autorität** steht auf der anderen Seite des Spannungsfelds. Sie gibt den Führungskräften Macht und die Möglichkeit der Sanktion. Sie braucht keine persönliche Involviertheit. Je „cooler" die Führungskräfte auftreten, desto mehr Macht wird ihnen unterstellt. Führung erfolgt über Distanz und Herrschaft, Erfolg über Druck.

Bei aller Sympathie für das Konzept der Neuen Autorität liegt es auf der Hand, dass auch die Unternehmen mit Führungskräften der alten Schule erfolgreich sein können – sehr erfolgreich sogar. Aber auf Kosten der Kreativität und der Gesundheit ihrer Mitarbeiter. Hier regt sich zu Recht inzwischen verstärkt Widerstand – denken wir nur an die Diskussionen über steigende Burn-out-Quoten und humane Arbeit.

Dennoch ist es wahrscheinlich, dass sich die alte Autorität, die sich in der modernen Form häufig hinter einer Pseudokooperation maskiert, erhalten wird. Vor allem dann, wenn sie eng mit „altem Kapital" verknüpft ist. Gerade Wirtschaftszweige, die auf gering qualifizierte, schnell ersetzbare Mitarbeiter bauen und sehr gut auf die Kreativität der eigenen Leute verzichten können (denken wir nur an die Smartphone-Manufakturen in China oder die US-amerikanische Fleischindustrie), gleichzeitig aber sehr an Rentabilität interessiert sind, werden sich gegen eine neue Führung wehren. Stattdessen halten sie an rigiden Arbeitsbedingungen und einer die Mitarbeiter verschleißenden Arbeitsorganisation fest. Diese Unternehmen geraten heute verstärkt in die Kritik. Obwohl sie damit rechnen müssen, durch die sozialen Medien und ihre Kunden abgestraft zu werden, wenn diese Praktiken an die Öffentlichkeit dringen, zeigen sie dennoch Beharrungskraft.

Den grundlegenden Wandel können diese Unternehmen allerdings nicht aufhalten. Zunehmend werden sie in die Minderheit geraten. Aber auch innerhalb ihrer starren Strukturen wankt der Widerstand. Schon heute trotzen einzelne Führungskräfte dem alten Denken und versuchen, frischen, neuen Wind in die autoritär geführten Unternehmen zu bringen. Aus meiner Beratungserfahrung zu Unternehmenskulturentwicklung ist mir allerdings bewusst, dass das Führen von Menschen mit unterschiedlichen Führungshaltungen und Methoden innerhalb eines Unternehmens nicht lange gut geht.

Zunächst bilden sich Spannungen innerhalb der Führungsebene, die darin münden, dass diejenigen Führungskräfte freiwillig oder unfreiwillig aus dem Unternehmen ausscheiden, die sich nicht der mehrheitlichen Führungshaltung anschließen. Danach gehen die Mitarbeiter (oder „werden gegangen"), die sich ein anderes Führungsverhalten wünschen.

Ich bin davon überzeugt, dass exzellente Wissensarbeiter schon heute realisieren, was sie wert sind, und dass sie sich Führungsmethoden aus dem 19. Jahrhundert nicht mehr gefallen lassen. Geraten sie in derartige Systeme, so kündigen sie (zuweilen mit ihrem gesamten Freundeskreis), suchen sich einen besseren Job oder gründen selbst eigene Unternehmen. Loyalität gilt heute ohnehin nicht mehr vorrangig einem Arbeitgeber, sondern dem eigenen Netzwerk.

Wenn Unternehmen diese Wissensarbeiter künftig für sich gewinnen wollen, müssen sie nach deren Spielregeln spielen. Das heißt, dass sie anders führen müssen, und dazu auch Führungskräfte brauchen, die das nicht nur können, sondern es auch verkörpern. Nur so ist es möglich, dass sich die Neue Autorität in der Führung der Unternehmen durchsetzt, weil sie aus ökonomischen Gründen notwendig wird. Dies wird allerdings nicht völlig ohne Spannungen ablaufen. Es wird an den Unternehmensspitzen zu heftigen Diskussionen über folgende Fragen kommen:

- „Wie wollen wir bei uns führen?"
- „Und wie wollen wir lernen, auf diese Art zu führen?"

An diesem Punkt bleibt für alle die Auseinandersetzung mit der Vergangenheit des Unternehmens und auch mit der persönlichen Geschichte nicht aus. Hier sehe ich die Chance, dass die von Generation zu Generation weitergegebenen unbearbeiteten, hemmenden Verhaltensmuster und Einstellungen unterbrochen, ja sogar aufgelöst werden können. Hier sehe ich die Chance für mehr Humanität in Wirtschaft und Gesellschaft, die die Voraussetzung für zukünftigen Erfolg sein wird. Hier sehe ich die Chance für neue Wege der Führung.

Wenn sich Führungskräfte aus dem Teufelskreis der Machtkämpfe befreien, gewinnen sie Souveränität und Freiheit. Handlungsfreiheit. Und damit erhalten sie einen neuen Blick darauf, wie und wo sie sich selbst und eigene Mitarbeiter weiterentwickeln können. Davon profitieren alle.

Die Chancen sehen

Das Konzept einer Neuen Autorität in Unternehmen ist kein idealistisches Gedankenspiel. Es ist keine Zukunftsmusik. Längst hat sie Einzug gehalten in die unternehmerische Praxis, auch wenn sie bislang noch nicht so benannt und in ein integriertes Konzept gebracht wurde. Initiativen wie Premium-Cola oder Firmen wie allsafe, Semco und Danfoss sind erste Beispiele dafür, dass das Umdenken schon in vollem Gange ist. Die Zahl der Vorreiter ist aber bereits viel größer. Einen beeindruckenden Einblick liefert dafür die im Januar 2015 veröffentlichte und durch Crowdfunding finanzierte Dokumentation *Augenhöhe*, in der Beispiele für eine neue Führung in den verschiedensten Branchen vorgestellt werden. Große Unternehmen wie Adidas oder Unilever gehören ebenso dazu wie das Gesundheitszentrum Sys Telios in Siedelsbrunn oder der Berliner Spezialist für Brandschutz hhpberlin. Aber auch die Beispiele in der ARTE-Dokumentation *Mein wunderbarer Arbeitsplatz* aus dem Jahr 2014 sind weitere starke Belege dafür. International belegen den Erfolg einer Neuen Autorität unter anderem der US-Hersteller von tomatenbasierten Produkten Morning Star, der Musikstreamanbieter Spotify oder die niederländische Endenburg Elektrotechniek BV. Letztere folgt dem Konzept der Soziokratie, bei dem alle Entscheidungen dann getroffen und sofort umgesetzt werden, wenn es in der Belegschaft keine begründeten Einwände mehr gibt. Dabei wird jeder Mitarbeiter gehört. Weder Position noch Titel oder Macht spielen eine Rolle. Allein die Argumente zählen. Morning Star hat dagegen für Furore gesorgt, weil das Unternehmen völlig ohne Manager, Vorgesetzte und strukturelle Hierarchien arbeitet. Alle Mitarbeiter agieren selbstverantwortlich.

Die Selbstorganisation und die daraus resultierende wirkliche Selbstständigkeit der Mitarbeiter perfektioniert hat Spotify. Mit einer innovativen Organisationsstruktur, die aus der agilen Projektmanagement-Methodik Scrum übernommen wurde, überträgt das Unternehmen die Funktionsweise und Kultur der Zusammenarbeit von agiler Software-Entwicklung zur Programmierung von Algorithmen, die für unseren Alltag eine immer größere Bedeutung erlangen, auf die Wirtschaft. Schnelle Feedback-Prozesse, transparente Information, wechselseitige Vernetzung, wenige, aber wirkungsvolle Regeln sowie Selbstorganisation genießen bei Spotify oberste Priorität. Aus diesem Grund entwickeln nur kleine, themenübergreifende Teams in engem Kontakt mit den Kunden laufend Prototypen für neue Produktfunktionen. Damit diese Einheiten hoch flexibel agieren und bewusst aus Fehlern lernen können, sorgen Führungskräfte nur noch für die notwendigen Rahmenbedingungen, in denen sich die Teams selbst organisieren. Konsequenter lässt sich eine neue Haltung zu Autorität in Führung kaum in die Tat umsetzen.

Aufgrund dieser sowie vieler weiterer erfolgreicher Beispiele und nicht zuletzt aus eigener, leidvoller Erfahrung mit Autoritäten der ganz alten Schule bin ich sicher, dass sich Führung nach den Prinzipien der Neuen Autorität zu einem neuen Mainstream entwickeln wird. Nicht nur in den Unternehmen, die Wissensarbeiter beschäftigen, sondern in allen Unternehmen die auf Kreativität und Innovation existenziell angewiesen sind.

Und diese Art der neuen Führung wird sich mehr und mehr verbessern. Sie wird allerdings erst dann Mainstream, wenn es sich für die Firmen rechnet. Und rechnen wird sich es, wenn Unternehmen auf Kreativität und Innovation für ihre Dienstleistungen und Produkte angewiesen sind. Was sich in der Erziehung seit den 1970er Jahren getan hat, ist beachtlich. Auch wenn es Irrwege gab, profitieren unsere Kinder heute doch erheblich davon. Sie werden weder zu Hause noch in der Schule systematisch gedemütigt oder gar „gezüchtigt".

Nun ist es an der Zeit, dass diese Entwicklung auch in den Unternehmen Einzug hält. Denn Wirtschaft wird von denselben Menschen gemacht, die die Demokratie als Ganzes tragen. Und die Unternehmen sind ebenfalls nicht von der Gesellschaft getrennt, sondern ein maßgeblicher Garant unserer Ordnung und unseres Wohlstands. Es ist ein massiver Widerspruch, der zu erheblichen Spannungen und Verwerfungen führen muss, wenn die Unternehmen am Denken einer alten Autorität festhalten wollen, während sich in den übrigen Gesellschaftsbereichen ein Wandel zu ganz neuen Beziehungen vollzieht. Wird der Konflikt nicht gelöst, steht der Wirtschaftsstandort Deutschland auf dem Spiel. Deshalb hoffe ich, dass sich immer mehr Führungskräfte und Mitarbeiter für den notwendigen Wandel einsetzen. Nur so werden im Laufe der Zeit mehr und mehr Menschen – und nicht nur die hoch qualifizierten, kreativen Wissensarbeiter – von einem neuen Führungsverständnis profitieren. Im Idealfall wird es dann weniger Burn-out-Fälle geben, weniger innere Kündigungen, weniger Mobbing und Bossing, weniger Geschrei und weniger Willkür, weniger Angst und Schrecken hinter verschlossenen Bürotüren. Die volkswirtschaftlichen Vorteile betrachte ich dabei noch überhaupt nicht. Dafür erleben die Unternehmen

- bessere Beziehungen zwischen Führung und Team durch den Mut zur Präsenz,
- eine klarere Perspektive der Führungskräfte auf sich selbst und damit eine bessere Kompetenz der Selbstführung,
- eine stärkere Solidarität zwischen den Führungskräften in Führungskoalitionen,
- ein konstruktiver Umgang mit Fehltritten durch intelligente Aktionen der Wiedergutmachung,
- einen konstruktiven Umgang mit schwierigen Fachfragen und mit zwischenmenschlichen Herausforderungen wie Offenheit und Transparenz,
- endlich wirksame Führung mithilfe von Beharrlichkeit und gezielter Deeskalation,
- schließlich eine konsequente Weiterentwicklung der Idee von Führung durch permanente Reflexion des eigenen Führungshandelns und der eigenen Haltung dazu.

Zugegeben: Das ist eine große Herausforderung für uns alle, die ihre Zeit braucht.

> Männliche Führungskraft, Jahrgang 1960: „Ich bin fest davon überzeugt, dass es eine gewisse Zeit braucht in der Gesellschaft, um einen Wandel herzustellen. Da darf man niemanden verurteilen. [...] Es braucht Zeit, bis eine Gesellschaft von einem alten Bild loslässt, was sich als untauglich erwiesen hat."

Doch wir sind es, die sich jetzt aktiv mit den unseligen Auswirkungen der „autoritären Persönlichkeit" auseinandersetzen und neue Bilder der Führung entwickeln können – und sollten. Wir sind es, die jetzt neue, praktische Wege der Führung denken und gehen können – und sollten. Schließlich ist das die Basis für einen erfolgreichen Wirtschaftsstandort Deutschland. Und den Führungskräften fällt dabei eine große Verantwortung zu. Diese Auffassung vertritt etwa der renommierte Professor für Organisationspsychologie Peter Kruse, der sich intensiv mit dem Wandel in der Arbeitswelt auseinandersetzt: „Die Führungskräfte sind Symptomträger eines aktuell laufenden gesellschaftlichen Veränderungsprozesses" (Kruse 2014, S. 19).

Das Ziel ist kein geringeres als eine Kulturrevolution. Gerade deshalb bin ich sicher, dass nicht nur wir selbst unmittelbar von dem Wandel zur Neuen Autorität profitieren werden, sondern auch die nachfolgenden Generationen, unsere Kinder. Und bei dieser Revolution stellt sich nicht die Frage, ob sie uns gelingt. Die bereits existierenden Unternehmensbeispiele und technischen sowie gesellschaftlichen Veränderungen verdeutlichen, dass die Kulturrevolution in puncto Führung so oder so kommen wird. Für Unternehmen und jede einzelne Führungskraft geht es allein darum, wie sie mit dem Thema umgehen und wie sie den Wandel gestalten wollen. Werden sie von den längst ausgelösten Strömungen getrieben und geführt ohne die Möglichkeit zu haben, die Situation noch mitzugestalten? Oder stellen sie sich mutig dem Thema, um ihre eigene neue Führungshaltung zu entwickeln, die Mitarbeiter begeistert?

Wie entscheiden Sie sich?

Management Summary

- Firmen wie Premium-Cola sind der Beleg, dass sich die Wirtschaft in puncto Führung in einem tief greifenden Wandel befindet.
- Drei Trends treiben die Demokratisierung der Unternehmen voran: die Entwicklung digitaler Technologien, die Macht der Talente, der zunehmende Wunsch nach Mitsprache der Menschen.
- Die bevorstehende nächste industrielle Revolution steht im Zeichen des Zeitalters der Netzwerke und des gemeinsamen, die Macht der Hierarchien auflösenden Wirtschaftens.
- In großen Teilen der Wirtschaft ist die Führung noch tief in der alten Autorität verhaftet. Die meisten Führungskräfte haben Angst davor, selbst und damit allein den Wandel einzuleiten.
- Managementtheoretiker fassen die neuen Rahmenbedingungen der Unternehmen unter dem Begriff „VUCA" zusammen: Volatilität, Unsicherheit, Komplexität und Vieldeutigkeit *(ambiguity)*.
- In Zeiten sich immer schneller verändernder Rahmenbedingungen und Kundenwünsche wird jede Geschäftsbeziehung Teil eines großen Netzwerks, das insgesamt das gleiche Ziel verfolgt.

- In einer Wirtschaft, die sich vor allem durch die technische Vernetzung immer komplexer, kaum noch vorhersagbar und zunehmend unsicherer gestaltet, können Prozesse nicht mehr gezielt geplant und kontrolliert werden.
- Ohne Mitsprache werden Firmen künftig für die besten Kräfte im Markt, egal auf welcher Ebene oder in welcher Funktion, nicht mehr attraktiv sein.
- Führung nach dem Konzept der Neuen Autorität moderiert, anstatt zu befehlen.
- Neue Autorität in der Führung wird sich in den Unternehmen durchsetzen, weil sie aus ökonomischen Gründen notwendig wird, allerdings nicht ohne Spannungen.
- Führung nach dem Konzept der Neuen Autorität ist eine Kulturrevolution.

Literatur

Eckstein, J.: Agilität – ein Baustein der dritten industriellen Revolution. HMD – Praxis der Wirtschaftsinformatik. 50, 290, S. 77–83 (2013)

Faßmann, A.: Arbeit ist nicht unser Leben. Verlag Lübbe, Köln (2014)

Forum Gute fuehrung Zehn Kernaussagen guter Führung. http://forum-gute-fuehrung.de/ergebnisse. Zugegriffen 23 Jan. 2015

Gebhardt, B.: New Work Order. OrganisationsEntwicklung, Heft 1, S. 9–15, (2015)

Gersemann, O.: Die überforderte Elite. Welt am Sonntag, 25.01. S. 27–28, (2015)

Green, P. Jr., Haas O.: Wenn andere Spielregeln gelten. OrganisationsEntwicklung, Heft 1, S. 30–34, (2015)

Hanisch, R.: Das Ende des Projektmanagements. Wie die Digital Natives die Führung übernehmen und Unternehmen verändern. Linde, Wien (2013)

Jánszky, S.-G., Abicht, L.: 2025 So arbeiten wir in Zukunft. Goldegg Verlag, Berlin (2013)

Kirchgatterer, C.: Das Semco-System. Institut für Unternehmensführung der Wiener FHW Fachhochschule, 12.10.2012, (2012)

Kruse, P.: Arbeit und Führung im Wandel. In: Präsentation Xing New Work Night. http://de.slideshare.net (2014)/Peter_Kruse/xing-new-work-nightprint-41173339. Zugegriffen 5 Nov. 2014

Kniberg, H., Ivarsson, A.: Stämme, Trupps, Verbände und Zünfte. OrganisationsEntwicklung, Heft 1, S. 16–23, (2015)

Malcher, I.: Mach es zu Deinem Projekt! über Ricardo Semler und Semco. In: Brandeins, 9. http://www.brandeins.de/archiv/2010/nachfolge/mach-es-zu-deinem-projekt/ (2010). Zugegriffen 17 Okt. 2014

Omer, H., von S.: Arist: Autorität durch Beziehung. Vandenhoeck & Ruprecht, Göttingen (2005)

Omer, H., von S.: Arist: Stärke statt Macht. Familiendynamik, Heft 3, S. 246–254, (2009)

Pfläging, N.: Organisation für Komplexität: Wie Arbeit wieder lebendig wird – und Höchstleistung entsteht. Redline Wirtschaft, München (2014)

Projekt Augenhöhe: Augenhöhe, der Film. augenhoehe-film.de. (2015)

Rifkin, J.: Die dritte industrielle Revolution: Die Zukunft der Wirtschaft nach dem Atomzeitalter. Fischer Taschenbuch, Frankfurt, a. M. (2014)

Rifkin, J.: Die dritte industrielle Revolution. Handelsblatt. http://www.handelsblatt.com/politik/international/essay-die-dritte-industrielle-revolution/4628554.html (2015). Zugegriffen 30 März 2015

Rüther, C.: Ricardo Semler und Semco: Behandle Deine Mitarbeiter wie Erwachsene. http://www.christianruether.com/2011/03/ricardo-semler-und-semco-behandle-deine-mitarbeiter-wie-erwachsene/ (2011). Zugegriffen 1 März 2011

Sattelberger, T.: Teilhaben ist die neue Wertschöpfung. WirtschaftsWoche. http://www.wiwo.de/erfolg/zukunftderarbeit/thomas-sattelberger-teilhaben-ist-die-neue-wertschoepfung/11237572-all.html (2015). Zugegriffen 30 März 2015

Schäfer, F.: Minimal Management: Von der Kunst, vernetzte Menschen zu führen. Midas Verlag, St. Gallen; Zürich (2012)

Sennett, R.: Autorität. Berlin Verlag, Berlin (2012)

Sennett, R.: Zusammenarbeit: Was unsere Gesellschaft zusammenhält. DTV, München (2014)

Trendbüro, bso: New Work Order. Hamburg (2012)

Waldherr, G.: Die ideale Welt. Brandeins, 1, http://www.brandeins.de/archiv/2009/wirtschaft-neu/die-ideale-welt/ (2009)